Die 12 neuen Gesetze der Führung

Niels Pfläging ist Berater, Business-Speaker und Autor mit Wohnsitz in São Paulo (Brasilien). Er ist ein überaus engagierter und kompetenter Management-Vordenker, der keine Konfrontationen scheut. Er ist Mitbegründer des BetaCodex Network (www.betacodex.org), einem internationalen Open-Source-Netzwerk. Zwischen 2002 und 2008 war er Direktor des renommierten Beyond Budgeting Round Table BBRT.

Niels Pfläging ist gefragter Referent auf internationalen Kongressen zum Thema Unternehmensführung. Versiert in vier Sprachen, begeistert er Unternehmer und Manager in mehr als 20 Ländern mit seinen provokativen, fundierten und stimulierenden Vorträgen. Als Ratgeber und Advisor unterstützt er Manager und Organisationen aller Art bei der Transformation.

Für seine letztes Buch »Führen mit flexiblen Zielen. Beyond Budgeting in der Praxis« (Campus 2006) wurde er mit dem Wirtschaftsbuchpreis von Financial Times Deutschland und getAbstract ausgezeichnet.

Niels Pfläging

Die 12 neuen Gesetze der Führung

Der Kodex: Warum Management verzichtbar ist

Campus Verlag
Frankfurt / New York

Bibliografische Information der Deutschen Nationalbibliothek:
Die Deutsche Nationalbibliothek verzeichnet diese Publikation in der
Deutschen Nationalbibliografie. Detaillierte bibliografische Daten
sind im Internet unter http://dnb.d-nb.de abrufbar.
ISBN 9788-3-593-38998-1

Copyright © 2009 Campus Verlag GmbH, Frankfurt/ Main.
Umschlaggestaltung: Hißmann, Heilmann, Hamburg
Satz: Publikations Atelier, Dreieich
Druck und Bindung: Druck Partner Rübelmann GmbH, Hemsbach
Gedruckt auf säurefreiem und chlorfrei gebleichtem Papier.
Printed in Germany

Besuchen Sie uns im Internet: www.campus.de

Inhalt

Präambel: Die Welt hat sich verändert

Wer behauptet, es bräuchte Chefs, um den Mitarbeitern Anweisungen zu geben; oder Abteilungen, um die Organisation zu gliedern; oder Manager, um das Unternehmen zu führen; oder vereinbarte Ziele, damit alle wissen, was sie leisten müssen; oder Wachstum, um zu überleben; oder Informationsvorsprünge, um besser entscheiden zu können; oder Vorgaben, um Leistungen kontrollieren zu können; oder Anreize, um zu motivieren; oder Pläne, um Ziele zu erreichen; oder Hierarchien, um Verantwortlichkeit zu erzeugen; oder Budgets, um Ressourcen zuzuteilen; oder Prozessmanagement, um Abläufe zu steuern – der muss Wirtschaft weiter denken, als es die Universitäten heute lehren. Wir leben im 21. Jahrhundert. Bye-bye, Management.

Paragraf 1

Handlungsfreiheit:
Sinnkopplung statt Abhängigkeit

Wer seine Mitarbeiter bewusst oder unbewusst auf Hierarchie und Machtbeziehungen ausrichtet, erntet Bürokratie, Erstarrung und innere Kündigung. Das nennen wir Management. Wessen Unternehmen schneller, flexibler und robuster werden soll, muss seine Mitarbeiter auf die Kunden und den Markt ausrichten. Das macht Sinn. Das nennen wir Führung. Wer Sinn stiftet, der führt. Wer führt, der erntet Erfolg.

Das Top-Management hat oft keine Ahnung, was gerade jetzt am Markt los ist. Da hilft auch kein Management-Cockpit auf dem Blackberry. Die wissen da oben nicht, was das eigentliche Problem ist und wie es zu lösen wäre. Und die Analyse von oben oder aus der Stabsabteilung kommt immer zu spät.

Das ist kein Zeichen für schlechtes Management, das ist schlicht normal. Der Präsident des FC Bayern kann von der Ehrenloge aus nicht beurteilen, welcher Spieler gerade ausgewechselt und welche taktische Umstellung vorgenommen werden sollte. Der Papst hat keine Ahnung, was seine Schäflein wirklich umtreibt und welche Umbauten an der Kirchenorganisation sich wie auswirken werden.

Und der Geschäftsführer der Schremmler KG managt den Laden am Markt vorbei. Die Schremmler KG ist ein Familienunternehmen. Ein stolzes. Ein schwäbischer Automobilzulieferer mit Produktion in Deutschland und in vier anderen Ländern, mit internationalem Vertrieb und viel Tradition. Das letzte Jahr war ein Boomjahr gewesen, mit großartigen Ergebnissen und noch größeren Erwartungen für die Zukunft.

Doch jetzt hat sich der Markt gedreht, China und Japan erweisen sich mit einem Mal doch nicht als der Rettungsring, auf den man in den letzten Jahren gesetzt hatte. Im Vertrieb, wie das eben so ist, hat man das Problem schon seit einigen Wochen kommen sehen. Man hatte auch Ideen. Nur keine dazu passende Anweisung von oben.

Nun also, so langsam, ganz allmählich, sickert das Bewusstsein für das Problem durch die Nervenstränge des Unternehmens. Von Büro zu Büro, von Meeting zu Meeting, von Bericht zu Bericht. Bis ins 4. Stockwerk des

Verwaltungsgebäudes. Die Flaute hat inzwischen aber schon voll auf die Produktion durchgeschlagen, und die Absatzprognose scheint nun wie eine dicke, tintige Wolke über der gesamten Firma zu hängen.

In der Krise geht es halt nicht anders.

Die Konkurrenz, knapp 100 Kilometer weiter, hat bereits vor einigen Tagen erste Sparmaßnahmen eingeleitet. Auch bei Schremmler sind nun »Maßnahmen« angezeigt. Die ersten Schritte sind: Einstellungsstopp und Entlassung der Zeitmitarbeiter. Entlassung von rund 50 Vertrieblern und Werksmitarbeitern. Dazu eine Budgetkürzung um 15 Prozent in allen Bereichen, um die 30 Prozent Absatzeinbuße einigermaßen abzupuffern. Fünf Expansions- und Entwicklungsprojekte werden auf Eis gelegt und verschiedene IT-Themen auf das nächste Jahr verschoben.

Zufrieden ist keiner so richtig mit der Situation. Schon gar nicht der Geschäftsführer: »Dass wir nach so einem Boom jetzt in dieser Weise streichen müssen, das ist schon deprimierend.« Es gibt aber keinen anderen Weg. Das Gehirn des Unternehmens hat die Fakten studiert, gegrübelt, getagt, die Alternativen abgewogen, die finanziellen Wirkungen abgeschätzt. Nun hat man irgendwann irgendwie eine Entscheidung zu treffen. Dazu ist man schließlich da. In den nächsten Tagen wird die Entscheidung dann nach unten geschickt und »exekutiert«. *In der Krise geht es halt nicht anders.*

Was den alten Hasen in der Geschäftsführung bereits zum Zeitpunkt der Entscheidung schwant, das wird vier Wochen später Gewissheit. Verwirrung. Zwiespalt. Chaos. Allerorten im Unternehmen heißt es, die Umsetzung dauere seine Zeit – so schnell sei da nichts zu machen. Ausgaben zu reduzieren sei so in den meisten Bereichen auch gar nicht möglich. Die Mitarbeiter und der Betriebsrat wehren sich sowohl gegen die Freisetzung der Zeitarbeiter als auch gegen die Entlassungen. Einen Monat nach der Ankündigung ist noch fast nichts von den beschlossenen Maßnahmen umgesetzt. Zumal das mittlere Management der festen Meinung zu sein scheint, die vorgegebene Lösung sei nicht die bestmögliche gewesen. Über alte Kontakte üben verschiedene alteingesessene Mitarbeiter zudem an der Geschäftsführung vorbei Druck auf die Eigentümerfamilie aus – Was zu viel bösem Blut und nicht enden wollenden Meetings führt. Der Vertrauensverlust der Führung ist immens.

Mittlerweile haben sich die Bedingungen für die Produktion aber auch bereits wieder geändert – jetzt scheinen mehr die osteuropäischen Standorte als der schwäbische von den Absatzschwankungen betroffen zu sein.

Etwas weiter hinten auf dem Werksgelände, in der Produktion, treffen sich die Facharbeiter Stoll und Langberg, beide seit vielen Jahren im Unternehmen. Stoll augenzwinkernd zu Langberg: »Das erinnert mich ganz an die letzte Krise vor acht Jahren. Das gleiche Spiel. Die Gutsherren und Alphatierchen geben den Ton an. Ahnung haben sie keine.«

Langberg seufzt: »Na gut. Aber das nennt man wohl Management, nicht wahr? Funktioniert zwar nicht wirklich, macht aber nichts. Probleme gelöst haben wir in drei Monaten Absatzflaute keines – obwohl es doch reichlich Verschwendung gibt bei uns.«

»Was hättest du gemacht? Wenn du hättest dürfen sollen, meine ich.«

»Hm. Ich wäre die Anpassungen und Einsparungen in der Produktion hier vor Ort angegangen. Mit allen. Fakten auf den Tisch, der Realität ins Auge sehen, alles in Ruhe durchdenken, gemeinsam Abstriche machen, wie sich das für Kollegen gehört. Das hätte funktioniert, und zwar im Sinne des ganzen Unternehmens. Aber das wäre nicht Management für Alphatiere gewesen.«

»Nein, das wäre ziemlich Beta gewesen.«

Inzwischen ist die Kollegin Preissner aus der Qualitätsabteilung vorbeigekommen. Sie bleibt stehen und hört zu. Sie neigt leicht den Kopf zur Seite und schaut zur Decke. Das tut sie öfters. Sagen tut sie: »Ja, an der Idee ist was dran. Dort entscheiden, wo was passiert. Aber das ist neu. Radikal neu, wenn man sich anschaut, wie unsere Firma sich in den letzten Jahren entwickelt und verhalten hat.«

Inzwischen ist Langberg verschärft ins Grübeln gekommen: »Aber ich würde schon gerne in einem Unternehmen arbeiten, wo diejenigen, die am Problem am nächsten dran sind, auch die Macht und die Möglichkeiten haben, das Problem zu lösen.«

Preissner: »Dann bräuchten wir die da oben im 4. Stockwerk aber nicht mehr. Die könnten wir glatt abschaffen.«

Langberg stimmt zu. Die Preissner schmunzelt. Stoll meldet Bedenken an: »Aber wer steuert denn dann, wer denkt dann? Wo ist die Intelligenz?«

Langberg setzt sein verschmitztes Lächeln auf, tippt sich an die Stirn und sagt: »Hier.« Und dann macht er eine Geste, die die ganze Produktionshalle einbezieht: »Und hier.«

An der unternehmerischen Willensbildung wirken alle Mitarbeiter mit

Demokratie wird hier in Mitteleuropa schon mit der Muttermilch aufgesogen. In den Kitas stimmen die Kinder über Details der Raumgestaltung ab. Bei Konflikten werden Schlichtungsrunden einberufen. In der Schule wählt man den Klassensprecher. Die Mannschaften beim Schulhofkick werden per

Wahlverfahren zusammengestellt. Wer ist für den Ausflug ins Wildgehege und wer möchte lieber ins Naturkundemuseum? Bitte Hand heben!

Der Vereinsvorsitzende, der Bürgermeister, der Landesvater, der Minister, Kanzler, Präsident. Alle legitimiert per ausgezählter Stimme. Das ist doch selbstverständlich.

Nur Diktatoren würden behaupten,
dass Demokratie nicht die bestmögliche Staatsform ist.

Wo früher der Familienvater bestimmt hat: *Ein Hund kommt her, und zwar ein Dobermann. Jawoll!* Heute wird die Familienkonferenz einberufen, die der Zwölfjährige moderiert. Abstimmungsergebnis: Eine Stimme für Katze. Zwei für Irish Setter. Eine Enthaltung. Und jetzt raten Sie mal, welcher Hund liebevoller umsorgt wird, mit welchem Hund lieber und öfter Gassi gegangen wird: der per Dekret verordnete Dobermann oder der demokratisch gewählte Setter?

Es macht eben einen Unterschied für die Motivation jedes Einzelnen in einer Gemeinschaft, ob man gefragt wird oder nicht. Nur Diktatoren würden behaupten, dass Demokratie nicht die bestmögliche Staatsform ist.

Aber in Unternehmen geht jeder davon aus, dass dort Demokratie nichts zu suchen hat. Warum eigentlich?

Demokratie in Unternehmen einzuführen bedeutet in der Tat, einen radikalen Bruch mit der Tradition vorzunehmen. Staaten und Familien haben den Umbruch schon hinter sich. Der Wirtschaft steht er jetzt bevor.

Was heißt das? Es gibt doch das Mitbestimmungsgesetz und den Betriebsrat. Genügt das nicht? Nein, das genügt nicht. Weisung und Kontrolle plus Betriebsrat ist nicht gleich Demokratie. In einem demokratischen Unternehmen wirken alle Mitarbeiter an Entscheidungen mit. Kein Mitarbeiter ist bloß Befehlsempfänger. Jeder ist Entscheider. Jede Stimme zählt.

Das ist radikal. Denn seit ungefähr 100 Jahren, seit der Entwicklung des »modernen« Industriebetriebs, gehen wir davon aus, dass es die einen gibt, die denken, und die anderen, die das ausführen, was die einen erdacht haben. Gehirn und Arm. Befehlsgeber und Befehlsempfänger. Manager und Arbeiter. Die einen haben was zu melden, die andern nicht.

Weisung und Kontrolle plus Betriebsrat
ist nicht gleich Demokratie.

Vor 100 Jahren war das genial. Keine Frage. Frederick Winslow Taylor (1856–1915) war Ingenieur und wurde zum Urvater eines »wissenschaftlichen Managements«. Stellen Sie sich das so vor: Ein ewig bedrückt und angestrengt wirkender Mann mit Schnauzer und steifem Kragen hastet in US-amerikanischen Stahlwerken und Papiermühlen zwischen den Arbeitern herum und misst unablässig mit der Taschenuhr und spitzem Bleistift einzelne Arbeitsschritte akribisch aus. Misst und stoppt und zeichnet und füllt Tabellen aus und hält zwanghaft alles fest, was sich messen lässt. Die belustigten bis verärgerten Blicke der Arbeiter nimmt er gar nicht wahr. Sie existieren für ihn nicht als Menschen. Sie sind Produktionsmittel. Mit welchen Schaufeln können wie viel Arbeiter in welcher Zeit wie viel Kohle von A nach B bewegen? Welche Pausen, welche Bewegungsabläufe, welche räumliche Anordnung der Arbeiter ist effizienter? Mit seinen Einsparungsforderungen und Rationalisierungsvorschlägen ging Taylor den Unternehmensleitungen so auf die Nerven, dass er ständig überall entlassen wurde. Auf diese Weise lernte er die unterschiedlichsten Arbeitsabläufe in unterschiedlichen Unternehmen kennen und sammelte viele Zahlen, Daten und Fakten. Taylor war ständig auf der Suche nach dem »one best way«. Seine Jünger im Geiste sind es heute noch.

Taylor lieferte später, als er den Spott in den Werkshallen gegen den Frieden am heimischen Schreibtisch tauschte und seine gesammelten Daten auswertete, den theoretischen Unterbau des heutigen Managements. Seine 1903 und 1911 entstandenen Hauptwerke *Shop Management* und *The Principles of Scientific Management* gehören zu den einflussreichsten und folgenschwersten Fachbüchern der Weltgeschichte.

Es gibt noch zwei weitere Gründerväter des modernen Managements: Henry Ford (1863–1947) perfektionierte die Massenproduktion durch radikale Arbeitsteilung und Fließbandtechnik. Er führte den Achtstundentag ein, der uns noch heute überall begegnet, und außerdem zur Leistungssteigerung der Mitarbeiter die systematische Anreizung durch Geld. Und Alfred P. Sloan (1875–1966) schuf als Präsident von General Motors erstmals moderne Konzernstrukturen, indem er eigenständige Markendivisionen und die zentrale Steuerung durch Kennzahlen der Unternehmenseinheiten in der Konzernspitze einführte. Auch auf Geschäftsleitungsebene setzte er Arbeitsteilung durch, schuf damit »Spezialistenchefs«, die Ahnen der heutigen Finanzvorstände, Vertriebsdirektoren & Co.

Der Taylorismus-Fordismus-Sloanismus kommt Ihnen ohne Zweifel sehr vertraut vor. Den Aufstieg Amerikas zur Weltmacht, die Entwicklung der Konsumgesellschaft und das deutsche Wirtschaftswunder verdanken wir diesem Unternehmensführungsmodell, das heute als »Management« allgegenwärtig ist. Die Manager denken, die Arbeiter setzen das um. Wir erleben es jeden Tag. Vom Pharmariesen bis zur Bäckerei, von der Lagerhalle bis zur Baustelle, vom Fließband bis zum Top Floor. Wir kennen nichts anderes.

Das Problem ist: Die Welt hat sich weitergedreht. Die Menschen haben sich weiterentwickelt. Die Gesellschaften haben sich verändert. Management ist ein Phänomen des 20. Jahrhunderts. Heute funktioniert es nicht mehr. Warum Management nicht mehr funktioniert? Weil die Menschen es leid sind, ihre Intelligenz und ihre Kreativität an der Werkspforte abzugeben und innerhalb der engen Grenzen ihres Jobs einfach nur noch auszuführen, was andere denken. Die Menschen sind heute viel zu selbstbewusst und selbstbestimmt, um sich das noch länger gefallen zu lassen.

In den Familien lassen es sich die Kinder heute nicht mehr bieten, herumkommandiert zu werden. Sie meutern einfach, bis den Eltern Hören und Sehen vergeht. Alle Menschen drücken heute selbstverständlich ihre Meinung aus, jeden Tag: im Internet, in Fernsehen, Radio und Zeitungen, bei Bürgerinitiativen, bei Wahlen von Organen des öffentlichen Lebens. Der Bürger spricht mit. Und das ist keine Sache der Eliten mehr, das ist spätestens seit der Ausbreitung des Internets Ende des letzten Jahrhunderts ein Massenphänomen. Wir reden hier nicht mehr von der dumpfen Masse der Arbeiterschaft zur Zeit der Industrialisierung. Das ist heute die intelligente Masse der freien Bürger, die die Eliten kontrolliert und zum Teil gehörig vor sich hertreibt.

Niemand lässt sich heute mehr rumschubsen, nicht einmal von der Polizei. Fragen Sie einmal einen Polizisten, was die in ihrer Ausbildung lernen darüber, wie man heute mit Menschenansammlungen umgeht. Law and order funktioniert nicht mehr. Heute sind Dialog und angemessene Kommunikation der einzige Weg, auf Menschen einzuwirken. Die Zeiten haben sich wahrhaftig und tiefgreifend verändert.

Nur, sobald man über die Schwelle des Unternehmens tritt, sollen plötzlich völlig andere Spielregeln gelten. Was der eine sagt, soll vom anderen getan werden, sonst gibt's Ärger! Viele betrachten das noch immer als selbstverständlich. Aber deren Zahl, *liebe Chefs*, schrumpft jeden Tag.

Die unaufhaltsame Entwicklung hin zur Demokratie im Unternehmen wird übrigens keineswegs von Gewerkschaften und Betriebsräten vorangetrieben. Im Gegenteil: Die wollen das alte System nämlich auch nur erhalten. Gewerkschaftler fühlen sich in den alten Konflikten bestens zu Hause und gebraucht, in der Konfrontation, ja Feindschaft zwischen Arbeiter und Manager, in der alten Gegnerschaft zwischen Humankapital und Finanzkapital lässt sich's gut leben. Was für ein Anachronismus!

Denn Führungskräfte sind auch nur Menschen, und jeder Mensch hat Führungskraft. All die Beschränkungen, die ein Mitarbeiter im Unternehmen durch Management erfährt, hindern ihn letztlich nur daran, sein Bestes zu geben. Und das gilt auch für den Manager selbst. Jeder Mitarbeiter im Unternehmen will aber nichts anderes als sein Bestes geben. Dazu muss niemand motiviert werden.

Nun, es gibt ein Gegenangebot, und das beinhaltet im Kern: Management wird abgeschafft.

Probleme werden trotzdem beziehungsweise erst recht gelöst, Entscheidungen werden trotzdem beziehungsweise erst recht getroffen. Überall im gesamten Unternehmen. Und dafür kann sich die Chefetage darauf konzentrieren, ein konsistentes Sinn-Angebot zu machen und zu kommunizieren. Und durch passende Gesetze die Rahmenbedingungen zu schaffen.

Die Würde des Menschen ist auch im Unternehmen unantastbar

Folgender Abschnitt stammt aus Wikipedia, ich habe lediglich einige Wörter ersetzt:

Psychischer Hospitalismus (…) äußert sich durch Entwicklungsverzögerungen und Entwicklungsstörungen bei längerem *Firmen*aufenthalt infolge unpersönlicher Betreuung und mangelhafter individueller Zuwendung (Mangel an Reizen, Mangel an Zuwendung). Durch die Einweisung in ein *Projekt*, die lieblose Betreuung *in der Zentrale*, die Trennung *von der Familie* oder gar *Mitarbeiter*misshandlung kommt es oft zu einer ängstlich-widerstrebenden oder einer ängstlich-vermeidenden Bindung des *Mitarbeiters* an die *Chefs*. Das Urvertrauen der *Mitarbeiter* wird frühzeitig wieder zerstört. Psychischer Hospitalismus kommt häufig in *Industriebetrieben*, *Konzernen* und auch in manchen *Familienunternehmen* vor, wenn die *Mitarbeiter* »wie am Fließband« und unter Zeitdruck »abgefertigt« werden, das heißt nicht ausreichend Zuwendung erhalten.

Auch beim Zoobesuch kann man dieses Phänomen beobachten. Am eindrucksvollsten bei Raubkatzen. Diese wunderschönen, vitalen, kraftstrotzenden, gefährlichen wilden Raubtiere liegen im Zoo hinter Gittern auf dem Boden rum und siechen vor sich hin. Hin und wieder erhebt sich das Tier und trottet mit hängendem Kopf und schlurfendem Gang die Gitterstäbe entlang. Nach rechts. Und wieder nach links. Und wieder nach rechts. Und wieder nach links. Als ob es seine Aufgabe wäre.

Manchmal blitzt in seinem Gehirn vielleicht die Erinnerung aus früheren Generationen an ein flüchtendes Beutetier auf, der Jagdinstinkt ist irgendwo tief unten in der Seele vergraben. Aber das Tier hat keine Vorstellung davon, wie es anders sein könnte als hinter Gittern. Die Wildnis ist vergessen. Die Seele verkümmert, das Tier wird kränklich und träge, verliert die Lust auf Neues, beschränkt sich auf das Minimum, hängt ab in der Abhängigkeit.

Auch wir Menschen in Mitteleuropa am Anfang des 21. Jahrhunderts haben mehrheitlich vergessen, was Unternehmertum bedeutet. Haben den untrüglichen Instinkt, der uns zu guten Geschäften führt, verloren. Der Antrieb, jeden Tag eine neue Herausforderung zu suchen, die Lust am Neuen, der Glaube an die eigene Überlebensfähigkeit, an die eigenen Potenziale: alles ist verkümmert. Man beschränkt sich auf das Minimum, wird kränklich und träge. Man ist durch und durch abhängig und kann nicht mehr alleine überleben. Die Höchststrafe ist der Entzug des Arbeitsplatzes, also das Öffnen des Käfigs. Auf sich allein gestellt, flüchten wir in den nächsten Käfig und beantragen Hartz IV, weil wir nicht mehr in der Lage sind, uns nurmehr schwer vorstellen können, auf uns alleine gestellt, nur mit unseren eigenen Fähigkeiten und Talenten in freier Wildbahn zu überleben.

Die Arbeitswelt der meisten von uns ist ein überwiegend trister Ort.

So geht es nicht nur Millionen von einzelnen Menschen, sondern ganzen Unternehmen und Konzernen. Beispielsweise kann ein Großteil der deutschen Automobilindustrie ohne die gesetzlich-strukturelle Förderung von Firmenwagen ja kaum international konkurrieren. Deutsche Automarken, Zulieferer, Pharmaunternehmen, Hightech-Unternehmen, Banken betteln derzeit, auf dem Höhepunkt der Finanzkrise, förmlich darum, in den Käfig zu kommen, um im Gegenzug gefüttert zu werden, also sich durch staatliche Unterstützungsmaßnahmen, Subventionen und Hilfspakete geistig und finanziell freiwillig in die Abhängigkeit zu begeben. Als ob milliardenschwere Unternehmen nicht genügend Ressourcen, Talente und Kreativität besäßen, um sich auf veränderte Marktbedingungen anzupassen und in freier Wildbahn alleine zu überleben.

Diesen Hospitalismus gibt es allerorten in den Unternehmen, wo es Chefs gibt, die ihre Daseinsberechtigung darin finden, Weisungen zu erteilen und hernach die Ausführung ihrer Weisungen zu kontrollieren. Überall dort, wo die Bürokratie blüht, wo Menschen demotiviert und frustriert werden. Wo sie das »Frustjobkillerbuch« kaufen und lesen, weil sie so frustriert ja gar nicht sein wollen. Jedes Jahr belegt uns die Gallup-Studie das Ausmaß des geistig-seelischen Hospitalismus in unseren Unternehmen: Zurzeit fühlen sich danach neun von zehn Beschäftigten nicht oder kaum an ihr Unternehmen gebunden. 67 Prozent machen nur Dienst nach Vorschrift. Lediglich 13 Prozent fühlen sich motiviert und arbeiten engagiert. Die Arbeitswelt der meisten von uns ist ein überwiegend trister Ort.

Aber das wissen Sie ja längst! Was Sie bisher vielleicht aber nicht wussten: Dass die Ursache dafür das Managen ist.

Wenn Sie jetzt dagegenhalten, dass Management heute in deutschen Unternehmen und Management zu Zeiten Alfred P. Sloans im Detroit der Zwanzigerjahre ein gewaltiger Unterschied seien, dann antworte ich: ja und nein. Ja, es ist anders geworden. Heute geben Manager oftmals keine Befehle mehr aus, sondern machen stattdessen Vorgaben. Seit Peter F. Drucker (1909–2005) in der zweiten Hälfte des 20. Jahrhunderts das Management by Objectives propagierte, führen moderne Zeitgenossen elegant durch Zielvereinbarungen.

Das Prinzip ist nicht mehr: Tue dies, sonst fliegst du raus! Sondern: Tue dies, dann bekommst du das! Die Karotte vor der Nase ersetzt die offen ausgesprochene Drohung. Aber deshalb muss der Mitarbeiter trotzdem tun, was der Vorgesetzte von ihm verlangt, denn er ist ja abhängig und auf die Karotte angewiesen. Zumindest glaubt er das. Die Anreizungssysteme mit ihren Boni und Incentives sorgen dafür, dass die Mitarbeiter durch den Reifen springen. Jedenfalls ist das ihr Zweck. Und vorübergehend funktionieren die Anreizsysteme ja auch oft.

An den Machtverhältnissen, an der Arbeitsteilung zwischen Hirn und Arm des Unternehmens, an der prinzipiellen Abhängigkeit des Mitarbeiters von seinem Chef und des von ihm repräsentierten Unternehmens ändert sich dadurch null und nichts!

Der Effekt: Die Menschen, die ja nicht doof sind, machen genau den Dienst nach Vorschrift, der nötig ist, um den Bonus zu erreichen – aber keinen Handstreich mehr. Von Eigenantrieb, Spaß an Leistung und Selbstmotivation kann da keine Rede sein. Und die Kreativität, die Freiheit im Denken, die Lust an der selbstverantwortlichen und unternehmerischen Entscheidung wird den Mitarbeitern systematisch ausgetrieben. Die offene Drohung wird ersetzt durch verdecktes Bestechen, durch systematisches Manipulieren und durch das Korrumpieren der vermeintlich besten Mitarbeiter. Das ist die moderne Form.

Die Sklavenhalter hatten auch ihren Moralkodex.

Sie glauben aber trotzdem an den Nutzen von finanziellen Anreizen? Das ist in der Tat eine Glaubensfrage, denn Beweise dafür gibt es keine. Peter Drucker sagte, dass Menschen ohne klare Zielvorgaben gar nicht wissen, was sie tun sollen. An diesem Menschenbild halten heute viele fest.

Beispielsweise nahm ich an einer lebhaften Diskussion in einem Internetforum teil, die in etwa so ablief:

TFS12: *Ich glaube aber trotzdem, dass Anreize gut und richtig sind.*
Pfläging: *Das glaube ich nicht.*
TFS12: *Ich will Leistung honorieren. Leistung muss sich lohnen. Ich will dafür sorgen, dass der Einzelne versteht, wie er dem Unternehmen dienen kann. Wenn man nicht jedem Ziele vorgibt, lässt man die Menschen im Stich. Das ist unmoralisch!*

Pfläging: *Das wäre so, wie wenn man dem Löwen im Zoo ein Gerät im Käfig installiert, an dem ein künstliches Karnickel an einer Schnur durch den Käfig gezogen wird. Ja, ich bin sicher, der Löwe wird zucken und sich ein bisschen bewegen, vor allem bei den ersten paar Malen. Aber wird er dadurch wieder zu einem echten Löwen, kehrt dadurch die Seele zurück?*

TFS12: *Aber die Menschen wollen doch gelenkt werden. Es gibt ein Bedürfnis nach Steuerung. Die einen wollen steuern, die anderen gesteuert werden. Irgendwas muss ja steuern, durch Anweisungen, Ziele und Vorgaben. Was soll steuern ohne Management? Wie soll Ordnung ohne Steuerung zustande kommen?*

Pfläging: *Ein Löwenrudel in freier Wildbahn ist ein geordnetes System. Es gibt eine soziale Ordnung, die aus sich selbst heraus entsteht. Es gibt Rituale, Prinzipien des Zusammenlebens, es gibt geordnetes Jagen. Ganz ohne Käfig! Warum sollten Menschen in Organisationen nicht in der Lage sein, sich selbst zu ordnen, selbst Regeln und Prinzipien aufzustellen? Dazu braucht es doch keine Konzernleitung!*

Und so weiter. Aber die Diskussion führte zu nichts, weil man eben nicht gleichzeitig glauben kann, dass die Erde eine flache Scheibe UND eine Kugel ist. Man muss sich entscheiden. Interessant ist dabei noch, dass solche Diskussionen, die im Kern durch die Differenz zwischen unterschiedlichen Menschenbildern entstehen, immer einen moralischen Einschlag bekommen. Es gilt entweder als moralisch oder unmoralisch, Menschen Vorgaben zu machen oder nicht.

Die Sklavenhalter in den frühen USA hatten auch ihren Moralkodex – viele von ihnen wollten ihren Sklaven etwas Gutes tun. In ihrem eigenen Denken behandelten sie ihre Sklaven respektvoll. Auch viele Patriarchen verprügelten Frau und Kinder nicht deshalb, weil sie schlechte Menschen waren, sondern weil sie für ihre Familie nur das Beste wollten. In ihrer Welt war es notwendig, gut und richtig. Viele autoritäre Eltern wollen für ihre Kinder auch nur das Beste. Da ihre Kinder in ihren Augen keine eigenständigen Wesen sind, muss ihnen der Wille elterlicherseits eingepflanzt werden. Und viele Topmanager glauben eben, auf bestimmte Art und Weise führen zu müssen, denn sie sehen in ihren Mitarbeitern führungsbedürftige, leicht minderbemittelte Menschen, die nicht wissen, was sie tun sollen, wenn man es ihnen nicht sagt. Diese Führungskräfte handeln in ihrer Welt moralisch einwandfrei.

Ganz moderne Manager gehen sogar noch einen Schritt weiter und unterscheiden zwischen selbstverantwortlichen und führungsbedürftigen Mitarbeitern. Den einen kann man relativ freie Hand lassen, solange sie nicht über die Stränge schlagen und keine Fehler machen. Die anderen sind zu doof dazu, die brauchen Vorgaben. Oder direkte Weisung, harte Hand, konsequente Anleitung. Strafe folgt auf dem Fuß, oder Lob und Belohnung. Führen durch Vorgaben hin und Management by Objectives her: Das ist nichts qualitativ anderes als Führen mit Taylor, Ford und Sloan.

Aber in anderen Gebieten unserer Gesellschaft sind wir doch viel weiter: Wir setzen heute beispielsweise voraus, dass Kinder bereits eigene Verantwortung tragen können und müssen. Grundschulkinder müssen bereits eigene Entscheidungen treffen. Zum Beispiel mit eigenem Geld umgehen. Ihre Zeit einteilen. Was sie lernen wollen und was nicht. Wie sie sich kleiden. Bereits seit den Sechzigerjahren können Eltern in unseren Breitengraden nicht mehr über die Mode des Nachwuchses bestimmen. Wer es nicht glaubt, kann es ja mal versuchen…

Oder ein anderes schönes Beispiel: Früher war eine rote Ampel ein Gesetz. Hier hast du zu halten, Autofahrer. Und jeder hat ohne nachzudenken gefolgt. Heute halten wir immer noch an roten Ampeln. Allerdings fassen wir das eher auf als eine Hilfe des Staates bei unserer Entscheidung, wie wir uns an der Kreuzung verhalten wollen.

Die anderen sind zu doof dazu,
die brauchen Vorgaben.

Die Zoos haben sich seit den Zwanzigerjahren auch weiterentwickelt. Die Ernährung der Raubkatzen ist hochwertiger geworden, die Grundfläche des Käfigs wurde vergrößert, der Boden besteht nicht mehr nur aus Beton, einmal im Monat kommt der Tierarzt und verteilt Spritzen, und es gibt Rückzugsgebiete, wo die Tiere geschützter schlafen können. Ja, das sind Veränderungen. Sind die Tiger deshalb frei? So wie das Aufpeppen der Käfige uns davon abhält, über die Abschaffung der Zoos nachzudenken, in denen Wildtiere auf schrecklichste Weise seelisch deformiert werden, so verlängerte die Druckersche Managementinnovation die Lebensdauer des im Innern hoffnungslos veralteten Führungssystems des letzten Jahrhunderts. Aber jetzt ist es an der Zeit: Ich will Management nicht verbessern. Ich will es abschaffen!

Die Motivation der Person ist unverletzlich

Wenn aber niemand mehr Weisungen erteilt und Vorgaben macht, was zu tun ist, was hält dann das Chaos davon ab, auszubrechen? Warum zerstreuen sich die Mitarbeiter dann nicht in alle Winde? Macht dann nicht jeder, was er will? Welche geheimnisvolle Stimme beschwört die Menschen zur produktiven Zusammenarbeit?

Dass es funktioniert, kann keiner ernsthaft bestreiten. Dass Unternehmen, die Mitarbeiter auf allen Ebenen zu unternehmerischen Entscheidungen ermächtigen und damit auf klassisches Top-down-Management verzichten, radikal erfolgreich sein können, dafür gibt es wunderbare Beispiele: Svenska Handelsbanken, Southwest Airlines, Egon Zehnder, Semco oder Google. Um nur ein paar zu nennen. Aber wie funktioniert es? Was ist der magische Inhaltsstoff, der alles zusammenhält?

Adriano Celentano drehte 1977 einen kultigen Film. »Der Supertyp« heißt der Streifen, der allerdings nur für eingefleischte Celentano-Fans einigermaßen schmerzfrei zu genießen ist. Zu Beginn versuchen zwei Banditen verzweifelt, die Fensterscheibe eines Juweliergeschäfts zu zertrümmern. Aber sie schaffen es einfach nicht. Letztlich fährt die Polizei vor und führt die beiden verdatterten Gangster ab: Die Scheibe ist aus einem neuen, unzerstörbaren Panzerglas gemacht. Und dieses Panzerglas ist möglich geworden durch einen geheimen, nicht erklärten Inhaltsstoff. Am Ende des Films sehen wir den recht exzentrischen Firmengründer das Geheimnis lüften: Er spuckt dem neuen Eigentümer in die Hand und sagt: »Analysieren Sie das.« Der geheime Inhaltsstoff war ganz einfach – Spucke. Hat jeder. Denkt keiner drüber nach. Hat offenbar unerklärliche Kräfte.

Organisationen haben auch so einen geheimen Inhaltsstoff. Allerdings einen, der so komplex und mannigfaltig ist, dass wir ihm auch durch feinste Analysemethoden nie vollständig auf die Schliche kommen werden. Dieser magische Stoff kann Organisationen panzerglashart machen. Oder schwach und brüchig. Es ist der Stoff, der den Unterschied macht. Offenbar darf man wie bei dem Celentano-Film nicht zu kompliziert denken, sonst kommt man nicht drauf. Auflösung folgt.

Menschen sind von Natur aus dumm und faul, arbeiten so wenig wie möglich und meiden Verantwortung, wo es nur geht.

1960 hatte MIT-Professor Douglas McGregor (1906–1964) eine geniale Einsicht. Er veröffentlichte sie in seinem Managementklassiker *The Human Side of Enterprise*. Im Kern ging es ihm darum, dass man Menschen prinzipiell auf zwei Arten betrachten kann.

Entweder man geht davon aus, dass die Menschen von Natur aus dumm und faul sind, so wenig wie möglich arbeiten und Verantwortung meiden, wo es nur geht. Einfallsreich werden die Menschen nur dann, wenn es darum geht, die Regeln zu überlisten und sich einen egoistischen Vorteil zu verschaffen, auch wenn das auf Kosten der Gemeinschaft geht. Kreativität und schöpferische Fähigkeiten sind nur einigen wenigen in die Wiege gelegt worden.

Oder man geht davon aus, dass die Menschen von Natur aus motiviert sind, den unbedingten Willen haben, sich zu entfalten und zu entwickeln. Sie haben ihren eigenen Antrieb, etwas zu leisten, und sind unter den richtigen Bedingungen bereit, alles zu geben und ihre Kreativität zielgerichtet und zum Wohle des Ganzen einzusetzen, um Probleme zu lösen.

Für beide Menschenbilder gibt es von McGregor eine passende Managementtheorie. Er nannte diese Menschenbilder Theorie X und Theorie Y, erstere für das Bild vom dummen und faulen Menschen, zweitere für das Bild vom motivierten und potenziell kreativen Menschen. Lassen Sie mich den Gedanken übernehmen und den ersten Typus mit dem griechischen Buchstaben Alpha und den zweiten mit Beta bezeichnen. Wenig überraschend ist, dass die beiden Managementtheorien von McGregor fundamental unterschiedlich funktionieren.

Die Firmen des ausklingenden Industriezeitalters haben sich den Menschen als Alpha-Typus vorgestellt. Das Taylor-Ford-Sloan-Modell der Führung ist das Alpha-Modell der Führung. Wir nennen es Management. Management ist die Grundlage für die Alpha-Wirtschaft, eine Ära, die derzeit zu Ende geht.

Wie Unternehmen in einer Beta-Wirtschaft funktionieren, in denen Beta-Menschen nach dem Beta-Modell geführt werden, das ist Gegenstand dieses Buches. Es funktioniert fundamental anders.

Der Clou ist, dass Douglas McGregor schon vor 50 Jahren gesagt hat, dass es den Alpha-Menschen nie gegeben, dass das Menschenbild vom dummen, faulen Menschen einfach nie gestimmt hat. Dass es weder wissenschaftlich noch praktisch auch nur den kleinsten Beweis dafür gibt, dass die Menschen so gestrickt sind.

Na, da liegt doch der Einwurf auf der Hand: »Wenn McGregor Recht hatte und es den Alpha-Menschen nie gegeben hat, wie kommt es dann, dass Ford und General Motors so erfolgreich waren und dass die Alpha-Wirtschaft so gut funktioniert hat? Hm?«

Das lässt sich beantworten: Das Modell Alpha funktioniert immer dann, wenn wir an das dazugehörige Menschenbild Alpha glauben. Denn es bestätigt sich selbst. Diese sich selbst bestätigende Täuschung – oder anders gesagt: dieser Aberglaube – ist ein altbekanntes Phänomen. Wenn Sie zum Beispiel fest daran glauben, dass Sie es mit Ihrem Willen schaffen können, die Sonne aufgehen zu lassen, dann können Sie sich jeden Morgen darin bestätigen lassen. Das ist ganz einfach. Und jeder neue Morgen festigt Ihren Glauben immer mehr. Die positive Bestätigung ist allerdings kein Beweis. Sie können prinzipiell nicht beweisen, dass Ihr Wille die Sonne zum Aufgehen bringt. Sie können sich nur immer wieder selbst darin bestätigen.

Allerdings könnten Sie einmal versuchen, die Behauptung zu falsifizieren: Sie könnten versuchen, der Sonne Ihren Willen zu entziehen und nicht zu wollen, dass sie aufgeht. Sie wird es trotzdem tun. So, und jetzt wird es spannend: Es liegt in der Natur des Menschen zu zweifeln. Die Tatsache, dass die Sonne trotzdem aufgegangen ist, wird in Ihnen den Zweifel am Gegenbeweis nähren, um doch an Ihrem Glauben festhalten zu können: Vielleicht haben Sie ja insgeheim und unbewusst doch gewollt, dass sie aufgeht? Oder vielleicht hat zufällig gerade ein anderer gewollt, dass sie aufgeht? Das Gemeine ist, dass Sie erst dann wirklich aufhören zu glauben, dass die Sonne durch Ihren Willen aufgeht, wenn Sie es wochenlang versucht haben, und sie geht trotzdem NICHT auf. Nun, das würde schwierig werden.

Mit anderen Worten: Solange Führungskräfte glauben, dass Menschen nach dem Alpha-Modell gestrickt sind, werden sie sie erstens entsprechend behandeln und zweitens dadurch genau das Verhalten hervorrufen, dass sie erwarten, und drittens sich dadurch in ihrer Ausgangsthese bestätigt fühlen. Und immer so weiter. Auf dieser Basis funktioniert das Spiel tatsächlich.

Der Löwe ist eine Memme. Jeder kann es sehen. Im Zoo.

Der Manager glaubt, dass seine Mitarbeiter von Natur aus nicht motiviert sind, deshalb installiert er mit Bonus-Regelungen ein Karotten-vor-Nasen-System, um sie zur Leistung anzureizen. Das funktioniert zu Beginn ganz gut, führt allerdings recht schnell dazu, die ursprünglich vorhandene Motivation bei den Mitarbeitern im Keim zu ersticken. Der Manager sieht sich bestätigt: Die Menschen sind faul. Also muss er sich wieder ein neues Anreiz-System ausdenken und eine neue Methode finden, seine Mitarbeiter zu motivieren.

Oder der Manager glaubt, dass seine Mitarbeiter führungsbedürftig sind und nicht wissen, was sie tun sollen. Er erteilt ihnen darum klare Weisungen und kontrolliert streng die Erfüllung der Aufgaben. Die Mitarbeiter machen jetzt ihren Job, klar, sie werden ja dazu gezwungen. Der Manager sieht: Hoppla, Weisung und Kontrolle funktioniert. Da eigenverantwortliches Denken und Handeln unter diesen Bedingungen nicht möglich sind, stellen die Mitarbeiter nach kurzer Zeit aber jegliche Initiative ein und machen Dienst nach Vorschrift. Risiken werden vermieden. Die Ergebniskurve sinkt. Fehler häufen sich. Wieder sieht sich der Manager bestätigt: Die Mitarbeiter sind eben führungsbedürftig.

Das Problem ist wirklich: Die Alpha-Wirtschaft ist uns wie ins Hirn gebrannt. Immer nagt in uns der Verdacht: Ich bin ja beta, aber die anderen! Die sind alpha! Genau das ist die Falle des heroischen Managers. Er glaubt: »Ich bin simply the best. Keiner kann es so gut wie ich. Die anderen haben das einfach nicht drauf.« Und natürlich bestätigt sich dieser Glaube immer wieder aufs Neue, sodass der heroische Manager dann rettend eingreifen und es wieder mal allen zeigen kann. Warum sollte ein Mitarbeiter sich da auch ein Bein rausreißen, sich anstrengen und mit dem Chef um die Simply-the-best-Medaille konkurrieren? Und schon ist der Teufelskreis wieder geschlossen.

Ach ja, der Löwe im Käfig ist ja auch kein wildes Tier. Schauen Sie sich ihn an. Der Löwe ist eine Memme. Jeder kann es sehen. Im Zoo. Der einzige Ausweg ist: der Sprung. Doch. Es funktioniert. John Hodson war Bereichsdirektor bei einer britischen Großbank. Und zu dieser Zeit war er eine Memme. Er hatte rund 40 Mitarbeiter. Jede Woche die gleiche Routine: Meetings und Telefonkonferenzen mit der Führung und im Bereich. Berichte erstellen fürs Controlling und für die Vertriebskontrolle. Zäh fließende Informationen einholen und weiterleiten. Außerdem hatte er mit vielen disziplinarischen Vorkommnissen zu kämpfen, bei hoher Fluktuationsrate in seinem Bereich. Es war nicht so einfach, den Laden unter Kontrolle zu haben. Nach zehn Stunden Funktionieren in der Firma hängte er daheim oft noch vier Stunden dran – um dann auch noch die »eigentliche« Arbeit erledigen zu können. Ein echter Alpha-Manager. Dann hatte er genug davon. Er wagte den Sprung und wechselte zu einer anderen Bank – Svenska Handelsbanken: Eine neue Filiale im Londoner Westend würde er dort gründen. Ein deutlich kleineres Team führen. Direkt mit und am Kunden arbeiten. Plötzlich war keine Bürokratie mehr da. Niemand sagte ihm mehr, was er tun solle. Niemand wollte ihn kontrollieren. Ein Alpha-Mensch in einem Beta-Unternehmen? Er verwandelte sich blitzschnell und wurde von der Memme zum Löwen. Er ist jetzt Filialleiter und entscheidet alles selbst mit seinem Team. Er geht zum Kunden und liebt es. Geht auf Kundenjagd. Denkt unternehmerisch. Verantwortungsbewusstsein, so sagt er, kommt mit der eigenen Handlungsfreiheit. Man sieht das Glänzen in seinen Augen, wenn er davon spricht.

Wir alle können uns verhalten wie Alpha-Menschen, jeder von uns hat das auch schon gemacht. Ist doch kein Problem. Ist auch nichts Schlimmes. Man schaltet um auf Lebenserhaltung, emotionale Grundversorgung, man passt sich an, schraubt seine Bedürfnisse auf ein Minimum herunter, versteckt sich.

Aber in jedem von uns steckt auch mehr. Das sieht man allerdings erst, wenn man die passenden Bedingungen schafft, unter denen sich das Potenzial der Menschen entfalten kann.

Der springende Punkt ist heute: Wir können auf die Kreativität, die Selbstmotivation, die Intelligenz und das Engagement unserer Mitarbeiter nicht mehr verzichten. Organisationen brauchen das Denken und Können aller ihrer Mitglieder. Aller ihrer Mitglieder.

Die Zahl der Beta-Unternehmen wächst und wird immer schneller wachsen. Wer da noch geistig in der Alpha-Wirtschaft herumbummelt, wird schlichtweg überfahren werden. Denn Beta-Unternehmen sind den nach altem Strickmuster gemanagten Unternehmen haushoch überlegen. Um Dimensionen besser. Weil sie aus den Ressourcen der Menschen, aus ihren Talenten und einzigartigen Fähigkeiten etwas Gutes machen.

Dort, wo die Menschen – nicht die Prozesse – die Erfolgstreiber sind, geht die Post ab. Der magische, geheimnisvolle Inhaltsstoff, der alles im Unternehmen zusammenhält, wenn Management wegfällt, ist: der Mensch.

Auf lange Sicht haben Unternehmen stets die Mitarbeiter, die sie verdienen

In der ganz normalen Abhängigkeit am typischen sozialversicherungspflichtigen Norm-Arbeitsplatz nach dem deutschen Fünfzigerjahre-Muster, also dem Arbeitsverhältnis, das vom Gesetzgeber nach wie vor gegenüber anderen Modellen bevorzugt und gefördert wird, in dieser ganz normalen Abhängigkeit tut man eben genau das: Man hängt ab. Man hängt so rum. Und wartet. Auf ein bisschen Zug hier. Und ein bisschen Druck da. Die guten Manager ziehen und drücken etwas virtuoser und manövrieren die träge Masse mal ein bisschen hierhin und ein bisschen dorthin. Das Humankapital schwappt so rum, mal suppt hier was über die Kante, mal tropft da was nebenraus, aber im Großen und Ganzen bleibt die Masse beisammen und wabbelt mehr oder weniger zähflüssig in Richtung des minimalen Energieniveaus.

Das Streben nach dem minimalen Energieniveau in sozialen Systemen folgt dem Prinzip der zunehmenden Entropie. Ursprünglich aus der Physik stammend, genauer gesagt aus der Thermodynamik, dann übertragen auf die Informationstheorie, wird der Begriff der Entropie zunehmend auch in den Sozialwissenschaften verwendet. Der zweite Hauptsatz der Thermodynamik ist hoch komplex und wird selbst von ambitionierten Physikstudenten kaum richtig verstanden. Grob vereinfacht gesagt bedeutet das entropische Prinzip, dass geschlossene Systeme, auch soziale Systeme, ihre Energie im Innern möglichst gleichmäßig verteilen, Unterschiede möglichst ausgleichen, um zu einem Zustand möglichst geringer Dynamik und minimalen Informationsgehalts, eben maximaler Entropie zu kommen.

Die Entropie nimmt also in geschlossenen Systemen zu. Das bedeutet laut den Erkenntnissen der Informationswissenschaft erstens Informationsverlust und zweitens Verlust an Veränderungsfähigkeit. Verringern kann ein System seine Entropie nur, wenn es sich seiner Umwelt öffnet und mit ihr in Austausch tritt. Je geschlossener Systeme also sind, desto dümmer und unbeweglicher werden sie. Sie erstarren. Ihre Leistungsfähigkeit nimmt ab. Das ist doch interessant, weil so bekannt und vertraut. In Organisationen nennen wir das Bürokratie.

Je fester und umfassender die Abhängigkeitsverhältnisse unter Mitarbeitern und Chefs in den Unternehmen sind, desto bürokratischer ist der ganze Haufen. Die Entropie ist hoch, man kann wunderbar abhängen: das Unternehmen als institutionalisierte Komfortzone.

Das kenne ich sehr gut, denn ich habe auch einmal in einem Konzern gearbeitet. Wenn man da so rumhängt, glaubt man tatsächlich, man werde von der Personalabteilung bezahlt. Absurd, oder? Man arbeitet so vor sich hin, ohne jeden geistigen Kontakt zu dem, der einen tatsächlich bezahlt: dem Kunden.

Aber im Großen und Ganzen bleibt die Masse beisammen
und wabbelt mehr oder weniger zähflüssig
in Richtung des minimalen Energieniveaus.

Eine total abgeschottete Organisation – und nach diesem Zustand streben in Deutschland derzeit noch viele Unternehmen – sieht von innen den Kunden da draußen nicht, ist marktblind. Man wundert sich, dass es in so einer Organisation doch noch so viele wahrgenommene Spannungen gibt. Die kommen nur daher, dass jede Abteilung ihre eigenen Abhängigkeiten optimiert. Die eine Abteilung ist damit eben weiter als die andere. Niemand hat je das Ganze im Blick, sondern immer nur den Vorgesetzten. Es geht immer um kurzfristige Zielerreichung.

Typisch sind auch die Schuldzuweisungsblasen. In bürokratischen Unternehmen werden keine Probleme gelöst. Viel lieber beschäftigt man sich damit, die Verantwortung von sich zu weisen und für sie geeignete Abnehmer zu finden. Sich für Lösungen zu engagieren lohnt sich in solchen Organisationen ja nur, wenn es in der Zielvereinbarung steht, ansonsten wäre es eher gefährlich. Risiken geht man in erstarrten Organisationen nur ein, wenn man Rückendeckung hat. Das ist rational vernünftig. Das sind die Spielregeln. Menschen können verdammt gut nach den Regeln spielen.

Das ganze Dilemma mit der Entropie ist in der Tat ganz menschlich. Menschen können das mitmachen. Ich konnte das auch, Sie können es auch. Aber immer mehr entscheiden sich dagegen. Wer mehr will, geht. Die anderen bleiben übrig. Langfristig hat jedes Unternehmen die Mitarbeiter, die es verdient. Ein bürokratisches Unternehmen hat eben die Mitarbeiter, die die Komfortzone suchen.

Das Unternehmen kann so auch eine ganze Weile fortexistieren – genau so lange, bis es ein Wettbewerber anders macht. Beispiel: Fluglinien. Es gibt weltweit rund 1 500 Fluggesellschaften. Die großen, bekannten sind fast allesamt herrlich bürokratisch und chronisch zahlungsunfähig. Die fusionieren immer weiter und verabreichen sich damit Leistungsplacebos. Nur wird aus der Fusion zweier sklerotischer Dinosaurier nun mal keine geschmeidige Raubkatze. Die meisten der großen Fluggesellschaften sind lebende Zombies. Unter ihnen gibt es aber auch eine Ausnahme, genau ein Beta-Unternehmen: Southwest Airlines. Das ist die einzige Fluglinie, die in den Luftfahrtkrisen der letzten Jahre stets profitabel geblieben ist. Der Führungsstil von Southwest ist wunderbar modern und innovativ. Hier haben die Mitarbeiter direkt vor Ort beim Kunden die volle Entscheidungsbefugnis, nicht der Manager in der Zentrale. Anstatt sich abzuschotten wie alle anderen, ist Southwest offen und transparent gegenüber dem Markt. Und verringert damit systematisch seine Entropie.

Menschen können das Leben in der Komfortzone, die Abhängigkeit des sozialversicherungspflichtigen Standard-Arbeitsverhältnisses wunderbar ein Leben lang aushalten. Sie sind dabei aber unglücklich. Unzufrieden. Innerlich distanziert. Sie fühlen sich nicht gefordert. Sie glauben nicht, dass ihre Talente gebraucht werden und zum Einsatz kommen. Aber sie arbeiten weiter. Denn sie sehen die Alternativen nicht.

Stattdessen machen sie andere spannende Dinge: Sie engagieren sich im Sportverein. Oder setzen vier Kinder in die Welt. Oder bauen sich ein Haus, auch wenn es gar nicht sinnvoll ist. Sie haben immer schöne Projekte, wo man sich beweisen kann. Und da laufen sie dann zur Höchstform auf. Es ist nämlich schön, aus der inneren Motivation heraus etwas zu machen. Eigentlich sind wir dann richtig Menschen, wenn wir gefordert werden. Dann fühlen wir uns lebendig.

Aber ab montagmorgens um 9:00 Uhr: Abhängigkeitsverhältnisse. Intransparenz. Fehlender Marktblick. Kurzfristdenke. Schuldzuweisungsblasen. Verantwortungsphobie. Risikominimierung. Machtkonzentration in der Zentrale. Management. Bürokratie. Den Blick fest auf Feierabend und Wochenende gerichtet. Das sind die Symptome erstarrter Unternehmen im Streben nach maximaler Entropie. Die Therapie ist einfach. Der Kodex aus den zwölf Gesetzen dieses Buches ist die umfassendste Therapie gegen bürokratisch-sklerotische Erstarrung, die es derzeit gibt.

Arbeitszeit ist Entwicklungszeit für Menschen

Jeder Mensch sollte nur so lange mit einer Aufgabe betraut bleiben, wie er dort wachsen und etwas lernen kann.

Schöne Worte. Das klingt für viele Ohren so gar nicht praktikabel. Gerade wenn es schwierig wird, muss der Laden schließlich funktionieren. Dann bleibt keine Zeit für lernen und wachsen und Persönlichkeitsentwicklung und Tandaradei. Dann muss schnell ein befugter Mensch eine Entscheidung treffen und durchsetzen. Richtig?

Falsch. Unternehmen haben so viele Probleme, dass man immer genügend davon hat, um sie den Mitarbeitern zum Lösen zu geben. Die Frage ist: Wer bekommt die Probleme zu lösen? Wer löst sie? Traut die Führungsriege allen etwas zu?

> *Das Problem nicht selbst lösen zu wollen*
> *ist für Manager die größte Herausforderung.*

Mitten in der Krise, wenn es richtig schwierig wird, gerade dann sollten alle Mitarbeiter, und zwar ausnahmslos alle, an der Lösung der zentralen Probleme mitwirken. Das Prinzip ist: Wer ist nah dran? Derjenige sollte dann die Verantwortung übernehmen. Die Aufgabe der Führung ist also gerade nicht: Was ist die Lösung? Sondern: Wer ist nah dran am Problem?

Das Problem nicht selbst lösen zu wollen ist für Manager die größte Herausforderung, denn der Problemlöser ist der Held, und das zu sein streben Manager gerne an. Den Mitarbeitern die Freiheit zu geben, selbst zu denken, ist eine Vorgehensweise, die Managern in Alpha-Unternehmen als Schwäche ausgelegt würde. Deshalb wird es nicht gemacht.

Viele Führungskräfte, die große Stücke auf Mitarbeiterentwicklung halten, die ihren Mitarbeitern gerne immer wieder Herausforderungen geben und die mit Freude zusehen, wie ihre Zöglinge daran wachsen, schalten leider instinktiv auf Alpha und heroisches Management um, sobald es echte Probleme gibt und die Lage kritisch wird.

Führung nach dem Beta-Kodex ist: Gerade wenn es hart auf hart kommt, lohnt es sich, allen Mitarbeitern das Problem wahrnehmbar zu machen, das Problem zu teilen, darauf zu vertrauen, dass die Intelligenz des Systems höher ist als die Intelligenz des Einzelnen. Dazu braucht man als Führungskraft die Fähigkeit, die Hände bei sich zu behalten. Also gerade sich nicht einzumischen, sondern seine Leute machen zu lassen. *Schaun mer mal, was die Kollegen draufhaben. Ich als Führungskraft helfe, dass die Handlungsfreiheit gegeben ist, dass Mittel und Fähigkeiten da sind, die richtigen Rahmen-*

bedingungen gelten. Aber mehr mache ich nicht. Das erfordert Mut! Das sind für mich die wahren Helden!

Ein südamerikanischer Verpackungshersteller, der Plastikverpackungen für Lebensmittel, Joghurtflaschen usw. herstellt, holt Berater ins Unternehmen. Warum? Vieles läuft nicht. Es gibt massenhaft Produktionsfehler und Qualitätsprobleme, ständig muss nachgearbeitet werden. Viel zu viele Überstunden werden angehäuft. Wenn der Kunde die Orders mal kurzfristig ändert, bricht regelmäßig das große Chaos aus. Das System ist unflexibel, langsam, fehleranfällig. Das sind die typischen Symptome erstarrter, gemanagter Alpha-Unternehmen.

Schauen wir genauer hin: Da sind 140 Mitarbeiter, die tonnenweise Erfahrungen und Wissen aus erster Hand über die Produktionsabläufe haben. Deren kollektive Intelligenz aber brachliegt. Stattdessen gibt es Supervisoren, Abteilungsleiter, Schichtleiter. Von oben wird die Produktionsplanung vorgegeben. Dann verändert der Kunde mal wieder den Auftrag. Die Produktionsplanung ist nicht mehr aktuell. Der Schichtleiter muss schnell entscheiden, wie die Produktion geändert werden soll. Also erteilt er entsprechende Anweisungen. Aber die Mitarbeiter verstehen den Grund der Aufregung nicht. Warum wird jetzt die Routine gestört? Was will der Idiot? Der soll uns machen lassen! Wir hängen doch hier gerade so schön ab in unserer Komfortzone!

Der Schichtleiter ist verzweifelt, er erhöht den Druck. Dann entsteht das übliche große Durcheinander. Aktionismus ersetzt Problemlösung, jeder macht nur das Notwendigste, niemand ist motiviert, schon wieder Überstunden zu machen. Jeder schaut nur bis zum eigenen Tellerrand. Von einem gemeinsamen Strang kann keine Rede sein. Von ziehen schon gleich dreimal nicht.

Die Alternative? Die Transformation von Alpha zu Beta: Vergesst die Produktionsplanung! Kein Vorgesetzter oder Planungsspezialist darf den Mitarbeitern in der Produktion sagen, was zu tun ist. Stattdessen hängen wir einfach die Kundenorders direkt in die Halle neben die Produktionslinie. Das ist alles.

Wirklich, das ist alles! Dies ist ein reales Beispiel. Was passiert? Sofort beginnt das Team, sich selbst abzustimmen. Es braucht keinen Chef mehr. Die Kundenorder ist der Chef. Und was will der Chef? Man muss nur auf die Kundenorder gucken. Das Team stellt sich darauf ein. Auch kurzfristig. Es gibt keine Übersetzungsfehler von der Planung in die Produktion mehr. Und plötzlich herrscht Gemeinsamkeit, wo vorher jeder nur sein eigenes Süppchen gekocht hat. Die Order hat sich geändert. Jetzt haben wir eine Herausforderung, jetzt können wir ein Problem lösen! Jetzt können wir selbst entscheiden, welche Opfer wir bringen. Klar ist: Wir schaffen das!

Der Effekt im Großen? Wir haben es gemessen: dramatisch weniger Überstunden. Kaum mehr Nacharbeit, geringere Fertiglager, geringere Qualitätsprobleme. Vorher: Jemand muss die Orders in einen Produktionsplan und einen Einsatzplan verwandeln. Es muss doch einer sagen, was gemacht werden muss! Nachher: Die Mitarbeiter hatten plötzlich den Sinn ihrer Arbeit verstanden. Plötzlich war der Kunde in der Fabrikhalle geistig präsent.

Die Schichtleiter waren natürlich ab sofort überflüssig. Ihr Vorgesetzter musste etwas Neues für sie suchen. Natürlich: Die Schichtleiter hatte einen Machtverlust erlitten. Sie mussten sich plötzlich darauf besinnen, was sie eigentlich gut können, um dem Unternehmen noch sinnvoll ihre Arbeitskraft als Spezialisten anbieten zu können. In einem Fall war das die Wartung, in einem anderen die Projektarbeit. Gute Leute finden immer eine Aufgabe.

In den meisten Fällen finden die verwaisten Ex-Manager einen guten Platz an anderen Stellen der Organisation. Kein Unternehmen, das sich auf den Weg der Transformation von Alpha zu Beta aufgemacht hat, wollte auf Kompetenz und Erfahrung derjenigen verzichten, die die überflüssig gewordenen Managementposten räumen mussten. Alle, die den Machtverlust ertragen können, finden einen Ort im Unternehmen, wo sie produktiver sein können als zuvor. Ganz ohne Einkommenseinbußen zumeist – denn ein Rollenwandel muss ja nicht weniger Gehalt bedeuten. Und diejenigen, die den Machtverlust nicht ertragen können, finden dann eben einen neuen Managementposten in einem anderen Unternehmen.

Die menschlichen Talente und angeborenen Fähigkeiten werden in der chinesischen Medizin der »5 Elemente« dem Element Wasser zugeordnet. Talente und Fähigkeiten verhalten sich auch wie Wasser: Sie suchen sich immer ihren Weg. Bei der Arbeit oder jenseits der Arbeit. Menschen treffen die Entscheidung, wo sie ihre Talente und Fähigkeiten einsetzen, manchmal ganz bewusst oder aber, meistens, unbewusst. Sie während der Arbeitszeit einzusetzen und sich dort zu »verwirklichen« oder eben nicht, das entscheidet jedes Individuum aus freien Stücken. Man kann niemanden dazu zwingen.

Aber man kann den Menschen ein Angebot machen. Und wie? Man fordert die Fähigkeiten der Menschen in der Organisation ständig aufs Neue heraus, man bietet Abwechslung und spannende Herausforderungen. Unternehmen sind Lern- und Entfaltungsplätze für Menschen.

Unternehmen sind Spielplätze für Menschen. Das hat Adam Smith gesagt. Bereits 1766, lange vor der Zeit der Industriebarone, beschrieb er in seinem Werk *Die Arbeitsteilung* die Risiken dieser notwendigen Entwicklung: »Mit fortschreitender Arbeitsteilung wird die Tätigkeit der überwiegenden Mehrheit derjenigen, die von ihrer Arbeit leben, also der Masse des Volkes, nach und nach auf einige wenige Handgriffe eingeengt. Nun formt aber die Alltagsbeschäftigung ganz zwangsläufig das Verständnis der meisten Menschen. Jemand, der tagtäglich nur wenige einfache Handgriffe ausführt, hat keinerlei Gelegenheit, seinen Verstand zu üben. Denn da Hindernisse nicht auftreten, braucht er sich über deren Beseitigung keine Gedanken zu machen. Und so ist es ganz natürlich, dass er verlernt, seinen Verstand zu gebrauchen.«

Das Problem ist heute, fast zehn Generationen später, immer noch genauso aktuell. Management macht Arbeit tot. Tote Arbeit macht Mitarbeiter dumm. Wir müssen die Arbeit wieder reanimieren. Das ist nicht so schwer. Dazu gibt es schon fast altbacken anmutende Therapieansätze: Aufgabenbereicherung (Job Enrichment), Aufgabenerweiterung (Job Enlargement) und Aufgabenwechsel (Job Rotation). Anstatt jedem Individuum per Job Description eine feste Aufgabe zuzuweisen, entkoppelt man besser absichtlich Individuum und »Stelle«. Das geht automatisch mit der Verringerung horizontaler Arbeitsteilung einher: Man führt zusammen, was vorher auf verschiedene Hierarchiestufen verteilt war. Entscheidung und Ausführung, beispielsweise. Denken und Handeln. Wir nennen das auch Dezentralisierung von Entscheidungen.

Rund 240 Jahre nach Smith haben wir heute die Chance, ja die Pflicht, möglichst viele der gleichförmig immer wiederkehrenden Aufgaben zu automatisieren – Produktionsprozesse zum Beispiel – und andere durch Software unterstützt zu vereinfachen, Textverarbeitung beispielsweise. Mit einem Laptop und einigen Gadgets kann heute jeder recht bequem und zeitsparend all das selbst erledigen, wofür man lange Zeit Schreibkräfte und Sekretärinnen brauchte. Beschweren tut sich darüber kaum noch jemand. Letztlich ist das nichts anderes als Job Enlargement – also die Verringerung vertikaler Arbeitsteilung und die Überwindung fachlicher Spezialisierung. Man kann es selbst tun! Abhängigkeit wird kleiner, Selbstbestimmung wird größer. Und das im Prinzip an jedem Arbeitsplatz. Der große Trend ist die Ermächtigung des Individuums. Der Trend ist mächtig und unaufhaltsam.

Sinnkopplung verhindern heißt wider die Natur des Menschen handeln

Matthias Löhr ist der Chef von 1 500 Mitarbeitern. Er denkt nach, er liest, er hört zu. Und kommt eines Tages zu dem Schluss: Es ergibt für mich keinen Sinn mehr, dass wir planen. Den ganzen lieben langen Tag verbringen wir Chefs mit planen, mit Zahlen und Tabellen und Diagrammen. Das ist

Zeitverschwendung. Jetzt machen wir Schluss damit. Jetzt greifen wir zum Äußersten: Wir reden wieder miteinander.

Die meisten Unternehmen haben die letzten Jahrzehnte damit verbracht, Management zu professionalisieren – mit Managementinstrumenten, Führungstools, Prozessen und Informationssystemen. Das Problem: In der Beta-Welt brauchen wir professionelles Management gar nicht mehr so sehr. Wir haben – angetrieben durch die Dynamik in einer immer komplexeren Welt – das Falsche professionalisiert. Nämlich all das, was sich formalisieren, standardisieren und wiederholen lässt. Wir haben das komplex gemacht, was wir hätten vereinfachen sollen. All die Dinge im Unternehmen, die feststehen, die dynamik-verringernd wirken, das gleichsam Tote in Unternehmen, all das haben wir professionalisiert und in den Mittelpunkt gestellt. Indem wir Zahlen, Daten und Fakten gemanagt haben.

Besser ist: das Lebendige zu professionalisieren. Wir müssen das komplexitätsrobust und selbst komplex machen, was Komplexität erfordert, was die Dynamik erhöht, was sich nicht formalisieren und standardisieren und automatisieren lässt. Hoch komplex, dynamisch und lebendig ist in Unternehmen nur eines: die Interaktion von Menschen. Professionalisiert werden muss die Zusammenarbeit von lebendigen Menschen. Wenn wir lernen, mit den Haltungen, den Wahrnehmungen, den Handlungen der Individuen und ihrem Zusammenspiel in der Gruppe, im Team, professioneller umzugehen, dann schaffen wir Unternehmertum im Unternehmen. Unternehmerisches Denken und Handeln aller Mitglieder einer Organisation lässt sich als professionelle Kernkompetenz eines Unternehmens verstehen. Und entwickeln.

Der Entwicklungskeim ist leicht zu verstehen. Das Konzept ist simpel, das Ergebnis aber hoch komplex. Es ist das Konzept der Sinnkopplung.

Das Prinzip: Menschen kommen freiwillig und wollen etwas leisten, weil sie es sinnvoll finden. Sie haben einen gemeinsamen Grund. Die besten Autos der Welt bauen ist zum Beispiel so ein Grund. Oder hochwertige Lebensmittel für alle erschwinglich machen. Oder das Wissen der Welt für alle zugänglich machen. Oder Wohnstuben wärmen statt die Atmosphäre unseres einzigen Planeten. Oder Familien einen schönen Urlaub ermöglichen. Oder, oder, oder. Die Welt ist voll von guten Gründen, die eine Anzahl von Menschen als so sinnvoll empfinden, dass sie ihr Leben daran koppeln möchten. Zeitweise und auf freiwilliger Basis. Und wenn diese Sinnkopplung da ist, geben die Menschen ihr Bestes.

Das Erstaunliche dabei: Die Menschen suchen sich in solchen Sinn-Organisationen, wenn man sie lässt, ganz natürlich nicht die Schlafnischen und Komfortkojen und Routineaufgaben, sondern die Plätze, an denen sie herausgefordert werden, wo sie wachsen und lernen und sich entwickeln können. Dort, wo sie ausprobieren können, üben müssen, leicht überfordert sind, fühlen sie sich auf Dauer am wohlsten.

Heutzutage ist immer irgendwie Krise. Die Bedingungen des Marktes ändern sich so schnell, dass Unternehmen heute permanent im Anpassungsstress sind. Das ist gut, denn so gibt es immer und überall spannende Aufgaben und zu lösende Probleme. Es zeigt sich dann aber meistens ganz schnell: Individuelle Intelligenz stößt an Grenzen, kollektive Intelligenz findet die Lösung. Nur Teams, Gruppen, Allianzen können die Herausforderungen bewältigen. So, und spätestens hier wird es komplex. Entweder die Organisation schafft es, Freiraum für Selbstorganisation zuzulassen, oder sie beharrt darauf, alles haarklein festzulegen und zu reglementieren. Entweder sie lässt Lösungen entstehen oder sie ordnet Lösungen an. Entweder sie vertraut auf die kollektive Macht sinngekoppelter Menschen oder sie misstraut den Individuen. Entweder sie ist ein Beta-Unternehmen oder sie ist ein Alpha-Unternehmen. Entweder sie lässt die Menschen frei oder sie verplant und managt sie weiter wie bisher.

Was sollte man als Manager tun, wenn ein Problem auftaucht? Gar nichts. Gelassene Führende, die nicht zuerst Entscheidungen treffen wollen, sondern Lösungen im Team entstehen lassen, Führende, die das aushalten können, sind noch rar. Sie müssen einfach mal verstanden haben, dass sie es prinzipiell nicht schaffen können, die notwendige Komplexität in der Organisation per Weisung und Kontrolle herzustellen. Sie können die Mitarbeiter nicht von oben her »ausrichten« wie die Kompanie auf dem Paradeplatz. Anordnungen zählen nichts mehr. Gemeinsame Werte und Prinzipien sind das Einzige, was in den ganz neuen, komplexen Situationen der Wirtschaft für gemeinsame Orientierung und koordiniertes Handeln sorgen kann. So paradox das klingen mag.

Koordination geht von selbst oder gar nicht. Menschen versuchen immer, sich verantwortlich und vernünftig zu verhalten, wenn sie den Sinn darin erkennen. Das ist ein natürlicher Prozess. Hierarchie und Bürokratie, Weisung und Kontrolle, Planung und Ziele stehen zwischen den Menschen und dem Sinn des Unternehmens. Sinn ist trotzdem noch immer da, er ist nur verstellt, keiner sieht ihn. Wenn er nicht da wäre, gäbe es das Unternehmen nicht. Aber das Management versucht ständig, den Sinn intern durch Anweisungen zu ersetzen. Die Manager tun das, weil sie misstrauisch sind. Sie denken: Wenn ich die Menschen nicht verpflichte, wieso sollten sie dann zur Arbeit kommen und das Richtige tun?

Die Manager trauen ihrem Unternehmen keinen Sinn zu. Sie misstrauen dem Sinn. Sie glauben, dass das Gehalt, das sie den Mitarbeitern zahlen, nicht ausreicht, um sie zur Arbeit zu bewegen. Sie müssen sie auch noch irgendwie zwingen, sie steuern und anweisen, denn sonst leisten die nichts!

Die Grundlage für die zwölf neuen Gesetze der Führung ist der Glaube daran, dass Menschen freiwillig leisten. In einer Beta-Wirtschaft brauchen die Menschen ein gewisses Einkommen, um davon leben zu können. Darüber hinaus aber haben sie ein ganz natürliches Interesse zu arbeiten und dabei ihr Bestes zu geben. Man muss sie dafür nicht loben. Man muss sie nicht durch Reifen springen lassen. Man muss sie nicht belohnen. Es reicht, sie fair zu bezahlen. Sie wollen ja ohnehin nur Gutes tun. Und man muss ihnen schon Übles antun, damit sie ihr eigenes Unternehmen betrügen, demotiviert werden oder innerlich kündigen ...

Okay, das gilt nicht für alle Menschen. Es gibt auch Ausnahmen. Aber nur wenige. Mit denen kann man leben oder mit ihnen umgehen. Mitarbeiter, die nicht leisten wollen, sollte man entlassen. Das ist fair. Denn andere wollen leisten, denen sollte man die Chance geben. Etwas zu unternehmen ist eine freiwillige Angelegenheit. Keiner muss. Unternehmen brauchen auch gar keine Angst haben, dass die Mitarbeiter nicht gerne zur Arbeit kommen. Viele Beispiele zeigen: In Unternehmen, in denen die Mitarbeiter sich bewusst sind, das sie freiwillig da sind, ist der Krankenstand sehr niedrig.

Also: Was muss das Management tun, damit die Mitarbeiter freiwillig kommen und ihr Bestes geben?

Bei Google gab es einmal eine Marketingkonferenz. Es ging um Großes, Grundsätzliches. Die Runde landete bei der Frage: Was soll Marketing bei Google eigentlich leisten? Die Tür ging auf, und einer der Gründer, Larry Page, kam herein, um mitzudiskutieren. Die Marketingprofis fragten ihn: »Larry, was erwartest du von Marketing bei Google?« Larry Page: »Hey, ich dachte eigentlich, dass ihr diese Frage fürs Unternehmen beantworten wollt. Das müsst schon ihr machen. Ich weiß das doch nicht.«

Handlungsfreiheit im Alpha-Kodex	Handlungsfreiheit im Beta-Kodex
Welt ist kompliziert – es braucht formale, tote Organisation	Welt ist komplex – es braucht informelle, lebendige Organisation
Die Welt ist kontrollierbar – statisches Weltbild	Alles ist im Fluss, nichts steht – evolutionäres Weltbild
Wiederholung überwiegt – Automatisierung, Standardisierung als Antwort	Überraschung überwiegt – Verantwortung, Empowerment als Antwort
Make & Sell, auf Halde produzieren und dann in den Markt drücken – Push-Geschäftsmodell	Just-in-time, erst verkaufen und dann produzieren – Pull-Geschäftsmodell, Direktvertrieb
Tayloristisches Denken – Trennung zwischen Denken und Handeln	Systemisches Denken – Zusammenführung von Denken und Handeln
Menschenbild der »Theorie X« – Menschen sind faule Esel, Träger von Defiziten	Menschenbild der »Theorie Y« – Menschen sind Träger von Motivation und Talent
Menschen müssen zu Leistung und Arbeit gezwungen werden	Gibt man Menschen Herausforderung und Entwicklungsraum, dann leisten sie
Organisation braucht Motivierung – durch Belohnung, Bestrafung, Bestechung	Arbeit ist motivierend – durch Gelegenheit zu Leistung und Lernen
Aktivitäten und Handlungen kontrollieren – sich an Regeln und Vorschriften halten	Kontextarbeit leisten und Werte pflegen – Zutrauen, dass Menschen prinzipienbasiert eigene Schlüsse ziehen können
Methoden und Tools – individuelles Wissen ist Engpass	Ideen und Theorien – kollektives Talent ist prinzipiell unbegrenzt
Weisung und Kontrolle – Machtkopplung, Abhängigkeit	Führen und Erwidern – Sinnkopplung, Empowerment
Patriarchalischer Impuls der Manager hat Freilauf	Unternehmerischer Impuls aller Organisationsmitglieder hat Freiraum

Paragraf 2

Verantwortung: Zellen statt Ab/teilungen

Dezentrale Netzwerke bestehen aus vielen ergebnisverantwortlichen, funktional integrierten Teams. So sind die Unternehmen der Zukunft organisiert. Die für die Wirtschaft des vergangenen Jahrhunderts typischen Organisationen waren anders: zentralistisch, Verantwortung zergliedert, funktional zerteilte Pyramiden. Diese alten Organisationen haben gegen die dezentralen Netzwerke im Wettbewerb keine Chance.

- E-Mails, Internet: 15 Prozent
- Reisen: 15 Prozent
- Bei Kunden sein: 10 Prozent
- Dinge besorgen oder erledigen: 10 Prozent
- Veranstaltungen organisieren und durchführen: 15 Prozent
- Schreiben: 10 Prozent
- Kontakte knüpfen: 10 Prozent
- Administrative Büroarbeiten: 15 Prozent

So ungefähr arbeitet ein Selbstständiger, eingeteilt nach Tätigkeiten. Man kann das auch sinnvoll nach Projekten einteilen. Oder nach Kunden. Oder nach innen- und außengerichtete Tätigkeiten. All das ergibt Sinn. Keinen Sinn dagegen würde es machen, sich in bestimmte Funktionen zu unterteilen: Controlling, Risikomanagement, Qualitätsmanagement, Vertrieb, IT-Management. Kein Mensch macht das so. Wenn ein Kunde anruft, bin ich dann Vertriebler? Und spielt in der Zeit, in der ich mit dem Kunden telefoniere, Qualität und Risiko keine Rolle?

Wenn wir alleine oder in kleinen Teams arbeiten, kommt keiner auf die Idee, sich funktional zu organisieren, die Kategorien ergeben nämlich keinen Sinn. Die Funktionen Personalmanagement, Produktion, Entwicklung usw. sind beliebig austauschbar und weder mit Aktivitäten noch mit bestimmten Leistungen noch mit Kunden oder Projekten verbunden. Es gibt keinen Zusammenhang zur eigentlichen Arbeit. Denn egal, was wir tun, wir erfüllen immer gleich mehrere Funktionen auf einmal.

Was ist die natürliche Form, sich zu organisieren? Welche Organisationsform ist diejenige, die dem Menschen am meisten gemäß ist? Welche Organisationsform bringt auf Dauer die besten Ergebnisse?

Im Prinzip wissen wir die Antwort darauf intuitiv. Darum lachen wir auch, wenn in einem Witz vier Leute gebraucht werden, um eine Glühbirne zu wechseln: Einer hält die Glühbirne in die Fassung, die anderen drei packen ihren Kollegen und drehen ihn im Kreis herum.

Der Trainer hat gesagt, meine Funktion ist die des Torjägers, nicht die des Vorbereiters. Wir müssen tauschen!

Wenn uns keiner managt, dann organisieren wir uns bei Arbeitsprojekten immer nach Tätigkeiten. Wir sprechen uns einfach ab: Du tust das, ich tue das, einverstanden? Oft brauchen wir nicht einmal ausdrückliche Absprachen, in guten Teams funktioniert die Tätigkeitsverteilung situativ und blind, wir haben dann das Gefühl, dass es läuft wie geschmiert.

Wenn also zum Beispiel zwei gute Stürmer vor dem gegnerischen Tor auftauchen, dann spielt der eine dem anderen den Ball im richtigen Moment zu, damit der das Tor machen kann. Keinesfalls bleibt der eine plötzlich stehen und sagt zum anderen: Moment, das stimmt doch so gar nicht. Du bist doch der Passgeber, nicht ich. Der Trainer hat gesagt, meine Funktion ist die des Torjägers, nicht die des Vorbereiters. Wir müssen tauschen!

Wir teilen uns immer intuitiv nach den Tätigkeiten ein, die wir am besten können und die situativ einfach gemacht werden müssen. Auch wer als Selbstständiger ganz alleine arbeitet, organisiert sich nach Tätigkeiten, Projekten, nach Kunden. Niemals nach Funktionen. Niemals. Denn das wäre unnatürlich.

Aber wenn die Personenzahl wächst, irgendwann, wenn das Unternehmen größer wird, dann zeichnen wir plötzlich Organigramme, dann zerschneiden wir plötzlich Arbeitsprozesse und weisen den einen Teil den Vertrieblern, den anderen den Marketern oder den Finanzern zu. Plötzlich denken wir funktional. Warum eigentlich?

Funktionen funktionieren nicht

Funktionen sind für die Hierarchie da, nicht für die Arbeitsorganisation. Deshalb macht den meisten von uns ja auch die Arbeit keinen Spaß. Denn wer in bürokratischen Hierarchien arbeitet, muss Funktionen erfüllen, anstatt das zu tun, was anliegt. Das Ziel der Arbeit, der Zweck, der Sinn der

Arbeit ist durch die funktionale Organisation und Zerteilung verstellt. Zwar ist der Zusammenhang eigentlich da, aber er ist nicht sichtbar.

Nehmen wir zum Beispiel einen Auditor in einem Großkonzern, der in der internen Revision arbeitet. Was tut er? Er kontrolliert andere: Erkennen von Fehlern anderer, Schwachstellen von Abläufen und Prozessen und Bereichen aufdecken. Solcherart Spitzeleien eben. Im Organigramm besetzt er eine Stabsstelle, er hat Macht. Die Voraussetzung für seine Funktion ist die Unterstellung, dass die Kontrollierten nicht selbst in der Lage sind, Fehler oder Schwachstellen zu erkennen.

Die Selbstverantwortung wird den Mitarbeitern also nicht zugetraut. Dieses Misstrauen ist im Organigramm institutionalisiert. Indem die Funktion zur Institution gemacht wurde. Genauso funktionieren Qualitätsmanagement, weil die Mitarbeiter sonst keine Qualität produzieren; Personalmanagement, weil sonst keine guten Leute eingestellt werden und nicht das richtige Gehalt gezahlt wird; Risikomanagement, weil die Mitarbeiter alleine das Geld nur so verspekulieren; Personalentwicklung, weil die Menschen sich sonst nicht entwickeln; Controlling, weil die Mitarbeiter nicht selber rechnen können; und so weiter.

Diese institutionalisierten Funktionen sind alles, nur nicht kollegial. Es sind institutionalisierte Feinde, Richter, die dazwischenpfuschen und die eigentliche Arbeit stören. Sie haben die Macht, in die Arbeit anderer reinzureden, und sie haben dabei immer die Aufgabe, Schuld zu suchen.

Solcherart Spitzeleien eben.

Natürlich brauchen wir die Funktion der Revision im Unternehmen. Wir brauchen nur die Institution der Revision nicht. Natürlich brauchen wir die Funktion der Qualitätskontrolle im Unternehmen. Wir brauchen nur die Institution der Qualitätskontrolle nicht. Fehler sollen schließlich gefunden werden. Und alle sollen stetig besser werden, keine Frage. Aber sobald Sie einen Posten daraus machen und mit Macht ausstatten, beginnt das Regime der Schuldzuweisung. Und die Absicht verkehrt sich im Ergebnis in ihr Gegenteil. In Unternehmen mit Personalmanagement arbeiten nicht die besseren Arbeitskräfte, in Unternehmen mit Qualitätsmanagement wird nicht bessere Qualität produziert, in Unternehmen mit interner Revision werden nicht weniger Fehler gemacht.

In nichtfunktional strukturierten Teams funktioniert das anders: Kollegen schauen sich die Arbeit anderer Kollegen anderer Abteilungen an und geben Feedback. Jeder macht ein wenig Revision. Teamleiter überprüfen nicht die eigenen, sondern andere Teams, denn dort haben sie keine Macht. Und das eigene Team wird ebenfalls von einem anderen Teamleiter überprüft. So kann man voneinander lernen, es werden gemeinsam Lösungen gesucht. Dazu braucht es keine Abteilung. So wird zum Beispiel bei dm-drogerie markt Revision gemacht. Und so funktioniert das einfach besser.

Das Problem funktionaler Organisationen ist im Kern: Sie trennen prinzipiell immer Arbeit und Verantwortung voneinander. Ein Chef sagt: Wir wollen Qualität in der Produktion, also nehme ich dir, lieber Mitarbeiter in der Produktion, die Verantwortung für die Qualität weg und schaffe eine Abteilung, die sich hauptverantwortlich um Qualität kümmert. Und dir im Vertrieb nehme ich die Verantwortung weg, gute Verkäufer einzustellen, das verantwortet jetzt die Personalabteilung. Und euch allen, liebe Mitarbeiter, nehme ich die Verantwortung weg, dass sich eure Arbeit wirtschaftlich rechnet. Wir haben schließlich jetzt ein Controlling. Für all das, was wichtig ist, haben wir jetzt Abteilungen. Und wenn ihr dann überhaupt keine Verantwortung mehr tragen müsst, dann könnt ihr auch nichts mehr falsch machen. Und das ist doch toll! Ich bin schließlich ein verantwortungsvoller Chef! ... Aber Chef, Verantwortung zu tragen und Entscheidungen zu treffen, grad das macht nun mal Spaß. Selbstbestimmung macht Spaß. Verantwortung macht Freude. Das ist das Salz in der Suppe. Oh, und ich glaube, ich muss dann heute früher gehen, denn heute Abend wird im Fußballverein meines Sohnes ein neuer Jugendleiter gesucht. Wenn ich das werde, kann ich Verantwortung übernehmen ...

Die Frage ist: Traut man sich gegenseitig über den Weg, traut man sich gegenseitig etwas zu? Vertraut man sich im Unternehmen? Verantwortung ist eine Vertrauensfrage.

Trauen Sie Ihren Mitarbeitern zu, sinnvoll mit Geld umzugehen? Traut Ihr Chef das Ihnen zu? Nehmen wir an, Sie haben eine Idee für eine Innovation und möchten gern ausprobieren, ob das funktioniert. Sie brauchen Geld für dieses Projekt, sagen wir 10 000 Euro. Das würde Spaß machen. Und wenn es klappt, würde es dem Unternehmen Millionen einsparen oder an Neugeschäft einbringen. Also werben Sie für Ihr Projekt. Da es eine gute Idee ist und Ihre Begeisterung ansteckend wirkt, bekommen Sie das Geld und die Zeit und die Zeit der Mitarbeiter, die Sie brauchen. Und dann legen Sie los ...

Toll, oder? Ja, das ist eine schöne Vorstellung. *Und total unrealistisch.* Selbstverständlich dürfen Sie das in Ihrem Unternehmen nicht, richtig? Eigentlich aber sollte das normal sein, weil es sinnvoll ist. Es gibt gute Beispiele: Bei Semco in Brasilien beispielsweise gilt das Motto, dass es besser ist, hinterher um Vergebung zu bitten, als vorher um Erlaubnis zu fragen. Das Unternehmen begrüßt es, wenn Mitarbeiter experimentieren und Ideen ausprobieren, selbst wenn es in die Hose geht. Bei Southwest Airlines, der momentan größten Fluggesellschaft der Welt, entscheiden prinzipiell die Mitarbeiter vor Ort. Wenn ein Flugbegleiter die Sicherheitseinweisung der Passagiere zu Beginn eines Fluges lieber singen oder rappen will und findet, dass das eine gute Idee ist, dann soll er es machen. Die Airline steht dahinter. Und es *wird* gesungen und gerappt bei Southwest Airlines! Und zwar richtig gut (Wenn Sie das sehen und hören wollen, suchen Sie die zugehörigen Videos einfach bei Youtube.com im Internet raus. Stichwort: rapping flight attendant).

Divisionen, Bereiche, Abteilungen: Eine prähistorische Idee

Der historische Ursprung für das Abteilungsdenken liegt im Taylorismus: Der eine Teil der Organisation macht die Arbeit, der andere Teil steuert. Die Tätigkeit und die zugehörige Verantwortung werden seit Taylor hierarchisch, aber auch funktional entkoppelt. So kann man jede einzelne Aufgabe und Spezialisierung einzeln, für sich genommen optimieren und beherrschen. Die Maschine zum Laufen bringen. Wenn man das tut, dann ist es wirklich praktisch, die Organisation auch gleich nach Funktionen zu gliedern. Das ist der einzige Grund, warum wir das tun. An der Uni lernen wir mittlerweile, dass es gar nichts anderes gibt. Jedes Unternehmen hat laut BWL Produktion, Logistik, Vertrieb, Finanzen, Personal, Entwicklung usw. Wir können uns nichts mehr anderes vorstellen. Eine Alternative ist nicht vorgesehen. Also ist es auch kein Wunder, dass fast alle Unternehmen heute funktional gegliedert sind. Aber die Monokultur der Organisationsformen ist Ergebnis einer sich selbst erfüllenden Prophezeiung. Vorsicht! Monokulturen reagieren anfällig auf Veränderungen der Umwelt!

Das Schlimme ist gar nicht so sehr, dass funktional in Divisionen und Abteilungen gegliederte Unternehmen einfach ineffektiver sind und damit weniger leisten, sondern dass sie die Mitarbeiter verdummen. In Funktionsbereichen vergraben verlieren wir den Überblick und den Kontakt zum Business. Wir werden zu Personalern, Verkäufern, Controllern usw. Wir finden unsere Identität in der Spezialisierung. Anstatt die besten Autos der Welt zu bauen, sind wir dann Personalentwickler. Oder Abteilungsleiter Logistik. Dann sind wir in die Hierarchie eingebaut. Und vergessen, dass wir eigentlich mehr sind und mehr können, als eine Funktion in einer Hierarchie zu sein. Funktionen sind immer abhängig von der Steuerung von oben. Wir sind abhängig. Und wir sind entfremdet von unseren Kunden, vom Markt, entkoppelt vom Sinn unserer Arbeit. Wir hören auf zu denken. Die Hierarchie koordiniert uns, die Hierarchie denkt für uns, die Hierarchie entscheidet für uns.

Spaß macht das keinen. Und es passt auch nicht zu uns Menschen. Von Natur aus sind wir nämlich keine Spezialisten. Ja, jeder hat Neigungen und Talente. Jemand hat Verkaufstalent, aber deshalb ist er noch lange nicht der geborene Verkaufsspezialist, denn er kann natürlich auch noch andere Dinge. Jeder hat so sein Präferenzen, der eine ist eher extrovertiert, der andere ist beharrlich, der nächste hat ein gutes Abstraktionsvermögen usw. Manches fällt einem leichter und manches macht man mit größerer Freude. Also sollte man weniger von dem tun, was keinen Spaß macht, und mehr von dem, was einem leichtfällt. Wenn ich nicht so strukturiert und systematisiert bin, dann suche ich mir einen Kollegen, der mich ergänzt. Ich bilde ein Team aus komplementären Talenten. Aber einen Assistenten braucht niemand! Und Spezialist spielen sollte auch niemand müssen.

Eltern haften für ihre Kinder. Ergo: Chefs haften für ihre Mitarbeiter. Ergo: Chefs haben die Verantwortung. Mitarbeiter nicht. Ergo: Chefs bestimmen. Mitarbeiter nicht. Wer bestimmt, muss denken. Wer nicht, muss nicht denken. Wer nicht denkt, verblödet. Chefs sind also intelligenter, oder? Und das bleibt auch so, denn: Wer verblödet, kann nicht Chef werden ...

Anstatt die besten Autos der Welt zu bauen,
sind wir dann Personalentwickler.

Aber irgendwie braucht man doch Hierarchie. Ja, da ist was dran. Hierarchie ist jedoch nichts Besonderes. Sie ist eigentlich recht trivial, denn man braucht sie einfach im Tagesgeschäft – zumindest ab und zu. Manchmal gibt es Momente, da muss einer dem anderen sagen, was er tun soll. Der Clou: Sie schafft sich von selbst. In dem Moment, in dem sie gebraucht wird. Kraft natürlicher, informeller Autorität. Formale Hierarchie braucht man bei der Arbeit nicht außerdem noch extra dazu.

Wenn ein Unternehmer Leute einstellt, dann ist er der Chef, das ist doch klar. Im Tagesgeschäft ist das aber nicht relevant. Es sollte nicht relevant sein. Im Projekt sind die Rollen eventuell anders verteilt. Es ist überhaupt nicht gesagt, dass der Unternehmer im Projekt die erste Geige spielt. Hierarchie und formelle Macht muss nicht gleichgesetzt werden. Formelle Macht ist wichtig, wenn ein Mitarbeiter aus wichtigem Grund entlassen werden muss. Aber für die Präsentation beim Kunden ist sie nicht wichtig. Darf nicht wichtig sein. Denn sonst drückt das auf die Motivation, auf Handlungsfreiheit, auf Ergebnisse.

Es sind nicht immer die Chefs, die sich die Mitarbeiter unterjochen. Das Machtspiel wird oft auch umgekehrt gespielt. Bei Google zum Beispiel kann man das sehr gut beobachten. Dort gib es kaum formelle Macht. Wenn da Leute von Microsoft oder American Express oder anderen stark hierarchisch geprägten Firmen eingestellt werden, dann stehen die in den ersten Monaten unter einem mächtigen Druck, einer gewaltigen Erwartung: Sie bringen das Gefühl mit, sie müssten ihren Chef glücklich machen. Sie drängen ihn in die Chefrolle und unterwerfen sich, obwohl es bei Google eigentlich keinen Grund dafür gibt. Sie denken, ihr Chef sei glücklich, wenn sie von ihm verlangen: Chef, du Großer, bitte sag mir, was ich machen soll, ich bin dein Untergebener und zu allem bereit! Der Chef nach Google-Philosophie soll aber gar nicht glücklich gemacht werden, er empfindet sich sogar gar nicht als Chef, sondern im Tagesgeschäft schlicht als Teammitglied. Er will einfach das, was alle wollen: Ergebnisse für die Firma. Aber nicht jeder bleibt da hart an der Sache. Durch Mitarbeiter, die eine hierarchische Kultur mitbringen, wird man allzu leicht verleitet, chefig zu werden.

In solchen Fällen braucht es Brainwashing. Kulturelle Reinigungsrituale. Der Geist der neuen Mitarbeiter muss gereinigt werden von der eingeschleppten Hierarchievergiftung. Bei W. L. Gore zum Beispiel darf das Wort »Boss« nicht verwendet werden. Es gibt dort auch keine Jobtitel. Für die Kommunikation nach draußen müssen ebenso wie bei Google manchmal Jobtitel erfunden werden, aber nach innen zählt das nicht. Wer da mit einer Hierarchiekultur ankommt und versucht, jemanden in die Chefrolle zu drängen, bekommt massive Schwierigkeiten.

Die Zentrale kann das nicht

Hierarchie in selbstorganisierten Teams ist also etwas Temporäres, was vorübergehend kraft natürlicher Autorität entsteht – um Verantwortung zu übernehmen. Institutionalisierte Hierarchie dagegen ist organisierte Verantwortungslosigkeit. Denn in Hierarchien kann eigentlich immer nur ganz oben entschieden und verantwortet werden. Business wird nur ganz oben in der Pyramide gemacht.

Was ist die Alternative? Die entsteht von selbst, sobald man aufhört, in Funktionen zu denken, und Hierarchie als bedeutsames Strukturelement zu verstehen. Es klingt fast langweilig, aber die Alternative heißt Netzwerkorganisation. Dort, wo die Verantwortung breit im Unternehmen verteilt wird, kommt man automatisch zu einer Netzwerkstruktur. Es entsteht ein Netzwerk aus Zellen, in denen das eigentliche Business gemacht wird. Die Struktur ist keinesfalls chaotisch oder beliebig. Auch in Netzwerken gibt es Ordnung und Richtung. Disziplin und Macht. Nur ist die Richtung hier nicht vertikal von oben nach unten, sondern von außen nach innen.

Außen ist der Markt: vielfältige Mitspieler wie Eigentümer und Kapitalgeber, Kunden, Zulieferer, Gesetzgeber, Gewerkschaften, Interessenverbände. Das alles ist Teil des Marktes. Das Zentrum des Unternehmens ist weit weg vom Markt. Hier sollten besser keine oder nur wenige Entscheidungen getroffen werden. Ein mächtiges Zentrum ist schädlich. Je weiter außen in der Peripherie entschieden wird, desto besser, denn die Peripherie des Unternehmens ist direkt dran am Markt. Das Business findet in den Zellen statt. In der Peripherie, nicht in der Zentrale. Die Zentrale hat nur unterstützende Funktion.

Das ist natürlich das genaue Gegenteil vom klassischen Konzern. In einer Großbank zum Beispiel läuft es doch im Prinzip so: Probleme, Anfragen, Kundenwünsche, Marktanforderungen werden per IT ins Zentrum geleitet. Die Peripherie soll nicht denken und nicht eigenverantwortlich handeln. Das Risikomanagement-System etwa wird natürlich in der Zentrale gewartet und gepflegt. Die Bank verlässt sich auf zentrale Regeln und errichtet so eine Risiko-Monokultur. Wenn im Markt aber plötzlich ein neues Problem auftaucht, auf das die alten Regeln nicht mehr passen, hat die Bank ein Problem. Monokulturen sind anfällig! Wenn dann auf breiter Front die Häuserpreise sinken, was im Risikomanagement-System der Bank einfach nicht vorgesehen war, dann bricht plötzlich die Monokultur in sich zusammen, die in amerikanischen Hauseigentümerschulden angelegten Milliarden kommen plötzlich nicht mehr zurück. Wäre die Bank in einer Netzwerkstruktur organisiert, dann hätte jede Zelle ihr eigenes Risikomanagement, einfach weil in jeder Zelle nachgedacht und unternehmerisch entschieden wird. In dezentralen Unternehmen kann es keine Risiko-Monokultur geben. Handelsbanken, eine Bank mit Netzwerkorganisation, ist 2008 vom Zusammenbrechen des amerikanischen Hypothekenmarkts relativ unbeeindruckt geblieben.

Die besten Ideen hat die Peripherie, und die besten Entscheidungen werden oft in der Peripherie getroffen. Und wenn einzelne Ideen und Entscheidungen gut sind, dann übernimmt sie eben der Rest der Organisation. So entsteht ein interner Markt für Innovationen. Beispielsweise hat sich keineswegs irgendein Chef in der Zentrale von IKEA das Konzept der Spielecken ausgedacht. Solche Ideen entstehen typischerweise in einer Filiale, werden dort ausprobiert, bewähren sich und werden dann von anderen Filialen übernommen. Oder die Kinder-Wickelstationen bei dm-drogerie markt. Wenn Sie heute in der Stadt unterwegs sind und zwar Ihr Baby dabeihaben, aber dafür die Windel zum Wechseln vergessen haben, dann ist es gut zu wissen, wo die nächste dm-Filiale ist, denn dort gibt es nicht nur eine Wickelkommode, sondern auch gratis Feuchttücher und Windeln. Und wenn man dann schon mal da ist … Auf solche Ideen kommt man typischerweise einfach nur dort, wo der Markt ist, also außen, an der Peripherie des Unternehmens. Und nur dort, wo Funktionen keine Rolle spielen. Wo man Dinge ausprobieren kann.

> *Das ist natürlich das genaue Gegenteil*
> *vom klassischen Konzern.*

Dezentral ist also innovativer, anpassungsfähiger, robuster, marktorientierter. Aber wie muss man sich das vorstellen? Wie sieht ein Organigramm eines solchen Unternehmens aus? Okay. Denken Sie an »Organisationsdesign«. Was fällt Ihnen dazu ein? Vielleicht tauchen vor Ihrem geistigen Auge Bilder auf von Topmanagern oder Unternehmensberatern, die Kästchen in Diagrammen hin- und herschieben. Nun, diese Art von Aktivität verdient eigentlich nicht den Namen Organisationsdesign. Design heißt gestalten, das ist eigentlich etwas Gutes. Aber gestaltet wird in diesem Bild der Kästchenschieber ja nicht die reale Organisation und wie sie funktioniert, sondern es werden nur Macht- und Abhängigkeitsbeziehungen manipuliert. Oder das, was man dafür hält. Die Organigramme haben mit den echten Abläufen und Wertschöpfungsprozessen nichts zu tun. Man verschiebt bei der »Reorganisation« nur die Barrieren zwischen den Einflussbereichen. Das ist wie ein Spiel und nicht zu verwechseln mit der Realität. Es handelt sich gewissermaßen um zwei unterschiedliche Ebenen: die Machtebene und die Ebene von Arbeit und Leistungserbringung.

Das klingt abstrakt. Schauen wir in einen Hersteller von Photovoltaikanlagen hinein. Ein Solarpanel hat einen Kratzer. Der Kunde schickt dem Verkäufer eine erboste E-Mail. Die Beschwerde wird gemäß den Machtverhältnissen weitergeleitet an den Vertriebsleiter. Von dem weiter an den Produktionsleiter. Der fühlt sich zuständig und geht auf seine Mitarbeiter los, um den Schuldigen zu finden. *Irgendein Depp hat den Fehler nicht bemerkt oder zugelassen. Dauernd passiert das mit diesen Kratzern!* Anhand der Seriennummer wird festgestellt, an welchem Tag in welcher Schicht der Fehler diesmal passiert ist. Typisch ist: Man findet den Schuldigen trotzdem nicht. Es scheint viele Schuldige zu geben. Das ist dann wirklich ärgerlich, und keiner findet heraus, wer es verbockt hat und bestraft werden muss, um den Fehler abzustellen. Also ran ans Organisationsdesign: Es wird reorganisiert. Die Endkontrolle wird aufgestockt. Das Kalkül des Managements: Wir filtern einfach die fehlerhaften Teile raus. Die implizite Botschaft an die Produktion ist klar: Wenn es so eine aufwändige Endkontrolle gibt, dann kann ja jetzt nichts mehr passieren, dann brauchen wir uns auch nicht mehr so viel Mühe geben. Konsequenterweise steigt die Fehlerquote. Mehr Ausschuss. Und die zusätzlichen Kosten für die Kontrolle. Die Ergebnisse werden schlechter … Na klar. Das Problem ist ja auch nicht behoben. Es wurde nur normalisiert, also verdeckt. Es besteht aber weiter. Das ist nichts anderes, als würden Sie das Ölkontrolllämpchen im Auto rausschrauben, wenn es leuchtet. Auf der Machtebene lief alles bestens bei diesem Photovoltaik-Hersteller. Es gab ein Problem, und es wurde gehandelt. Der Chef ist ein echter Kerl. Leider war das auf der Leistungsebene ziemlich wirkungslos. Und die Motivation der Mitarbeiter, na ja …

Solche Vorgänge sind typisch für funktional zerteilte Organisationen. Es ist die totale Sinnlosigkeit. Es wird an den Fehlern gearbeitet, nicht am Ergebnis. Probleme werden einfach wegdefiniert. Und Handlungsstärke auf der Chefebene wird demonstriert, indem Barrieren zwischen Funktionsbereichen hin- und hergeschoben werden.

Es geht aber auch so: Ein Solarpanel hat einen Kratzer. Der Kunde schickt dem Verkäufer eine erboste E-Mail. Die E-Mail wird direkt an alle am Produktionsprozess Beteiligten geschickt. Es gibt keine Hierarchie, die beachtet werden müsste. Der Fehler im System wird gemeinsam gesucht. Nicht der Schuldige. Da viele gemeinsam suchen, wird das Problem recht schnell gefunden: Eine Änderung am Produkt – nun müsste man eigentlich ein anderes Werkzeug haben. Au weia. Das kostet! Ob das Geld ausgegeben werden soll, um das Problem ein für alle Mal zu beheben, entscheiden genau die, die die Maschine benutzen, nämlich das Produktionsteam vor Ort. Sie haben zwar das Geld, finden das neue Werkzeug aber zu teuer. Sie überlegen sich Alternativen. Sie könnten den Prozess verändern, um künftig auf das Werkzeug ganz zu verzichten. Das würde aber zu kompliziert werden und an anderer Stelle neue Kosten verursachen. Die Idee wird verworfen. Ein Mitarbeiter hat in einer anderen Fabrik gesehen, dass das Werkstück bei der Bearbeitung nicht angehoben, sondern geschoben wird. Das würde das Problem in der Tat beseitigen, erforderte aber einen anderen Aufbau des Werkzeugs und der Werkstückführung. Sofort findet sich ein Team zusammen, das die Lösung ausprobiert. Andere fahnden organisationsweit und darüber hinaus nach ähnlichen Lösungen und den Erfahrungen damit. Schließlich wird die Lösung umgesetzt, sie funktioniert und bewährt sich und wird organisationsweit publik gemacht. Auf der Leistungsebene: Qualität verbessert, Kosten geschont. Auf der Machtebene: … Welche Machtebene?

Okay. So ist es schwieriger. Denn hier geschieht ja wirklich etwas in der Realität und nicht nur in Konferenzen in der Unternehmenszentrale, in Leistungsindikatoren oder in Diagrammen. Solche echten Lösungen finden nur echte Könner. Keine Manager. Aber es macht eben auch mehr Spaß.

Zug statt Druck: Warum Märkte nicht drücken

Führen ohne Manager ist dann wohl wie Autofahren ohne Steuerrad? Nein, nein, das Bild ist schief. Die gute Nachricht ist: Wir haben immer etwas, das steuert, auch ohne Management. Der Markt steuert. Und das haben alle, so einen Markt. Der ist immer aktuell. Der ist immer da. Gute Gründe, etwas zu tun oder zu lassen, kommen immer aus dem Markt. Und von nirgendwo sonst. Man muss die Gründe nur von außen in die Organisation hineinlassen.

Der Markt steuert. Das Management versucht typischerweise immer, dagegenzusteuern. Das ist ein schlichtes Kräftemessen. Wer behält am Ende Recht, der Markt oder der Manager? Die Macht oder die Gegenmacht? Das ist einfach: Am Ende siegt immer der Markt. Die besten Manager waren immer noch die, die eine gute Intuition gehabt haben, was der Markt will und fordert. Und das geht ja auch oft gut, nämlich genau so lange, wie das valide Muster im Markt aktuell ist, das der Manager erkannt hat. Es gibt dann genau zwei Gründe, warum es nach einiger Zeit trotzdem wieder bergab geht: Entweder der Manager ist gegangen oder der Markt hat sich gedreht. Sich auf die Intuition eines einzelnen heroischen Topmanagers zu verlassen ist jedenfalls ein tödliches Spiel für ein Unternehmen. Obwohl es eine Weile gutgehen kann.

Das Problem ist der Plan. Nicht die Produktion!

Wolfgang Grupp beispielsweise übernahm 1969 von seinem Vater das schwer angeschlagene Textilunternehmen Trigema, das seinen Sitz in Burladingen auf der Schwäbischen Alb hat, als Alleininhaber. Innerhalb weniger Jahre krempelte er das Unternehmen um und sanierte es, fand seine Nische, die er seitdem erfolgreich ausbeutet. Er setzt konsequent auf den Produktionsstandort Deutschland, während andere längst in Asien oder Südeuropa produzieren. Auch im Direktvertrieb setzte er Akzente. Der Mann hat vieles richtig gemacht und regiert sein Reich im Stile eines wahren Helden. Die Frage ist nur: Was passiert, wenn der Markt sich wandelt und die Gruppsche Rezeptsammlung nicht mehr greift? Oder wenn Herr Grupp abdankt? Unternehmen sollten so aufgebaut sein, dass sie langfristig Bestand haben können. Auf lange Sicht ist deshalb verteilte Macht besser. Auch beim Roulette sollte man nicht nur auf eine Zahl setzen.

Das Problem mit dem heroischen Management haben wir übrigens auch in der Politik. Da gibt es etliche schöne Beispiele, wie Probleme totgemanagt werden, anstatt dass Strukturen geschaffen werden, in denen Selbstorganisation und echte Problemlösung stattfinden können. Derzeit haben wir mitten in einer Wirtschaftskrise mit begleitender hoher Arbeitslosigkeit einen eklatanten Facharbeiter- und Ingenieurmangel. Abgesehen von einem verfehlten Bildungsmanagement liegt der Grund für das Übel in einer verfehlten Zuwanderungspolitik über Jahrzehnte: In den Fünfzigerjahren heuerten heroische Politiker einfach einen Schwung Gastarbeiter an, um dringend benötigte Arbeitskräfte ins Land zu holen. Damals schon wurde das eigentliche Problem nicht gelöst, sondern mithilfe der Gastarbeiter nur vorübergehend ein Symptom beseitigt. Das rächt sich heute, denn heute funktioniert die Gastarbeiterlösung aus ideologischen und wahltaktischen Gründen nicht mehr. Hätten wir einen ständigen und vernünftigen Rahmen für selektive Zuwanderung genau der Bevölkerungsgruppen, deren Fähigkeiten hier dringend benötigt werden, dann hätten wir jetzt keinen Facharbeitermangel und außerdem keine derart stark abnehmende und überalternde Bevölkerung. Auch hier gilt also: Wer Systeme abschottet und den Markt ausschaltet, erntet Probleme. Starr von der Politik vorgegebene Mindestlöhne sind ein anderes Beispiel für das Ausschalten von Märkten. Oder flächendeckende Tarifverträge. Den Systemen wird so jeder Spielraum für Selbstorganisation genommen. Wenn sich dann die Bedingungen ändern, kommt die Krise zwangsläufig.

Wieder auf Unternehmensebene: Bei einem deutschen Nahrungsmittelhersteller lernte ich einen CFO kennen, den es furchtbar nervte, dass der Produktionsplan nicht mit der realen Produktion übereinstimmte. Das Unternehmen produzierte glatt am Plan vorbei. Warum er das so schlimm fand, ist klar: Das ist in etwa der gleiche Autoritätsverlust wie bei einem Vater, der seinem Kind verbietet, zum Nachtisch Schokolade zu essen, der aber in seinem Zimmer dann abends eine leere Schokoladenverpackung findet. Das gibt Ärger! Der CFO machte Ärger. Er konstatierte schlechtes Management in der Produktion und ergriff personelle Maßnahmen.

Die andere Sicht: Offenbar ist die Produktion des Nahrungsmittelherstellers cleverer als der Plan. Fragt man nämlich einmal nach, ob die Kunden zufrieden sind, erfährt man, das alles bestens klappt: Der Handel bekommt genau die richtigen Mengen zu richtigen Zeit geliefert. Das Problem ist der Plan. Nicht die Produktion! Die Produktion agiert brillant: Sie verstößt bewusst gegen den Plan, um gute Leistungen bringen zu können. Plan-Ist-Abweichungen sagen null und nichts aus über die Qualität von Leistungen. Diese Flexibilität und Kundenorientierung müsste gefeiert werden!

Aber sie wird nicht gefeiert, sondern bestraft. Denn wenn ein Erfolg auf der Leistungsebene mit einem Affront auf der Machtebene einhergeht, dann wird in hierarchischen Organisationen die Keule geschwungen. Es geht beim Management eben in Wahrheit gar nicht um Erfolg oder Leistung.

Das Bespiel zeigt aber auch sehr schön, dass die guten Entscheidungen immer in der Peripherie getroffen werden. Der Markt zieht immer und ist letztendlich immer mächtiger als das Management. Wenn sich ein Unternehmen vom Markt nicht ziehen lässt, sondern den Markt managen will, wird es vom Markt unter Druck gesetzt. Loewe beharrte auf Röhrenfernsehern, obwohl der Markt Flachbildschirme wollte. SAP verpennte beinahe das Internet. Olivetti hatte als Schreibmaschinenhersteller plötzlich ein obsoletes Produkt. Xerox, Kodak, General Motors, es gibt eine endlose Liste von Unternehmen, die Marktveränderungen nicht mitgehen konnten, weil das Management selbst entscheiden wollte und die Peripherie keine Macht hatte. Die Unternehmen gerieten unter Druck, und viele von ihnen gingen pleite. Typisch an diesen Insolvenzen ist dann immer, dass eine Unmenge von wertlosen Produkten auf Halde liegt.

Wenn man ein Unternehmen gleich von vorneherein so baut, dass Änderungen im Markt keine Gefahr darstellen, sondern der eigentliche Motor sind, wenn der Markt den Takt vorgibt und nicht das Topmanagement, dann hört der Spaß auch garantiert niemals auf. Es gibt dann keinen unangenehmen Druck, sondern angenehmen Zug. Immer wieder neue Impulse, immer wieder Antworten, Lösungen, Weiterentwicklung. Keine Steuerung kann so wirkungsvoll und relevant wirken wie die, die vom Markt selbst kommt. Aber wenn ein Unternehmen sich darauf einlässt, dann muss in der Organisation die Peripherie an die Macht. Das Zentrum kann dienen. Das führt zwangläufig zu einer Netzwerkstruktur.

Beta-Organisationsdesign: Und es ward Netzwerk

Wenn die Wirtschaft von morgen heute für sich werben würde, dann so: Lernen Sie Zellen (nicht Funktionen) zu definieren, in denen sich die Teams einzig am »Marktzug« ausrichten und in denen Befehle und umfassende Kontrolle überflüssig werden! Gestalten Sie ein Netzwerk von Zellen, das Ihr Business so klar und geradlinig macht, wie Sie es sich immer erträumt haben!

Wie sieht sie aus, die schöne neue Business-Welt? Im dezentralen Netzwerk wird die Arbeit in Zellen gemacht. Nicht in Bereichen, Abteilungen, Divisionen, Funktionen.

In den Zellen wird die Verantwortung getragen, nicht in den Chefetagen. In einer Zelle arbeitet ein Team, nicht weniger als drei, nicht mehr als ungefähr 20 Leute. Teams aus mehr Mitgliedern entwickeln den natürlichen Drang, sich zu teilen, denn sonst wird es unpersönlich, unübersichtlich und ineffizient. Es braucht eine gewisse Intimität. Wie in einer Familie, in einem Clan oder in einem Stamm.

Auf diesem Feld gibt es viele Forschungsergebnisse. Menschen neigen schon immer dazu, sich in Gruppen mit einer Größe von zehn Mitgliedern plus minus ein paar zu organisieren. Das sieht man in allen Mannschaftssportarten. Oder an der Stärke von denjenigen Schulklassen und Kindergartengruppen, die wirklich gut funktionieren. Oder an der Zahl der Vorstände eines Konzerns. Oder an der Mitgliederzahl von einzelnen Wandergruppen oder Tauchergruppen oder Vatertagsausflugsgruppen. Oder an der Zahl der Jünger von Jesus von Nazareth. Oder an der Mitgliederstärke des Sicherheitsrats der Vereinigten Nationen oder am G8-Gipfel. Oder an der Zahl der Minister der Regierungen dieser Welt. Eine EU mit über 20 Mitgliedern? Funktioniert nicht wirklich gut. Der Wunsch nach einem Kerneuropa mit einer überschaubaren Zahl von Mitgliedern kommt da automatisch auf. Oder die über 30 Profimannschaften im deutschen Fußball? Ordnen sich in Ligen je 18 Mannschaften. Oder die Profimannschaften im amerikanischen Basketball? Ordnen sich in eine Eastern und eine Western Conference. Es gibt jedenfalls für funktionierende Gruppen eine natürliche Maximalgröße.

Zellen in Netzwerkorganisationen sollen wachsen, wenn sie gut sind. Und sich teilen, sobald sie zu groß werden. Und Business machen. Auch wenn sich Zellen teilen: Beide machen weiter selbstständig Business, jede für sich. Zellen machen immer Business. Die Teilung ist also niemals einen funktionale: Wir machen die Kundengespräche – ihr rechnet die Angebote. Denn dann wären beide mit einem Mal voneinander abhängig. Sondern zum Beispiel eine regionale: Wir machen den Süden, ihr den Norden.

Und woran merken die Zellen, dass sie zu groß werden? Daran, dass sie Stress haben. Es wird politisch, es gibt Fürsprecher für formelle Strukturen. Hierarchien wollen sich bilden. Die Zellen werden nicht geteilt, sondern sie teilen sich selbst, in einem Verfahren, wie es der Kultur des Netzwerkunternehmens entspricht.

Vielleicht gibt es in der Organisation ein Zellteilungsgesetz: Wenn die Gruppe merkt, dass sie sich zu stark mit sich selbst beschäftigt, sich Hierarchien entwickeln, dann sollte sie sich selbst teilen, und zwar unter Wahrung der Unabhängigkeit voneinander. Man kann im Gesetz auch einen Maximalwert vorgeben: W. L. Gore gibt beispielsweise vor, dass sich an einem Standort mehrere Zellen befinden können, die zusammen einen Metazelle bilden, die nicht mehr als 150 Köpfe zählen darf. Auch Dell hat einen Maximalwert definiert. Und bei Aldi gilt, dass nur 25 Filialen eine »Region« bilden dürfen. Werden es mehr, steht die Teilung an.

Die Zellen einer Organisation konkurrieren nicht miteinander. Auch nicht nach einer Teilung. Sie müssen sich eben überlegen, wie ihr Business teilbar ist. Zum Beispiel nach Geografie oder nach Kundengruppen. Und wie das

Team teilbar ist. Wer könnte welche Aufgaben und neue Rollen übernehmen?

Interne Konkurrenz kann eine Zellstruktur nicht vertragen, es würde sie zerreißen, die Zellen würden sich kannibalisieren. Aber sportlicher Wettbewerb ist durchaus wünschenswert. Kein Wettbewerb um Kunden oder Ressourcen. Aber der anspornende Vergleich von Ergebnissen untereinander, warum nicht? Diese Form von Sportlichkeit ist leicht herzustellen: Durch Transparenz.

Müde, schlappe Zellen bauen sich ab.

Was macht im Beta-Kodex nun eine »Zelle« aus? Zellen integrieren verschiedene Funktionen, Rollen und Aufgaben, die traditionell in Abteilungen, Bereiche oder Geschäftsfelder gegliedert wären. Zellen sind Mini-Unternehmen, sie bieten Leistungen an und verkaufen selbstständig Produkte und/oder Leistungen, intern oder extern. Dabei entscheiden sie selbstständig über ihr Leistungsportfolio. Eine Zelle ist kundenorientiert, sie reagiert nur auf interne oder externe Kunden, nicht auf Hierarchie. Weisungen hört sie nicht, denn sie hört auf den Markt. Sie kennt ihre Wirtschaftlichkeit und ist im Unternehmen für die eigene Wertschöpfung selbst verantwortlich.

Wie erkennt man eine echte Beta-Netzwerkstruktur? Sie ist elastisch und robust gleichermaßen. Sie gewinnt ihre Ausrichtung allein durch Marktzug von außen, nicht jedoch durch »Widerstand gegen Druck« oder Machtbeziehungen. Hört sich einfach an? Ist es auch! Die Organisation ist transparent mit intern vollständig offenen Informationssystemen. Sie schafft ein gemeinsames Verständnis von der Natur innerer und äußerer Beziehungen. Die interne Vernetzung ist simpel und basiert auf Marktbeziehungen und Zugrichtungen. Sie beschäftigt sich mit Wertbildungsströmen innerhalb des Netzwerks, nicht mit Hierarchie. Planung spielt hierfür keine Rolle.

Ohne Marktzug würde die Organisation labbrig, sie würde lasch durchhängen. Müde, schlappe Zellen bauen sich ab. Ihre Mitglieder gehen in Urlaub oder machen etwas anderes, in anderen Zellen, wo Zug drauf ist. Der Markt zieht das Gebilde stramm, bringt Energie rein. Ein Netzwerkunternehmen braucht den sich dynamisch verändernden Markt, um Spannung entstehen zu lassen.

Die Stabilität in traditionellen Alpha-Organisationen mit ihrer typischen Pyramidenstruktur entsteht anders: Hier ist es die Macht, die starre Stabilität schafft. Verändert sich der Markt, stört das eher. Und schon wirtschaftet das Unternehmen munter am Markt vorbei.

Wertvolle Werte: Die Grenzen des Wir

Wenn jede Zelle Business macht, warum ist sie dann nicht gleich ein eigenständiges Unternehmen? Was ist aus der Sicht des Unternehmens außen und wo beginnt das Innen? Was ist Markt und was ist »Wir«? Netzwerkunternehmen haben eine definierte Außengrenze: Die Sphäre der Geschäftstätigkeit. Innerhalb dieser Sphäre sorgen die gemeinsamen expliziten Werte und Prinzipien für eine gemeinsame Identität. Das Gemeinsame ist allen im Unternehmen bewusst, und das hilft, sinnvoll im Sinne des Ganzen zu handeln.

Werte, Prinzipien, Sinn, das klingt ganz vertraut nach Vision, Mission Statement und Beraterhorden, die sich für die Formulierung von ein paar schönen Sätzchen die Visitenkartenetuis vergolden lassen, nicht wahr? Die Erfahrung zeigt, dass viele der schönen Worte im Alltag nicht umgesetzt werden. Am Ende waren es oftmals nur Blabla und schöne Gefühle am Tag des Workshops, ohne Effekt für das Unternehmen. Mission Statements können auch immer schön ausgehebelt werden, wenn es um persönliche Interessen Einzelner geht. Bei einem Netzwerkunternehmen ist das anders.

Inwiefern anders? Bei einem dezentralen Netzwerkunternehmen sind Sinn, Prinzipien, Werte nicht das Sahnehäubchen, sondern Grund und Ausgangspunkt, täglicher Diskussionspunkt im Alltag und harter Realitätsfilter, wenn es darauf ankommt. Alle geschäftlichen Entscheidungen werden im Hinblick auf die Übereinstimmungen mit den Prinzipien getroffen. Steht eine Investition oder eine strategische Maßnahme an, ist die typische Frage: Macht das Sinn? Sind das wir?

Die Prinzipien im Beta-Unternehmen werden typischerweise knallhart durchgesetzt. Das sind keine weichen Faktoren, das ist für alle bitterer Ernst. Ein Effekt dabei: Die Sphäre der Wirksamkeit und Durchsetzbarkeit der Prinzipien ist die Grenze, das macht den Unterschied zwischen innen und außen. Ohne diese scharfen Prinzipien, die von den Mitarbeitern in sachlichen Diskussionen mitunter bis aufs Blut verteidigt werden, kann ein dezentrales Netzwerkunternehmen nicht existieren. Das ist eine Frage der Identität und der inneren Disziplin.

In einer Bürokratie werden die Werte nicht hochgehalten. Man braucht dort die Werte auch gar nicht, denn die Organisation wird über Machtverhältnisse gesteuert und stabil gehalten. Die Macht erlässt Regeln, die mit Macht durchgesetzt werden, alles eine Frage der Hierarchie. Starke Führer errichten starke Regelwerke und setzen sie durch. Das hat nichts mit gemeinsamen Werten und Prinzipien zu tun.

Prinzipien, so wie sie hier gemeint sind, wären auf einer anderen Ebene zu formulieren, zum Beispiel das Grundgesetz der Bundesrepublik Deutschland oder die Charta der Menschenrechte. Die bürokratischen Regeln eines stinknormal gemanagten Unternehmens finden ihre Entsprechung etwa in den Steuergesetzen, die zu jedem Jahreswechsel ein paar neue Unterhaltungshäppchen für die Zunft der Steuerberater mit sich bringen, so wie ungefähr auch das monatliche Entertainmentprogramm im Altersheim.

Und warum Netzwerk? Vernetzung ist unverzichtbar, man braucht sie. Alles andere kann weggelassen werden. Eine Netzwerkorganisation ist eine auf das Wesentliche reduzierte Organisation. Sie ist nichts weiter als das Abbild realer informeller Strukturen. Die gibt es auch in jeder anderen Organisation, wo sie aber überlagert werden durch das Organigramm. Im Netzwerkunternehmen werden sie explizit gemacht.

> *So wie ungefähr auch das monatliche Entertainmentprogramm im Altersheim.*

Das hat konkrete Auswirkungen. Netzwerkunternehmen agieren anders. Ein Beispiel: In jedem gewöhnlichen Unternehmen gibt es Bestimmungen für die geschäftlichen Reisetätigkeiten. Es gibt also Regeln, die mal ein Chef aufgestellt hat, die bestimmen, wer wie reisen darf. Business oder Economy? Je nach Posten und Stellung in der Hierarchie natürlich. Der Affenberg hält Privilegien bereit. Ab sechs Stunden Flugzeit gilt dies, davor jenes. Für einfache Mitarbeiter gilt dies, für Abteilungsleiter jenes. Des Weiteren Taxi oder ÖPNV, Bahnticket erster oder zweiter Klasse, Mietwagen Audi A3 oder BMW 5er, Hotel mit 4 oder 5 Sternen etc. Alles sauber geregelt. Und wo es Regelwerke gibt, da ist die Kreativität der Reglementierten naturgemäß darauf ausgerichtet, die Lücken zu finden und die Regeln auszutricksen. Zur Bestätigung schaue man in die gelebte Praxis bei einem beliebigen Konzern der Alpha-Wirtschaft.

In einem Beta-Unternehmen ist die Gestaltung der Reise idealerweise komplett in der Verantwortung des Mitarbeiters. Es gibt keine Regeln. Das heißt aber nicht, dass er so luxuriös reisen kann, wie er gerade lustig ist. Es gibt schließlich Prinzipien. Eines davon ist das Konsultationsprinzip, das es in jedem Beta-Unternehmen in der einen oder anderen Form gibt. Konsultation heißt, er muss mit anderen darüber reden, wenn er für die Reise einen anderen Transportweg als den üblichen wählt. Er darf alleine entscheiden, muss aber zuvor Rat einholen. Alleingänge werden scharf sanktioniert. Beim Konsultieren wird Thema sein: Entspricht die vorgeschlagene Lösung unseren Werten? Welches ist die beste Lösungsmöglichkeit? Wenn zum Beispiel einer der Werte des Unternehmens Frugalität ist, dann wird der Reisende mit Sicherheit die preisgünstigste noch vertretbare Lösung wählen und dabei ein paar Unannehmlichkeiten aushalten. Und zwar völlig unabhängig von seinem Status, seiner Gehaltsklasse oder seinem Jobtitel auf der Visitenkarte. In Beta-Unternehmen gibt es keine Befolgung und auch keinen Missbrauch von Regeln – denn diese Unternehmen wollen keine Folgsamkeit. Mitarbeiter müssen sich bei jeder Entscheidung selbst überlegen, was im eigenen und im Unternehmensinteresse das Beste ist, selbstständig denkend, im Dialog mit anderen und mit Blick auf die Prinzipien und Werte des Unternehmens – und nicht danach schielend, wie man die Regelklippen einhält oder am besten umschifft.

Oder stellen Sie sich vor, da ist einer in Ihrem Unternehmen, der dauernd zu viel Geld ausgibt. Wohlgemerkt nicht sein eigenes, er produziert vielmehr ständig zu viele Kosten für das Unternehmen. Hier eine neue Kaffeemaschine, da ein neuer Schreibtischstuhl, dort eine unnötige Geschäftsreise. Was würden Sie tun?

Der Reflex bei den meisten ist: Da scheinen die Regeln nicht klar genug definiert worden zu sein. Ein Führungsproblem. Da muss als Erstes ein klares Regelwerk her, wer wann wie wo entscheidet, was angeschafft und ausgegeben werden kann. Dann gibt es Budgettöpfe, mit denen muss in der Abteilung eben ausgekommen werden. Und wenn es dann Verstöße gibt, folgen die üblichen Mitarbeitergespräche und -beurteilungen, mit denen der gute Mann schon auf Linie gebracht wird.

Bei Beta-Unternehmen gibt es im Gegensatz dazu prinzipielle Konsequenz: Agiert der Mann nicht entsprechend der Werte und Prinzipien, dann stellt er sich damit außerhalb der Sphäre der Geschäftstätigkeit. Dann wird vom Unternehmen nur noch formal nachvollzogen, was er selber eigenverantwortlich bereits entschieden hat: Er wird rausgeschmissen. Werte sind bindend. Wer sich nicht entsprechend verhält, ist draußen. Knallhart. Beta-Unternehmen sind da extrem konsequent. Das Team setzt so seine Mitglieder unter massiven Druck: Wenn du das weiter tust, ist das deine Entscheidung rauszufliegen. Weil Beta-Unternehmen auf Chefs und Hierarchie verzichten zugunsten von Handlungsfreiheit und Autonomie, setzen sich Entscheider, bevor sie handeln, viel strenger mit den elementaren Prinzipien der Organisation auseinander als in Alpha-Unternehmen üblich. Mitarbeiter gehen mit sich selbst ins Gericht, bevor sie entscheiden. Auseinandersetzung mit Werten ist härter, viel verantwortlicher. In Fällen, bei denen es um elementare Werte geht, gibt es keine zweite Chance.

Das Prinzip war klar. Also fliegt er raus. Oder das Prinzip wird hinterfragt, im Konsens gekippt und ersetzt. Beta macht da keine Kompromisse. Werte sind unveräußerlich und können von jedem eingeklagt werden. Das ist so ernst wie die Charta der Menschenrechte. Was drinnen und was draußen ist, wird hart abgegrenzt.

Bei Google gibt es zum Beispiel das Prinzip, dass alle Lebensläufe neuer Mitarbeiter von den Geschäftsführern gesichtet werden. Immer. Generell. Die Idee hinter dem Prinzip: Wir dulden kein Mittelmaß. Viele Unternehmen behaupten von sich, Personalauswahl sei ein strategisches Thema – in diesem Unternehmen ist es das wirklich. Entdecken die Geschäftsführer im Lebenslauf Mittelmäßigkeit, wird der Bewerber abgelehnt. Gnadenlos. Rigoros. Völlig egal, wie viel Arbeit schon im Recruitingprozess drinsteckt. Völlig egal, wie sehr ihn jemand haben will. Völlig egal, wie dringend jemand gesucht wird. Beta ist konsequent, bis es wehtut.

Das Prinzip war klar. Also fliegt er raus.

Fehlt diese Konsequenz, dann fällt das Unternehmen automatisch nach und nach zurück in die Alpha-Welt. Das kann man leicht erkennen: Es werden plötzlich Regeln aufgestellt.

Durch Rückintegration zur multiplen Mini-Unternehmung

Unternehmen sind lebendig. Folglich machen sie auch einen bestimmten, organisationstypischen Lebenszyklus durch. Da gibt es Phasen der Entwicklung: Die Start-up-Phase ist die erste. Wenn die Geschäftsidee dann aufgeht, wächst das Unternehmen. Das ist der Preis des Erfolgs, und das ist schlimm. Denn Wachstum ist ein Riesenproblem für Organisationen. Mehr Leute, unterschiedliche Menschen, neue Probleme. Man gibt sich Strukturen. Das ist die Phase der Differenzierung. Normalerweise bekommt das Unternehmen hier seine funktionale Unterteilung. Die Gründer sagen sich: Wir müssen uns professionalisieren. Also gibt es fortan Controller, Marketer, Personaler usw. Der Geist von F. W. Taylor weht herein und sucht sich seine Winkel zum Spuken. Die Differenzierungsphase riecht nach Erfolg. Aber sie bedeutet Bürokratisierung. Verlust an Empowerment des Einzelnen. Fast alle Unternehmen kommen irgendwann in diese Phase. Die meisten bleiben da drin. Lebenslänglich: Siemens, ThyssenKrupp, Volkswagen. Das sind differenzierte tayloristische Bürokratien.

Egoismus ist alpha.

Nur wenige schaffen es von da aus in die Integrationsphase: Das Unternehmen wächst weiter, wird aber auch wieder klein. Man setzt wieder auf Vertrauen und Empowerment. Die funktionale Unterteilung weicht einer funktionalen Integration. Es bilden sich geschäftstüchtige Zellen aus. Kleine

Mini-Unternehmen, schlagkräftige Einheiten. Nur ganz, ganz wenige geniale Unternehmen schaffen es direkt vom Start-up in die Phase der Integration – ohne den Umweg über die Differenzierung.

Das heißt: Sie sind mit Ihrem Unternehmen vielleicht gerade vom Start-up in die Differenzierung reingeschlittert, und eventuell wehren Sie sich gerade dagegen. Oder Sie sind bereits voll in der Differenzierungsphase, und Ihre Organisation steht vor einer großen Herausforderung: das Spiel ins dritte Stadium weiterzudrehen.

Von Anfang an integriert und gnadenlos in der Verfolgung ihrer Prinzipien: Google, W. L. Gore, Southwest Airlines, AES, Whole Foods, Aldi, Egon Zehnder, IKEA, Herman Miller, Nucor, United Supermarkets, Mondragon, Flight Center. Transformierer, die es von der Differenzierung in die Integration geschafft haben oder auf dem Weg dorthin sind: dm-drogerie markt, Toyota, Semco, Svenska Handelsbanken, Guardian, Ahlsell, Promon, WM-Group, Favi, HCL.

Was nicht geht: Man kann nicht nur einzelne Abteilungen integrieren oder einzelne Bereiche. In großen Unternehmen gibt es zwar immer wieder vereinzelte Zellstrukturen, die sich von der Bürokratie abschotten. Inseln der Seligen. Dort wird bisweilen großartige Leistung vollbracht. Eine ganz eigene Firma in der Firma geschaffen. Aber nicht von Dauer. Denn diese Inseln hängen in der Regel ab von einem charismatischen Beschützer. Ist der weg, wird das Paradies umgehend von der Bürokratie vereinnahmt.

Übrigens ist es doch auch eigentlich unmoralisch, sich auf so eine Insel der Seligen zurückzuziehen, finden Sie nicht? Denn wenn man intern nachweisen kann, dass es ohne Bürokratie und Management besser geht, dann hätte die Insel die Pflicht, dem ganzen Konzern zu zeigen, wie das geht. Es ist nicht korrekt, die Idylle zu schaffen und dann zu sagen: Der Konzern kann uns mal, sollen die anderen doch sehen, wo sie bleiben. Egoismus ist alpha. Man muss missionieren gehen, will man mehr Beta-Organisationen in der Welt sehen. Es ist ein moralischer Impetus, etwas Gutes auch anderen zugänglich zu machen.

Drei Ebenen sind genug für Firmen, gleich welcher Größe

»Wie wäre es, wenn Ihre Organisation aus Zellen mit fünf bis 15 Leuten bestünde? Jede einzelne Zelle hat ihre eigene Gewinn-und-Verlust-Rechnung und ihre eigenen Kunden. Sie entscheidet selbst, lässt sich von Markt steuern, wählt in regelmäßigen Abständen ihren Vorgesetzten, der sie als Vertreter in der nächsten Ebene repräsentiert.«

»Aber wie ist es auf der Ebene darüber? Welche Leitungsspanne gibt es da?«

»In traditionellen Unternehmen muss die Leitungsspanne klein sein. Man kann nur circa zehn Untergebenen sinnvoll Weisungen geben und das auch noch kontrollieren. Aber im Beta-Unternehmen müssen Leitungsspannen nicht klein sein: Da können leicht 40 bis 50 Fabriken direkt an den CEO berichten.«

»Aber der kann dann doch gar nichts mehr machen!«

»Soll er auch nicht. Ist nicht wichtig. Wichtig ist, dass niemand dazwischen steht! Keine Divisionen, Stabstellen, hierarchische Zwischenschritte. Der CEO soll keine Macht haben.«

»Und wer sagt dann wem, was zu tun ist?«

»Anders: Die einzelnen Regionen oder Fabriken oder was auch immer entsenden ihre Vertreter, die setzen sich alle zusammen. Es gibt Gespräche, Foren, Dialog. Aber keine Hierarchie. Ja, es gibt Debatten, Dissenz, Streit, man redet miteinander, anstatt sich Anweisungen zu geben.«

»Das ist ja völlig chaotisch.«

»Nein, das ist wohlgeordnet. In dieser Art von Organisation wird immer von innen nach außen geleistet. Der CEO ist nicht mehr oben, sondern irgendwo im Zentrum und leistet als Spezialist für die Fabriken. Er ist nicht der Manager der Fabriken, sondern ihr Dienstleister. Er springt auch mal ganz nach außen, zum Beispiel, wenn er mit Banken redet und mit Aktionären. Oder wenn er extern repräsentiert. Es sind nicht alle Rollen fixiert. Man ist nicht immer Zentrum oder immer außen. Ein CFO ist in manchen seiner Rollen ziemlich weit draußen. Zum Beispiel.«

»Kommt mir abstrus vor. Was tut der CEO denn dann?«

»Gemeinsam mit Sekretärinnen und Pförtnern und Personalern bietet der CEO der Beta-Organisation bestimmte Leistungen für die ganze Organisation an. Das ist so eine Art Orga-Laden, in dem Sachen gemacht werden, die man außen nicht gut machen kann. Dort gibt es für die Business-Zellen vielleicht auch IT- und Buchhaltungsleistungen und auch Controllingleistungen einzukaufen.«

»Faszinierend!«

»Ja. Personaler zum Beispiel können ja auch andere Dinge leisten, als das sogenannte Humankapital verwalten, sie können zum Beispiel Teams beraten, wie sie besser Mitarbeiter einstellen. Je nach Neigungen und Talenten gibt es ganz viele interessante Jobs im Orga-Laden. PR-Arbeit vielleicht oder Moderationsleistungen oder Transparenz schaffen. Auch der Orgshop macht in diesem Verständnis Business, er verkauft seine Leistungen. Nur sollte er keinen Gewinn machen. Unterm Strich sollte er kostendeckend arbeiten, damit nicht er, sondern die Business-Zellen außen einen guten Gewinn machen.«

»Irgendwie habe ich nicht das Vertrauen, dass die Zellen wirklich gute Arbeit leisten, die sind ja nicht spezialisiert.«

»Dann ist es gut, sich zu erinnern, dass es in der Start-up-Phase einer jeden Firma auch ohne Abteilungen ging. Ohne Management. Das war die Phase des größten Wachstums. Darauf kann man Vertrauen.«

»Mir ist unklar, wie die Aufgabenverteilung zwischen Orgshop und den Mini-Unternehmen, den Business-Zellen laufen kann. Was gehört wohin?«

»Je nachdem. Personalkompetenz bei Semco in Brasilien zum Beispiel. Die sagen: Wir brauchen einen Personal-Guru im Zentrum, der sorgt für Werte und Prinzipien. Hat aber keine Macht. Grundsätzlich muss jede Zelle dort die Leistungen, die sie braucht, entweder selbst erbringen oder einkaufen. Alles, was Administration ist, machen externe Dienstleister. Intern gibt es Gurus, die man konsultieren kann. Und das läuft bestens so.«

»Was gibt es noch?«

Das war die Phase des größten Wachstums.

»Projektorganisationen zum Beispiel: Zellen auf Zeit. Sie ziehen ihre Ressourcen aus fiktiven Pools von internen und externen Mitarbeitern. Viele Mitarbeiter sind gleichzeitig in verschiedenen Zellen unterwegs. Sie bekleiden also mehrere Rollen in mehreren Projekten. Viele Unternehmen, zum Beispiel Werbeagenturen, Anlagenbauer und Bauunternehmen, sind natürlicherweise ganz nah dran an so einer dezentralen Netzwerkstruktur. Sie machen oft nur einen Fehler: Sie bilden Divisionen, Kompetenzzentren, Branchenspezialistentum. Das schadet. Oder sie unterscheiden funktional zwischen Kontaktern und Kreativen, zwischen Vertrieb und Projektmanagement. Das ist quatsch, denn so bilden sich Schnittstellen und Bereiche.«

»Und wie könnte man das besser machen?«

»Mit Kundenteams zum Beispiel. Eine Zelle dient bestimmten Kunden. Machen das ganze Business für diese Kunden. Kaufen bestimmte Mitarbeiter und Leistungen ein aus den Pools. Es gibt keine Funktionstrennung. Aus dem Pool werden nach Bedarf Spezialisten gezogen.«

»Ein Beispiel für ein Projektunternehmen, bitte.«

»Gerne. Ein wunderbares Beta-Projektunternehmen ist Egon Zehnder, der Personalberater aus der Schweiz. Jedes Recruiting ist dort ein Projekt, immer mindestens zwei Leute bilden ein Team. Wie die Teams zustande kommen, ist einfach: Der, der einen Auftrag vom Kunden bekommen hat, sucht sich jemanden. Egal wie und wen. Er findet seine Projektpartner und Kollegen über ein eigenes Informationssystem im Unternehmen. Das ist sehr effizient. Zehnder ist um 60 Prozent effizienter als andere Headhunter.«

»Und da gibt es keine Hierarchie?«

»Nein, jedenfalls hat die mit der Arbeit nichts zu tun. Bei Projektunternehmen in der Beta-Wirtschaft gibt es keine Chefs. Innerhalb der Teams zeichnet einer verantwortlich für den Prozess. Es gibt noch so was wie den Projekteigentümer. Der Initiator beispielsweise. Es kann auch einen Sprecher geben. Den kann man zum Beispiel auch demokratisch wählen. Wichtig ist nur, dass er Teil des Teams ist, und nicht oben drüber. Kommt er von außerhalb, wäre er automatisch vorgesetzt, und das wäre alpha. Die Zelle regiert sich selbst, es gibt keine steuernde Instanz darüber. Der Markt steuert.«

»Keine Führung?«

»Doch, durchaus: Bei W. L. Gore ist Führen zum Beispiel nicht an Menschen oder Position gebunden, sondern temporär. Die Rollen wechseln durch. Mal ist man Leiter von etwas, mal Spezialist. Führung ist Arbeit auf Zeit. Kein Titel. Keine Auszeichnung.«

»Vielleicht sollten wir auch so arbeiten.«

»Wenn eure Konkurrenz so arbeitet und ihr nicht, dann geht ihr pleite.«

Verantwortung im Alpha-Kodex	Verantwortung im Beta-Kodex
Machtbeziehungen von oben nach unten – »Druck«	Wertschöpfungsbeziehungen von außen nach innen – »Zug«
Hierarchische Struktur, Bürokratie – formelle Macht, Weisungslinien	Netzwerkstruktur, Unternehmertum – informelle Netze, Wertschöpfungsketten
Hierarchie verkörpert Macht – interne Referenz – Management versus Mitarbeiter	Markt verkörpert Macht – externe Referenz – Zentrum und Peripherie
Das Organigramm ist die Organisation – informelle Strukturen werden unterdrückt	Das Netzwerk ist die Organisation – informelle und formelle Strukturen sind weitgehend identisch
Arbeit muss von Hierarchie kontrolliert werden – Prinzip der Fremdkontrolle	Arbeit wird von Arbeitenden selbst kontrolliert – Prinzip von Selbstkontrolle und Lernen
Funktionen, Divisionen, Abteilungen, Stabstellen, Kostenstellen – abhängige Bereiche	Netzwerkzellen als Mini-Unternehmen im Unternehmen – interdependente Einheiten
Funktionale Teilung ist strukturgebend – Abteilungen beinhalten wenige, ähnliche Rollen	Funktionale Integration ist strukturgebend – Zellen beinhalten viele unterschiedliche Rollen
Funktionsübergreifende Arbeit erfordert Schnittstellen- und Prozessmanagement	Alle Arbeit ist naturgemäß funktionsübergreifend, funktionale Trennung muss vermieden werden
Gemanagte Kundennähe und -beziehungen, Key Accounting, Divisionen, Vertriebskontrolle	Dezentrale Business-Teams entscheiden über alles, was den Kunden betrifft, steuern sich selbst
Der Vertriebsbereich verkauft – Verkäufer sind für den Absatz zuständig	Business-Zellen machen Business – alle verkaufen
Für neu auftauchende Aufgaben und Probleme schafft man neue fixe Strukturen und Stellen	Fast alles lässt sich durch Freiwilligenarbeit und in temporären Task Forces erledigen
Funktionale, Produkt-/Divisions- oder Matrixorganisation	Funktionale, Produkt- und Matrixorganisation widersprechen dem Primat der Dezentralisierung

Paragraf 3

Leadership: Führung statt Management

Wer Teams und einzelnen Menschen die Freiheit und den Raum zum Handeln gibt, leistet echte Führungsarbeit. Wer dagegen versucht, seine Mitarbeiter gezielt zu steuern, wer bis in Details Vorschriften und Anweisungen ausgibt, was und wie von wem zu erledigen ist, der hat keine Führungskraft, sondern ist höchstens ein Manager. Man führt oder man managt. Niemand kann zugleich führen und managen. Denn beides sind ganz unterschiedliche, gegenläufige Disziplinen. Management war gestern erfolgreich und ist heute am Ende. Heute ist die Zeit, in der Management durch echte Führung ersetzt wird.

Denken Sie den Begriff »Führung« neu. Das, was wir traditionell als »Führung« bezeichnet haben, war nichts weiter als Management unter falscher Flagge. Führungskräfte mussten alles wissen, alles können, alles entscheiden. Welche Maschine wie eingesetzt werden sollte, entschied zum Beispiel ein Produktionsvorstand. Das lag in seiner Verantwortung. Welches Budget für ein Projekt angesetzt wird, welche Produktlinie gestoppt wird, wo Kosten eingespart werden, wer eingestellt wird, welche Bereiche ausgelagert werden sollen, worin das Kerngeschäft bestehen soll ... Manager hatten die alleinige Entscheidungsgewalt und entschieden nach bestem Wissen und Gewissen, weil sie glaubten, sie seien die Einzigen, die entscheiden konnten, wie dürftig auch immer die Wissens- und Informationsgrundlagen waren. Ausführen müssen die Entscheidungen der Manager die Untergebenen.

Auch heute wird noch gemanagt, und zwar in den stark hierarchisch, nach Machtkriterien strukturierten Organisationen. Management und Hierarchie bedingen einander: Nur wo der eine dem anderen übergeordnet ist, akzeptiert der andere vom einen Anweisungen. Und nur wenn Anweisungen akzeptiert und ausgeführt werden, zeigt sich der andere dem einen untergeordnet, nur da ist Hierarchie. Hierarchien haben pyramidenähnliche Organigramme. Verantwortung wird an der Spitze getragen, die Arbeit wird an der Basis gemacht. Entscheidungen werden oben getroffen, Weisungen werden nach unten weitergegeben. Die Pyramide wird vom Management per Management gesteuert.

Wo ist das Problem? Das Problem ist, dass es einen inneren Zusammenhang zwischen Verantwortung und Entscheidung und zwischen Entscheidung und Handlung gibt. Wer die Verantwortung für seine Entscheidung trägt, entscheidet anders, nämlich verantwortlich. Und wer selbst verantwortlich entscheidet, handelt anders, nämlich entschieden. Wer Verantwortung und Handeln in Organisationen systematisch voneinander trennt, der tilgt Entschiedenheit und Verantwortlichkeit aus der Organisation, der institutionalisiert Beliebigkeit und Verantwortungslosigkeit.

Wenn Menschen in hierarchischen Pyramiden erleben, dass die Verantwortung für ihr Handeln woanders getragen wird und dass sie selbst nichts entscheiden dürfen, dann fühlen sie sich ohnmächtig. Die Macht ist über ihnen angesiedelt. Sie sind nur ein kleines, unbedeutendes Rad im Getriebe. Und das fühlt sich nicht toll an. Wer will schon eine kleine Nummer sein? Jeder Mensch hat mehr oder weniger ein Grundbedürfnis nach Signifikanz – das heißt jeder will im Grunde seines Herzens etwas Besonderes sein. Wir sind keine Ameisen und auch keine Zugvögel. Zwar sind wir Gruppentiere und brauchen die Gemeinschaft, um uns wohlzufühlen, aber wir sind außerdem auch Individuen, und wir ertragen es nur schwer, ein Niemand zu sein, jedenfalls nur um den Preis des Unglücklichseins und mit dem starken Drang, in anderen Lebensbereichen Signifikanz zu suchen.

Wenn man glaubt, auf seinen Arbeitsplatz angewiesen zu sein, dann fügt man sich und spielt während der Arbeitszeit »kleine Nummer«. Man gewöhnt sich an unentschiedenes Denken, man könnte auch sagen Gleichgültigkeit, und an verantwortungsloses Handeln, man macht halt, was man gesagt bekommt. Man funktioniert eben.

Die meisten Menschen in unserer Arbeitswelt haben sich genau daran gewöhnt. Und fühlen sich damit nicht wohl. Beweise? Sind öffentlich: 67 Prozent der Deutschen fühlen sich emotional nicht an ihr Unternehmen gebunden und machen Dienst nach Vorschrift, so die Ergebnisse der aktuellen Umfrage des renommierten Washingtoner Meinungsforschungsinstituts Gallup. Die meisten der Befragten beklagten dabei, dass sie zu wenig Anerkennung erhalten und dass ihre Meinung nicht gehört werde. *Na klar,* sie wünschen sich, was jeder normale Mensch sich wünscht: Signifikanz. Bedeutsamkeit. Relevanz. Wichtigkeit. Einfluss. Das Gefühl: »Auf mich kommt es an.« Die Gewissheit, ein wichtiger Teil des Ganzen zu sein, ohne den das Ganze unvollständig wäre.

Dennis Bakke, Mitbegründer des global agierenden Stromproduzenten AES aus Arlington, Virginia, in den USA sagt: »Mit jeder Entscheidung, die

Führungskräfte selbst treffen, nehmen sie ihren Mitarbeitern Vergnügen an der Arbeit weg.«

Sie wünschen sich, was jeder normale Mensch sich wünscht:
Signifikanz. Bedeutsamkeit. Relevanz. Wichtigkeit. Einfluss.

Für zynische Menschen ist die Tatsache, dass Menschen keinen Spaß haben oder sich mit ihrer Arbeit unwohl fühlen, noch lange kein Grund, am Sinn von Management zu zweifeln – sollen sie sich halt unwohl fühlen. Dazu ist Arbeit nicht da. Arbeit ist Arbeit. Schnaps ist Schnaps. Hauptsache, unterm Strich steht eine schwarze Zahl, die groß genug ist. – Leider ist diese Sicht der Dinge heute etwas kurz gegriffen. Demotivierte Mitarbeiter, unglückliche, verantwortungslose, unbedeutende Arbeitermassen haben die für Manager unangenehme Eigenschaft, schlechte Arbeit abzuliefern. Das fällt nicht auf, solange alle Unternehmen mit der etwa gleichen Form von Humankapitalbewirtschaftung arbeiten. Brenzlig wird die Sache, wenn andere Unternehmen plötzlich deutlich wachere, freiere, verantwortlichere Mitarbeiter haben, die viel mehr leisten als die eigenen, weil sie ihr Potenzial viel stärker ausleben können. Dann geht es mit dem gemanagten Unternehmen rasend schnell abwärts.

Die gute Nachricht für die Arbeitsbienen von gestern ist: Es gibt heute die Chance, woanders zu arbeiten, wo es mehr Freiheit gibt, sein Bestes zu geben. Es gibt Alternativen, und deren Zahl wächst.

Also, wo ist das Problem mit dem Management und den Hierarchien? Das Problem ist: Sie funktionieren nicht mehr. Sie funktionierten nur, solange es keine Alternativen gab. Aber die gibt es mittlerweile. Nur, solange die Märkte träge waren. Aber sie verändern sich mittlerweile rasant. Nur, solange der Wettbewerb stumpf war. Aber der ist mittlerweile messerscharf geworden. Management wird immer unzulänglicher.

Managen ist minderwertige Arbeit

Menschen wollen leisten, wollen Verantwortung tragen. Entscheidungen sind die Highlights im Business. Das Salz in der Suppe. Entscheidungen treffen ist großartig – allerdings nur, wenn der Entscheider dicht dran ist am Problem. Für Manager, die natürlicherweise weit weg sind vom zu lösenden Problem im Labor, am Roboter oder im Vertriebsbüro, ist das eher eine Last. Macht keinen Spaß. Sollen wir um 6:15 oder um 6:30 anfangen? Soll die Kantine umziehen? Brauchen wir mehr Ersatzteile am Lager? Welche Kundengruppe nehmen wir für die Kampagne noch mit dazu? Gähn. Entscheidungen sind langweilig und werden zur Last, solange sie einen selbst nicht betreffen. Solange sie nicht mit der eigenen Arbeit in direkter, intimer Verbindung stehen. Vorstände haben andere Probleme. Mikromanagement ist ätzend für alle. Auch für den Manager selbst.

Entscheidungen für andere zu treffen ist immer eine Bürde, nur die Entscheidungen, die man für sich selbst trifft, können entlasten. Und wie groß die Last ist, sieht man daran, wie überlastet die meisten Führungskräfte sind. Sie sind vor allem überlastet mit Tagesgeschäft, Alltagskram, Klein-Klein. Gesundheit? Egal! Familie? Keine Zeit! Geistige Freiräume? Wozu!

Die Illusion der Macht, die Manager zu beinahe übermenschlichen Leistungen angetrieben hat, schwindet derweil: Management, das war das, was Unternehmen gebraucht haben, um den Laden am Laufen zu halten. Management entstand als Konsequenz aus der tayloristisch geteilten Organisation – hier Hirn, dort Arm –, um die nicht denkenden Teile der Maschine in Gang zu halten.

Kunst? Wenigstens Handwerk? Hat mit Management nichts zu tun. Glauben Sie niemandem, der Ihnen erzählt, Manager seien vergleichbar mit dem Piloten, der ein Flugzeug fliegt, oder mit dem Chirurgen, der kaputte Organe flickt, oder mit dem Dirigenten, der vor seinem Orchester steht. Das ist Unfug. Heroismus. Management ist schlicht: Maschinenbefeuerung. Kohle in den Ofen schippen. Manager sind Heizer.

Liebe Manager, tut es besser rechtzeitig und tut es freiwillig: Sucht euch nicht etwa einen neuen Arbeitsplatz, sondern sucht euch eine neue Rolle im Unternehmen. Tut das, was ihr am besten könnt – außer managen.

> *Gesundheit? Egal! Familie? Keine Zeit!*
> *Geistige Freiräume? Wozu!*

Unternehmen brauchen keine Übermenschen, die alles verkraften, alles können und alles entscheiden. Unternehmen brauchen lediglich ein Verständnis dafür, dass alle im Unternehmen Menschen sind, inklusive der vormaligen Manager. Jeder Mensch in einer Organisation ist wertvoll. Als Heizer werden Manager nur selbst verheizt. Taylorismus behandelt niemanden wie einen wirklichen Menschen, weder Manager noch deren Untergebene.

Wir brauchen die Manager nicht vom Hof zu jagen. Dies ist kein neosozialistisches Manifest. Hier geht es nicht um Klassenkampf. Ganz im Gegenteil! Das Unternehmen kann auf die Erfahrung und die Fachkenntnisse der Manager nicht verzichten, auch wenn sie künftig besser nicht mehr managen, sondern stattdessen etwas Vernünftiges arbeiten. Nicht die Manager sind am Ende, sondern Management ist am Ende. Die Rolle verändert sich. Gewaltig.

Diese neue Rolle wird für die ehemaligen Manager eine riesige Entlastung sein. Das neue Verständnis von Verantwortung bedeutet Entlastung für alle. Der Beta-Kodex nimmt den Führungskräften die Last der Entscheidungen von den Schultern. Und gibt allen in einer Organisation die Möglichkeit, zu Entscheidern, Verantwortungsträgern und Führungsarbeitern zu werden.

Okay, aber was stattdessen sollen die entzauberten, entlasteten, entmachteten Manager denn jetzt tun? Was bedeutet denn noch Führung, wenn Weisung und Kontrolle nicht mehr dazugehören?

Führende im Beta-Kodex sind Integratoren. Ihre Aufgabe ist es, gemeinsame Schwingungen zu erzeugen, die gleiche Frequenz bei allen Mitgliedern der Organisation herzustellen. Außerdem: Den Markt in die Organisation treiben. Oder anders gesagt: Den Zug des Marktes überall spürbar machen. Anstatt die Organisation vom Markt abzuschotten, macht Führungsarbeit sie durchlässig und transparent, sodass jede Änderung im Außen sofort Reaktionen und Änderungen im Innen des Unternehmens nach sich zieht. So wird die Steuerung der Organisation hergestellt: Indem sie direkt, ohne Übersetzung oder Filter, an den Markt gekoppelt wird. Führung heißt nicht Macht ausüben. Sondern das System geschmeidig halten, es dem Markt unterwerfen, es auf den Markt kalibrieren. Die Steuerung von draußen reicht aus. So ist es heiß genug! Die Betriebstemperatur in Beta-Unternehmen ist immer hoch. Sie muss nicht künstlich angeheizt werden.

Steuern muss niemand. Im Innern der Organisation braucht es nur Selbststeuerung. Menschen und vor allem Gruppen von Menschen, Teams, sind dazu bestens in der Lage. Sie müssen sich nur in Zellen organisieren dürfen. Man muss sie nur lassen. Auch das ist eine Aufgabe von Führungsarbeit: Den Mitarbeitern die Freiräume geben, damit sie sich selbst organisieren können.

Führen heißt garantieren, dass sich das Denken der Mitarbeiter nicht vom Markt abkoppelt. Dass die Prinzipien und Werte des Unternehmens heilig bleiben. Dass Raum entsteht für Entwicklung. Viel mehr bleibt nicht. Und das genügt ja auch. Führung ist nicht personenabhängig, keine an der Person festgemachte Rolle. Darum braucht es in der Beta-Welt auch keine Führungskraft als fest zugeteilte Rolle. Es gibt Führungsarbeit für alle, die es gemeinsam zu erledigen gilt. Im Beta-Kodex heißt es nicht: Jeder kann führen. Sondern vielmehr: Jeder muss führen!

Die wenigen Top-Führungskräfte eines Beta-Unternehmens besetzen nach außen hin Rollen wie »Geschäftsführer« oder »Vorstand«. Diese Rollen sind gesetzlich vorgeschrieben. Nach innen spielen diese Posten aber kaum eine besondere Rolle. Was also tun sie? Sie knüpfen Partnerschaften zu anderen Unternehmen, repräsentieren draußen, sind Aushängeschilder und Galionsfiguren. Sie fahren dafür auch mal mit dem »richtigen« Auto vor. Sie verfechten vor allem aber die Prinzipien und Werte des Unternehmens auch in der Öffentlichkeit. Sie kommunizieren nach außen und nach innen. Auf allen Kanälen. In jeder Sitzung, auf jedem Fest, in allen Medien. Das ist harte Arbeit! Und das macht auch Spaß! Nur Macht ausüben, das dürfen sie nicht.

Einer Empfehlung, die Sie zurzeit allerorten lesen und hören können, sollten Sie misstrauen: Da heißt es, Führungskräfte müssten Vorbilder sein. – Bloß nicht! Versuchen Sie niemals, Vorbild zu sein! Das ist ein sinnloser Ratschlag. Was soll man denn da tun? Held sein? Besser sein als andere? König spielen? Die Vorstellung, das Volk richte sich am Charakter des Patriarchen auf, ist so was von gestrig, da fehlt nur noch der Fahnenschwur, der Reichsapfel und die Residenz. Obwohl, manche Unternehmen sind davon ja tatsächlich auch heute noch nicht weit entfernt…

Im Ernst: Als Führender spielt man schlicht nach den gleichen Prinzipien wie alle, nicht mehr und nicht weniger. Führungsarbeiter sollen einfach nur das machen, was richtig ist und ihnen zusteht. Sie sollen ihre Rolle spielen. Es gibt keine institutionalisierten Vorbilder. Werte und Prinzipien müssen von allen im Unternehmen vertreten werden, nicht nur von strahlenden Garanten kraft Amtes. Wenn es im Unternehmen Korruption oder Verschwendung gibt, müssen alle hart sein und für Konsequenz sorgen, insbesondere die, die sich als Führende verstehen.

Das ist es im Kern, was Führungskräfte im Beta-Unternehmen sein sollen: prinzipienfest. Sie sollen nicht alles können oder wissen. Aber sie sollen streng sein in Bezug auf die Werte, die dem Unternehmen zugrunde liegen. Streng aber nicht im Sinne von patriarchalischer Strenge: nicht drohen, nicht Angst vor Bestrafung verbreiten, nicht Vorschriften machen. Jesus von Nazareth zum Beispiel, vielleicht die größte Führungspersönlichkeit in unserer Vorstellungswelt, war nie patriarchalisch. Auch Siddharta, Gandhi, Mandela: alles große Führer, aber keine Patriarchen, alles keine Übermenschen. Aber streng waren sie, im Sinne von prinzipienfest.

Charisma kann hilfreich sein. Muss aber nicht: Bei Handelsbanken beispielsweise gab es im Lauf der Jahre verschiedene CEOs, von denen keiner so außergewöhnlich war, dass er berühmt geworden wäre. Kein Jack Welch oder Richard Branson oder Steve Jobs weit und breit. Top-Führungsarbeiter müssen nicht außergewöhnlich sein. Was sie aber müssen – und das ist bei Handelsbanken gelungen – : Sie müssen die Werte der Organisation verkörpern. Das darf man nicht mit Charisma verwechseln. Ihr Hauptjob: Für Konsequenz sorgen! Sie sind so etwas wie der Medizinmann, der die Prinzipien des Stammes hochhält und weitergibt.

Terri Kelly, CEO des Gore-Tex-Herstellers W. L. Gore, sagt über ihre Führungsarbeit: »My goal is to provide the overall direction. I spend a lot of time making sure we have the right people in the right roles. (...) We empower divisions and push out responsibility. We're so diversified that it's impossible for a CEO to have that depth of knowledge – and not even practical.«

Die Verantwortungslüge

Verbrechen gegen die Menschlichkeit kommen vor den Internationalen Gerichtshof in Den Haag, dort wird die Wahrheit ans Licht gebracht, dort wird der Blick darauf, was menschlich ist und was unmenschlich ist, vor aller Welt gerade gerückt.

Auch der Blick auf die Verantwortungslüge, die überall auf der Welt im Namen von Management begangen wird, gehört gerade gerückt. Wir haben uns daran gewöhnt, aber Management ist nur eine kurze Episode im Lauf der Menschheitsgeschichte, die in den heutigen Lebensbedingungen keinen Platz mehr hat. Management setzt ein verzerrtes Bild auf die Verantwortungsfähigkeit der Menschen voraus.

Wir alle, die wir private Leben führen, haben Verantwortung für alles Mögliche: Für unsere Finanzen, für unsere Kinder, für unseren Partner, für die Dinge in unserem Besitz und ihren vernünftigen Gebrauch, für unseren Hund und unsere alltäglichen Entscheidungen. Auf welche Schule wir unser Kind schicken, in welche Stadt wir ziehen, welchen Kredit wir aufnehmen, wo wir uns Arbeit suchen, wie wir unsere Nachbarn behandeln, all das hat auf die Dauer riesige Konsequenzen. Der Gestaltungsraum eines jeden von uns ist gewaltig. Der Kreis der Verantwortung überlappt sich dabei mit Hunderten anderer Menschen, wir sind ständig dabei, gemeinsam Verantwortung zu tragen. Und wir können das!

Gehen wir zur Arbeit, dann sollen wir aber plötzlich nur noch für die Farbe eines bestimmten Produkts verantwortlich sein. Oder für eine einzelne Marketingkampagne. Oder dafür, dass das Telefon nicht durchklingelt, weil wir gerade auch noch die Verantwortung dafür tragen, dass es frischen Kaffee gibt. Wir tun so, als hätte jeder einzelne Mitarbeiter keinerlei Verantwortung über seine kleinen Wirkungskreis hinaus. Man arbeitet so mit.

> *Was Aldi seit über 50 Jahren macht,*
> *ist eigentlich langweilig.*

Die Lüge dabei ist, dass wir uns glauben machen, jemand anderes hätte mehr Verantwortung, hätte mehr Macht. Der Spitzenmanager sitzt bei der Talkshow von Frank Plasberg im Fernsehen und behauptet *hart aber fair*, er trüge die Verantwortung für die Steigerung des Unternehmenswertes während seiner Amtszeit um das Doppelte. Als ob es seine alleinige Verantwortung wäre!

Das ist gelogen, weil die Manager an der Unternehmensspitze doch in Wirklichkeit alleine auch nichts ändern können. Sie leisten einen Beitrag wie alle anderen auch. Mit ihrer ganzen Amtsgewalt können auch sie die informellen Strukturen im Unternehmen nicht zerschlagen oder auch nur steuern. Manager sind nur vorgeblich machtvoll, in Wahrheit eigentlich machtlos. Und wenn Manager sich anmaßen, ihre eingebildete Macht auszuüben, wird es schlimm: Dann glauben sie beispielsweise, sie müssten in der Krise Leute entlassen. Was auf die Dauer gesehen höchst schädlich für das Unternehmen ist, was jeder weiß. Und womit sie autoritär in einen Verantwortungsbereich eingreifen, der nicht ihr alleiniger ist, sondern den sie sich eigentlich mit Hunderten oder Tausenden von anderen Menschen teilen müssten.

Die Tragödie der Manager ist: Sie fühlen sich gezwungen, Dinge zu entscheiden, die sie eigentlich nicht entscheiden dürften. Typischerweise bedeutet das in Boomzeiten des Marktes: Anhäufung und Wachstum über alle Maßen. Aktienkurse und Unternehmensergebnisse manipulieren. Fusionen forcieren und medienwirksame Akquisitionen erzwingen. Und in der Krise: Sparen, kürzen, entlassen. – Ja, wer hat denn gesagt, dass man das so tun muss?

So zu handeln ist Hybris. Die Manager glauben tatsächlich, sie müssten so agieren, weil sonst keiner da sei, um es zu tun. So nach dem Motto: Wer soll denn die Kosten verbessern, wenn nicht die Manager? Wer soll denn für Wachstum sorgen, wenn nicht die Manager? Wer soll denn für Kundenzufriedenheit, Produktqualität und Innovation sorgen, wenn nicht die Manager? Dabei ist das nur Autosuggestion. Und wirkungslos.

In Wahrheit ist Kosten verbessern höchst langweilige, akribische, beharrliche Detailarbeit, die von niemand anderem erledigt werden kann als von den Menschen, die in den Prozessen selbst arbeiten. Wertschöpfung verbessern, Verschwendung vermeiden, das ist langwierig und zäh, der Teufel liegt im Detail, sehen kann man das nur vor Ort. Jedenfalls kann Kostenoptimierung nicht angeordnet werden, sofern sie wirken soll. Kosteneinsparungen á la Management sind gar keine wirklichen Kosteneinsparungen, sondern Schnitte ins Fleisch des Unternehmens. Da wird nichts optimiert, da werden gleich ganze Gliedmaßen abgetrennt. Mit jedem Mitarbeiter, der entlassen wird, geht nicht nur ein Kostenfaktor, sondern auch ein Umsatzfaktor verloren. Und es werden dadurch neue Kosten im System produziert. An anderer

Stelle. Wer Unternehmensteile verkauft, verkauft zugleich mit den Kosten auch die Potenziale. Kosten optimieren geht anders – und entzieht sich der Reichweite der in Wahrheit machtlosen Manager.

Genauso kann kein Manager der Welt Kundenzufriedenheit anordnen, Produktqualität herbeimanagen, Innovation befehlen, Wachstum anweisen. Das liegt nicht in seinem alleinigen Verantwortungsbereich! Da müssen viele mithelfen – und das wird in der gemanagten Firma vergessen.

Was Aldi seit über 50 Jahren macht, W. L. Gore seit 50 Jahren, Toyota seit 50 Jahren und Southwest Airlines seit 40 Jahren, das ist eigentlich langweilig, völlig unspektakulär. Deshalb hört man von diesen Unternehmen auch wenig in den Medien. Die machen in der Krise und im Boom einfach das Gleiche. Da gibt es keine großen Strategiewechsel und Management-Maßnahmen. Beta-Unternehmen agieren maßvoll. Ganz automatisch und von selbst, denn immer dann, wenn viele Menschen gemeinsam Verantwortung tragen, braucht es keine Heldentaten mehr.

Darum ist es auch gar kein Wunder und keineswegs Glückssache, dass Handelsbanken sein Schicksal vor der Finanzkrise nicht nach Island oder an Lehman Brothers verkauft hat. Oder dass Toyota noch nie einen Konkurrenten geschluckt hat, sondern alles selbst aufgebaut hat. Oder dass Southwest Airlines in der Luftfahrtkrise die stabilste große Fluggesellschaft ist. Völlig unspektakulär. Diese Firmen vermeiden den patriarchalischen Impuls. Sie verhindern strukturell, dass das Ego Einzelner überschnappen kann.

Immer wenn Sie irgendwo von Massenentlassungen, Kostenoptimierungsmaßnahmen und Stellenkürzungen lesen, wissen Sie künftig: Managementversagen.

Managementaufgabe Sinnstiftung? Quatsch!

Vorbild zum ersten, Charisma zum zweiten und zum dritten … Sinnstiftung. Die nächste Sau, die gerade durchs Managementdorf getrieben wird? Manager sollen Sinn stiften? Das würde ja voraussetzen, dass es jemanden im Unternehmen gibt, der gegenüber allen anderen den Vorzug genießt, per Berufung über den Sinn verfügen zu können, den er in die Organisation dann sozusagen einpflanzt. Ein absurdes Unterfangen, das in Wahrheit so noch nie jemals stattgefunden hat.

Versucht wird es natürlich. Sinnstiftung wäre es zum Beispiel zu bestimmen: Wir sind jetzt nicht mehr stahlverarbeitendes Unternehmen, sondern Telekommunikationsanbieter. Oder wir sind jetzt nicht mehr Montanunternehmen, sondern Reiseanbieter. Oder wir sind jetzt nicht mehr Autobauer, sondern ein weltumspannendes integriertes Technologieunternehmen. Oder wir sind jetzt nicht mehr eine Kaufhauskette, sondern ein Handels- und Touristikkonzern. So etwas geht schief. Man kann keinen Sinn stiften.

Entweder man findet ganz subjektiv, ein Unternehmen ergibt Sinn, oder eben nicht. Das Einzige, was Führung leisten kann – und soll – ist, den Mitarbeitern die Möglichkeit zu geben, im Unternehmen einen Sinn zu finden und sich an ihn zu koppeln. Aufgabe von Führung ist die Ermöglichung von Sinnkopplung. Dazu muss man über die Identität des Unternehmens reden, gemeinsame Einsichten herstellen, gemeinsam die Dinge abschleifen, die im gemeinsamen Verständnis keinen Sinn machen usw. Das ist mühsame Kleinarbeit, die jeden Tag in einem Beta-Unternehmen zwischen allen Mitarbeitern stattfindet, die einen Teil ihres Lebens an den Sinn, den sie subjektiv im Unternehmen sehen, koppeln wollen.

Wenn also ein Mensch sagt: Ich finde, es macht Sinn, dazu beizutragen, Menschen weltweit sauberes Wasser zur Verfügung zu stellen, dann kann er sich bei einem Lebensmittelkonzern von ganzem Herzen dieser Aufgabe widmen. Und wenn ein Mensch sagt, er finde es sinnvoll, Waffen herzustellen, mit denen sich weltweit die Menschen gegenseitig umbringen können, dann mag er sich mit Haut und Haaren einem Rüstungskonzern verschreiben. Letzteres ist wenig wahrscheinlich. Sinnkopplung findet nicht statt, wenn der Mensch überzeugt ist, dass das eigene Unternehmen schlimme Dinge tut oder Blödsinn macht. Die Menschen, die so arbeiten, widmen sich nicht, sondern verkaufen sich. Klar aber ist: Sinnkopplung ist subjektiv. Und so gibt es durchaus Menschen, die sinngekoppelt Waffen herstellen, weil sie glauben, damit einen positiven Beitrag zu Sicherheit, Frieden oder Selbstverwirklichung zu leisten. Sinnkopplung ist subjektiv und äußerst machtvoll.

Und der Drang der Menschen, mit ihrer Arbeitszeit etwas wirklich Sinnvolles zu tun, nimmt mit der Zahl der Möglichkeiten noch dazu stetig zu. Die Zeichen der Zeit sehen so aus: Die besten Mitarbeiter wollen tun, was sie für sinnvoll erachten. Jedes Individuum entscheidet selbst, was es als sinnvoll erachtet. Niemand kann Sinn anordnen. Es ist alleine Sache des Marktes, ob in einem Unternehmen, das Unfug macht, genügend Menschen arbeiten wollen – und wenn ja, welche Menschen –, oder ob so ein Unternehmen genügend Verkäufer für seine Produkte findet.

Die Gegenwart liefert uns ein wunderbares Beispiel dafür: Wenn die Zahl der Menschen abnimmt, die benzin- oder dieselgetriebene Autos mit hohem Kraftstoffverbrauch als sinnvoll empfinden, dann steuert der Markt ganz alleine, ob es künftig noch genügend Nachwuchstalente gibt, die bei General

Motors, Ford, Daimler oder BMW arbeiten wollen, und ob es künftig noch genügend Käufer für deren Produkte gibt. Zum Markt gehört nicht nur der Markt der Arbeitskräfte und der Käufermarkt, sondern alles, was außen ist, also auch der Gesetzgeber. Die Abgasnormen der EU zum Beispiel zwingen ein Unternehmen wie Porsche zu halsbrecherischen Kapriolen am Kapitalmarkt, um sich mit VW zu vermählen und damit zu vermeiden, wegen zu hohem Flottenverbrauch in existenziellen Konflikt mit dem Gesetz zu kommen. Ein echt marktgetriebenes Beta-Unternehmen gerät im Gegenzug zu einem managementgetriebenen Alpha-Unternehmen gar nicht erst in die Gefahr, Unsinn zu machen.

Wenn durch die Zuffenhausener Fabrikmauern noch ein klein wenig vom Geist des Ferdinand Porsche weht, dann kann ich mir nicht vorstellen, dass es keine andere Möglichkeit für Porsche geben sollte, als auf die Veränderung des Marktes mit managementgetriebenen Finanzkunststücken zu reagieren.

Ferdinand Porsche konstruierte im Alter von 22 Jahren als Mechaniker einen Radnabenelektromotor und meldete ihn beim Patentamt an. Das war 1896. Vier Jahre später stellte er auf der Pariser Weltausstellung den Elektrowagen vor, den er für die Wiener k.u.k. Hofwagenfabrik Ludwig Lohner & Co. konstruierte. Der Wagen fuhr 50 Stundenkilometer schnell und hatte eine Reichweite von 50 Kilometern. Damit wäre er für die meisten Fahrten zur Arbeit und zum Einkaufen heute prinzipiell auch noch geeignet. Und damit nicht genug. 1902 stellte er den ersten Hybridwagen vor. Ein Verbrennungsmotor von Gottlieb Daimler erzeugte den Strom, der vier Radnabenmotoren antrieb – das erste Auto mit Allradantrieb. Ein Hybrid-Rennauto.

Porsche hatte schon vor 100 Jahren alles an Bord, um die aktuelle Marktkrise zu bewältigen. Schon vor einem Jahrzehnt bauten Porsche-Fans Elektromotoren in aktuelle Porsche-Modelle ein. Und es ist doch völlig selbstverständlich, dass sich bei Porsche Ingenieure und Mechaniker seit Jahren Gedanken machen, wie die Zukunft ihres Unternehmens nach dem Peak Oil aussehen könnte. Warum gibt es dann nicht schon längst einen pfeilschnellen E-Boxter mit Radnabenelektromotoren? Stattdessen gibt es die tonnenschwere Cayenne-Blechschüssel, die kein Mensch unter zehn Litern auf 100 Kilometer bewegen kann, nicht mal im Schneckentempo. Porsche hat so viel geballte Ingenieurskunst in Zuffenhausen und Weissach, so viel Tradition und Kompetenz, die hätten schon längst den schnellsten, stärksten und alltagstauglichsten Elektrosportwagen konstruiert und serienreif gemacht, wenn, ja wenn sie gedurft hätten. Aber das heroische Management hat anders entschieden.

Wenn durch die Zuffenhausener Fabrikmauern noch ein
klein wenig vom Geist des Ferdinand Porsche weht ...

Bei Porsche wäre Sinnkopplung kein Problem. Die besten Sportwagen der Welt bauen? Großartige Sache! Bei dubiosen Börsenspekulationen das Spielgeld beschaffen? Schwierig ...

Führende sollen nicht am Sinn herumoperieren, sie müssen nichts weiter tun als den Sinn, der sowieso schon da ist, wahrnehmbar machen. Ein Führungsarbeiter soll die Mission hochhalten. Auf allen Kanälen senden. Er soll auf keinen Fall etwas Neues finden, das steht ihm nicht zu, sondern er soll das, was da ist, verstärken und zur Wirkung kommen lassen. Er muss das Können aufspüren, das da ist, es dann deuten und herausarbeiten, um es zu kommunizieren. Potenziale erkennen und verbalisieren. Aber nicht Potenziale anflanschen.

Man könnte das auch Brainwashing nennen. Das ist ein positiver Begriff und eine legitime Führungsaufgabe: Geistige Hygiene herstellen. Geistige Klarheit schaffen. Tägliche Reinigung gewährleisten. Die Gedanken von allen Ablagerungen und Verunreinigungen freihalten, damit die Kerngedanken sichtbar und wirksam bleiben. Dazu sind Rituale hilfreich. Wer lernen will, wie das geht, kann zum Beispiel die Pfadfinder oder Google studieren, die beherrschen das Brainwashing perfekt.

Das ständige Diskutieren unter Organisationsmitgliedern über Werte und Prinzipien hilft dabei, dass bestimmte Gedanken als zugehörig, andere als nicht zugehörig erkannt werden. Was nicht als »Wir« identifiziert wird, wird streng abgelehnt. Funktionierende Organisationen haben immer eine scharfe Grenze und eine Form von gesunder Intoleranz.

So könnten Menschen in einer Organisation etwa feststellen: Luxus, das sind wir nicht, Sparsamkeit ist eines unserer höchsten Gebote, bei uns darf es keine Verschwendung geben. Wenn selbst unser Gründer mit öffentlichen Verkehrsmitteln zum Termin fährt, dürfen wir nicht erste Klasse reisen!

In einer anderen Organisation würden Menschen sagen: Wir produzieren schöne Dinge, nicht nur nützliche. Der Entwurf für die neue Produktverpackung ist nicht schön genug, das passt nicht zu uns. Lasst uns Geld in die Hand nehmen und einen Designer beauftragen.

Und in der nächsten Organisation hieße es vielleicht: Zu uns passen keine Luxuslimousinen, unser Name heißt »Volkswagen«, nicht »Elitewagen«. Ein Zwölfzylinder-Fünfmeter-Dreitonnen-100 000-Euro-Monster ist was für süddeutsche Autobauer, nicht für uns. Und schon gar nicht passt es zu uns, wenn Autos nach griechischen Sagengestalten benannt werden. Machen wir nicht.

Trampelpfade durch Kulturlandschaften

Sehr hilfreich für diese Führungsarbeit des Brainwashing sind Mythen und Rituale. Die Liturgie der christlichen Kirchen liefert extreme Beispiele dafür. Was auch immer man von der Kirche hält, die Rituale funktionieren im Prinzip, sie müssten sich lediglich weiterentwickeln dürfen. Rituale sollen nämlich nicht erfunden werden und sie dürfen auch nicht erstarren. Führungskräfte haben die Aufgabe, einen Usus, der bereits vorhanden ist, zu erkennen und zu verstärken. Eingespielte Verhaltensweisen erhalten und kultivieren. Führende müssen einen Blick für potenzielle Rituale haben. Das sind Pflänzchen, die gehegt werden müssen. Das braucht viel Zeit, aber das ist wichtig, Führungskräfte sollten viel Zeit für Rituale aufwenden!

> *Heute ist es egal, ob man beim Daimler schafft*
> *oder bei Opel oder bei Hyundai.*

Das Schwätzchen mit dem Pförtner ist so ein Ritual. Ein bestimmtes Essen an einem bestimmten Wochentag in der Kantine. Ein bestimmter Ort für bestimmte Meetings. Das Überreichen des Firmen-Handys nach bestandener Probezeit bei Neueinstellungen. Das Bestehen auf bestimmten Ausbildungswegen für bestimmte Aufgaben, obwohl die Aufgaben auch für Quereinsteiger lösbar wären. Durch vitale Rituale entsteht Kultur.

Eines der größten Verbrechen, das Manager regelmäßig begehen, ist das Zerstören gewachsener Rituale. Das sind Kulturverbrechen. Bei Daimler beispielsweise gab es einmal die starke Meisterkultur. Die Meister hatten bei Daimler viel Einfluss. Ihre Kunst und Erfahrung schufen solide Prozesse, robuste Technik, die besten Autos der Welt, den Grund für den Stolz vieler Tausend Mechaniker: »I schaff beim Daimler.« Die Ingenieure von den Hochschulen mussten sich dort früher immer einordnen. Die Ingenieure hatten nicht das Sagen, sondern wirkten mit. Sie mussten auch immer mal Kunden bedienen und Kundenanfragen bearbeiten, wie andere Mitarbeiter auch. Das war streng ritualisiert. Die Meisterkultur wurde mittlerweile ersetzt durch die üblichen Topmanagementterrorismen. Die Ingenieure übernahmen dabei die Macht über die Meister. Die Ingenieure mussten sich nicht mehr mit Kundenproblemen rumschlagen, sie waren plötzlich etwas Besseres. Die traditionelle Gleichstellung zwischen Meister (informelle Macht) und Ingenieur (formelle Macht) war zerstört. Und damit ein kolossaler Kulturvorteil, den niemand in den Chefetagen gesehen hatte. Die Meisterkultur war typisch Daimler. Heute ist es egal, ob man beim Daimler schafft oder bei Opel oder bei Hyundai, es ist kein großer Unterschied. Die Zerstörung der Meisterkultur hatte einen immensen Kulturverlust zur

Folge. Daimler hat wichtige Teile seiner Essenz verloren. Dass die besten Autos der Welt bei Daimler gebaut werden, kann heute niemand mehr begründet behaupten. Bei Porsche dagegen, nur wenige Kilometer entfernt, herrschte eine etwas andere Form von Ingenieurskunst, die sich länger erhalten hat als bei Daimler. Dort ist man noch stolz auf Meisterschaft im Automobilbau. Noch …

ThyssenKrupp hat viele Tochtergesellschaften in aller Welt. Früher berichteten die Geschäftsführer der Töchter direkt nach Deutschland an die Konzernmutter. Das war streng ritualisiert, man redete direkt mit den Chefs, erklärte alle Zahlen im offenen Gespräch. Das war eine schöne, gewachsene Kultur der Anbindung aller Töchter an den deutschen Konzern. Man fühlte sich zugehörig und ernst genommen, auch wenn man viele Tausend Kilometer entfernt von der Zentrale saß.

Dann wurde gemanagt: Tochtergesellschaften werden alle paar Jahre innerhalb von entstehenden oder sterbenden Divisionen neu geordnet und herumgeschoben. Zentrales Controlling wurde gestärkt oder eingeführt, mit dem Effekt, dass immer mehr zusätzliche Ebenen entstanden: Der Berichtsweg wurde verändert. Der Kontakt zur Konzernmutter wurde gekappt. Die Mitarbeiter in den Tochtergesellschaften fühlten sich dadurch gedemütigt. Sie mussten jetzt ans Controlling berichten. Der ganze Charakter des Berichtens veränderte sich. Konnte man früher noch mit Stolz Ergebnisse und Ideen selbst präsentieren, wurde man plötzlich nicht mehr zu Kollegen der Geschäftsführung vorgelassen, sondern musste sich gegenüber den Überbringern rechtfertigen. Früher durfte man berichten. Heute muss man berichten. So fühlt es sich an. Die Kommunikation wurde schwieriger und aufwändiger. Man kann nicht mehr einfach miteinander reden, sondern muss alles schriftlich machen. Man begründet und beweist sich zu Tode, anstatt das Gespräch zu suchen. Die Kultur des internationalen, aber trotzdem deutschen Unternehmens bekam einen tiefen Kratzer, die Freude an der Arbeit in den Tochtergesellschaften wurde geringer.

Management zerstört Kultur. Und zwar unwiederbringlich. Wenn Rituale verloren sind, dann für immer. Alpha-Tierchen und heroische Manager sind out. Man braucht sie nicht mehr in der Beta-Welt. Wir könnten getrost verzichten auf das komplette Alphabet des Managements der Deutschland AG von Ackermann bis Zetsche. Auf die, die im *manager magazin* als die mächtigsten Manager Deutschlands gepriesen werden, kommt es in Wahrheit nicht an.

Verantwortung ersetzt Schuldzuweisung

Als Führende müssen wir Mitarbeitern vertrauen. Und ihnen etwas zutrauen. Regeln können das nicht ersetzen. Regeln gelten immer nur für die Erfahrungen der Vergangenheit. Wenn sich die Welt nicht verändern würde, würde das klappen. Dann wäre das wunderbar. Auch Pläne würden dann aufgehen. Dann könnte man auch mit Budgets arbeiten. Aber weil die Welt den Regeln nicht folgt, Pläne nicht beachtet und Budgets über den Haufen schmeißt, muss man die Menschen selber denken und handeln lassen.

Wir haben keine andere Wahl. Weil sich die Welt nun mal dreht. Aber in gemanagten Unternehmen will man das so nicht sehen. Also reglementieren wir. Eine Folge davon sind Regelübertretungen. Und damit Schuldzuweisung.

Na, zur Not wird halt ein Sündenbock gefeuert.

Ein bürokratisches Alpha-Unternehmen leidet stets an der chronischen Symptomatik des Schuldblasen-Syndroms. In einer sauberen Hierarchie gibt es immer personelle Zuständigkeiten. Für jede Aufgabe muss es jemanden geben, für jedes Problem muss es jemanden geben, den man sich schnappen kann, wenn etwas schiefläuft. Instinktiv schauen wir immer nach dem Kästchen im Organigramm, wo das Problem zu verorten ist. Dort wird nach dem Schuldigen gesucht. Aber nicht gefunden, denn der Beschuldigte fühlt sich unschuldig und zu Unrecht angegriffen. Er zeigt mit dem Finger auf den Nächsten, der seiner Meinung nach an dem Problem beteiligt ist. Und so weiter. Die Schuldblase entsteht.

Dabei wird völlig vergessen, dass ja eigentlich ein Problem zu lösen ist. Denn man glaubt, das Problem kann erst gelöst werden, wenn der Schuldige gefunden wurde, denn der Schuldige muss es dann richten. Ganz streng nach dem Verursacherprinzip. In einer Verantwortungskultur wären alle begierig, das Problem zu lösen, denn es geht ja eigentlich auch alle an. Niemand käme auf die Idee, dass ein Schuldiger die Scherben zusammenfegen muss. Alle würden füreinander und miteinander den Fehler ein für alle Mal beseitigen.

Die entscheidende Erkenntnis, die in Zuständigkeitskulturen nicht möglich ist: Die Frage ist nicht, wer schuld ist, sondern wo im System der Fehler liegen könnte. Wie der Prozess, der Kontext den Fehler zulassen konnte. Denn das meiste passiert ja nicht in den Kästchen der Zuständigkeiten, sondern dazwischen, auf den Schnittstellen: Zufälle, unscharfe Kommunikation, Zusammenspiel von Handlungen usw. Wenn wir da nach Schuldigen suchen, finden wir nichts. Wir stehen fassungslos davor und finden den Fehler nicht. Denn der Fehler liegt so gut wie immer nicht bei einer Person, sondern im System. Und dann? Na, zur Not wird halt ein Sündenbock gefeuert.

Warum fallen die Probleme immer in die Schnittstellen? Kästchen sind statisch, sie bilden festgelegte Machtbeziehungen, Abteilungen und Verantwortungsbereiche ab. Ein Prozess ist aber etwas Dynamisches, Kontinuierliches, Mäanderndes, Unteilbares. Er hat mit Arbeit zu tun und mit Wertschöpfung. Man kann nicht Marketing von Vertrieb trennen oder Produktion von Lagerhaltung oder Qualität von Einkauf oder Produktentwicklung von Finanzen.

Oder Umweltpolitik von Wirtschaftspolitik oder Verkehrspolitik. Oder Sozialpolitik von Wirtschaftspolitik. Das ist hilflos. Funktioniert nicht. Toll wäre es, wenn die Bundesregierung beziehungsweise der Staat eine Projektorganisation wäre. Wenn es eine Aufgabe gibt, bildete sich eine Zelle. Ist die Aufgabe erledigt, löst sie sich wieder auf. Die monolithischen Ministerien sind eine genauso große Katastrophe wie die Divisionen, Geschäfts- und Funktionsbereiche in Unternehmen.

Ich gebe hier mein Bestes, dafür bekomme ich sowieso zu wenig Gehalt, und außerdem ist jetzt Feierabend.

Schuldzuweisung ist also nicht die Lösung. Die Lösung heißt Verantwortung. Leider wird auch dieser Begriff allzu oft missbraucht wie ein Schraubenzieher, der zum Einschlagen von Nägeln verwendet wird. Da ist dann die Rede vom »Verantwortlichen« – gemeint ist aber der formal Zuständige, also der Schuldige. »Ich übernehme die Verantwortung« ist dann ein Schuldeingeständnis: »Ich habe Mist gebaut.« Das Problem ist: Wenn Sie in hierarchischen Alpha-Kulturen von Verantwortung sprechen, versuchen die Menschen, Ihre Worte in ihr bestehendes Weltbild einzufügen, und verdrehen alles, was Sie sagen.

Der Unterschied ist: Verantwortung kann man nicht zuweisen, Zuständigkeiten schon. Verantwortung wird freiwillig übernommen. Zuständigkeit kann man nicht übernehmen, die hat man zugewiesen bekommen oder eben nicht. Verantwortung geht über den eigenen Arbeitsbereich hinaus. Zuständigkeit nicht. Die aktive Verantwortungsübernahme eines Mitarbeiters wird von den anderen inklusive Führungsarbeitern passiv zugelassen. Zuständigkeiten werden nicht passiv zugelassen, sondern vom Chef aktiv klar abgegrenzt und aufgeteilt.

Ein Produktionsmitarbeiter im Beta-Unternehmen sagt sich: Ich übernehme die Verantwortung für Produktionskosten und Pünktlichkeit und Qualität. Wenn es Probleme gibt, übernehme ich die Verantwortung dafür, dass eine Lösung gefunden wird. Fehlschläge sind ebenso Teil der Arbeit wie Erfolge.

Im Alpha-Unternehmen hört sich das so an: Ich bin zuständig für diesen einen Arbeitsschritt an dieser Maschine. Wenn die erforderliche Menge nicht rechtzeitig fertig ist, ist der Plan schuld. Wenn die Qualität nicht stimmt, ist das Qualitätsmanagement schuld oder wahlweise derjenige Chef, der den Arbeitsplatz eingerichtet hat. Wenn die Kosten zu hoch sind, hat das Controlling einen Fehler gemacht. Ich gebe hier mein Bestes, dafür bekomme ich sowieso zu wenig Gehalt, und außerdem ist jetzt Feierabend.

Wie man Verantwortung weckt

Die betriebliche Realität ist aber doch, dass die meisten Menschen gar keine Verantwortung übernehmen wollen. In vielen Unternehmen lehnen Mitarbeiter Verantwortung geradezu ab. Wie bekommt man also jemanden dazu, Verantwortung zu übernehmen?

Es führt nicht weiter zu beklagen, die Mitarbeiter übernähmen keine Verantwortung. Sie wären nicht gut beraten, wenn sie Verantwortung übernähmen, denn wer in einer Zuständigkeitskultur Verantwortung übernimmt, wird letztlich abgestraft. Die Frage muss lauten: Warum können es sich Mitarbeiter nicht leisten, im Unternehmen Verantwortung zu übernehmen? Wie kommt es, dass es in Organisationen gefährlich ist, Engagement und Einsatz zu zeigen? Wenn das geklärt ist, kommt der nächste Schritt: Warum können es sich im Unternehmen Mitarbeiter leisten, keine Verantwortung zu übernehmen?

Wenn in einem Beta-Unternehmen sich ein Mitarbeiter weigert, Verantwortung zu übernehmen, obwohl er es wie alle anderen auch könnte, dann fliegt er hochkant raus. In einem Alpha-Unternehmen aber gibt es so gut wie keine Mitarbeiter, die Verantwortung übernehmen. Das ist doch merkwürdig. Wenn das von Anfang an so gewesen wäre, dann wäre das Unternehmen nie gegründet worden. Zuerst muss also jemand angefangen haben, Verantwortungslosigkeit zuzulassen, und dann haben sich alle an den Zustand gewöhnt.

Das sind Sünden, wenn nicht gar Verbrechen der Vergangenheit. Das Einzige, was man im Heute tun kann, wenn man die Verantwortung wieder wecken will: Wieder zulassen, wieder angewöhnen. Man muss die Komfortzonen abschaffen, Schritt für Schritt. Das ist eine Führungsaufgabe. Komfortzonen gibt es immer dort, wo es Hierarchie und Bürokratie gibt. Also muss es diesen beiden Feinden an den Kragen gehen. Verantwortung zu übernehmen darf kein persönliches Risiko sein. Also muss man die Schuldzuweisungskultur unterbinden. Des Weiteren: Auf Weisungen verzichten.

Und Mitarbeiter in einer Beta-Organisation, die sich beständig der Verantwortung verweigern, obwohl sie können, dürfen, sollen, sind überflüssige Mitarbeiter, die entlassen werden müssen.

Interessant zu beobachten sind Mitarbeiter, die aus Alpha-Unternehmen neu in Beta-Unternehmen hineinkommen. Sie sind es schlicht nicht gewöhnt, sich in verantwortlicher Haltung ihre Aufgabe selbst zu suchen. Ihre Haltung ist: Beschäftige mich! Die anderen sagen: Nö. Such dir was. Das ist so ein bisschen wie Waldorfschule. Man vertraut darauf, dass der Mitarbeiter selber drauf kommt. Dass er von sich aus lernen möchte. Man hat den Mitarbeiter wegen seinen Talenten und Fähigkeiten eingestellt. So, und jetzt soll er sie anwenden. Also muss er sich die dazu passenden Aufgaben suchen.

So ein Gewöhnungsprozess kann alle Beteiligten in die Verzweiflung treiben. Was kann man tun? Brainwashing betreiben, den Kulturkampf aufnehmen und ausfechten. Aber auf gar keinen Fall Aufgaben zuweisen, denn sonst gibt man dem schon halb entwöhnten Süchtigen nur wieder seinen Stoff. »Wenn ich dir eine Aufgabe geben würde, würde das bedeuten, wir würden ins Management zurückfallen. Ich kann dir keine Aufgabe geben, du musst sie dir nehmen.«

Dass es kein Risiko darstellt, Verantwortung zu übernehmen, macht man den Mitarbeitern am besten dadurch klar, dass man die Fehler nicht bestraft, sondern feiert. Danach kann man sie loslassen. Bei W. L. Gore werden Misserfolge ausgiebig gefeiert. Das klingt durch die Alpha-Filter zynisch. Aber für ein Beta-Unternehmen macht es den Unterschied aus: »Danke, dass wir diesen Fehler gemacht haben! Den haben wir für uns alle gemacht! Danke, dass wir lernen durften. Wir haben uns eine Lektion erteilt. Danke! Und jetzt ab ins Museum mit dem Fehler und einen neuen Versuch starten!«

Dadurch wird klar, dass es keine persönliche Kritik gibt. Es gibt den Willen, aus Fehlern gemeinsam zu lernen, an der Sache zu arbeiten. Und es gibt den Willen, Fehler zu verabschieden und hinter sich zu lassen. Sollte jemand sich durch das Feiern seines Fehlers beschämt fühlen, ist er noch nicht angekommen in der Beta-Welt, sondern lebt noch in seiner Alpha-Welt aus Schuld und Sühne.

Führung wird maßlos überschätzt

Wenn Führung nicht mehr dafür da sein muss, die Arbeit anderer zu steuern und zu kontrollieren, Antworten auf alles zu haben und zu geben, dann verändert sich auch der Inhalt von Führung ganz massiv. Man braucht dann, streng genommen, auch keine Führungskräfte mehr, als Personen mit dem Mandat, ganz explizit und ausschließlich zu führen. Führung wird dann zu einem Arbeitsinhalt aller. Und man führt, je nach augenblicklicher Rolle, mal mehr und mal weniger.

Wenn aber Führung letztlich Aufgabe aller ist, gibt es dann nicht doch noch Organisationsmitglieder, die mehr oder weniger führen? In der Tat führt ein Fabrikmitarbeiter, der den meisten Teil seiner Zeit mit Schweißen von Metallteilen beschäftigt ist, nur in einem kleinen Teil seiner Arbeitszeit, relativ zu einem Mitarbeiter, der unter anderem mit der Rolle des CFO betraut ist. Im Beta-Kodex erkennt man an, dass dieser Arbeitsschwerpunkt in der Natur der Aufgaben und Rollenverteilung begründet liegt – die sich jederzeit ändern mag und die nichts mit Status, Gehalt oder Rang zu tun hat. Und man erkennt an, dass auch im Alltag eines Schweißers unweigerlich Führungsarbeit geleistet wird – in seiner Kommunikation mit Kollegen, in den Verbesserungsprojekten, die er durchführen mag, in den Sitzungen, an denen er teilnimmt, im Engagement, das er neben seiner hauptsächlichen Rolle leistet, sei es im Betriebsrat oder bei der Organisation einer Betriebsfeier oder bei der Arbeit an einer Produktinnovation mit Kollegen.

Führung wird so ent-personifiziert. Man führt eben mal. Und mal nicht. Man führt in der einen Situation. In der anderen macht man einfach andere Arbeit. So gedacht wird Führung natürlich auch ein Stück weit entmystifiziert. Jeder kann und jeder muss mal führen beziehungsweise er tut das einfach – bewusst oder unbewusst. Wenn er gerade nicht schweißt oder nicht Reisekosten ins System eingibt. Führung ist eigentlich eine Form der Kommunikation mit dem Ziel, Dinge zu verändern. Führung wird zu einer Arbeit wie jede andere auch. So wichtig, dass jeder dazu beitragen muss.

Wer führt, liegt in der Natur der Sache. Manche sind führungsstark, andere nicht. Das hängt mehr vom persönlichen Kommunikationsstil ab als von Ausbildungen oder Karrieren. Wer führen will, fragt sich: Wie passt die Art meiner Kommunikation zum Problem? Man muss sich das Gebiet suchen, wo man führen kann. Jeder muss sein Feld suchen, wo er leicht Verantwortung übernehmen und einen bedeutenden Beitrag leisten kann, sein Feld der Führung finden.

Man braucht also keine »Führungskräfte« – also Menschen, denen wir einreden, sie müssten für andere die Funktion des Führens übernehmen. Dauerhaft. Was gebraucht wird, ist Führungsarbeit. Führungsarbeit ist für alle da, und jemand, der gar nicht führen will, der sollte durch eine Maschine ersetzt und entlassen werden.

Führungsarbeit sollte möglichst auf alle Organisationsmitglieder verteilt sein. Nicht unbedingt gleichmäßig, denn das geht nicht und ist auch unwichtig. Aber so, dass jeder etwas davon abbekommt und durch Üben daran wachsen kann. Lernen kann. Verändern und Verantwortung übernehmen kann. Die Frage, wer führt, wird so überflüssig.

»Führungskraft« ist ein blöder Begriff. Er klingt nach geballter Faust, Kraft, Macht. Dabei hat richtig verstandene Führungsarbeit nichts mit Macht zu tun. Wenn ein Mitarbeiter mit anderen darüber redet, wie man Dinge besser machen kann, wie man Prinzipien treu bleiben kann, was man nicht mehr tun sollte usw., dann führt er. Und macht sich angreifbar. Er begibt sich in die Hand der anderen, die ihn kritisieren können, die anderer Meinung sein können. Er öffnet sich in dem Wissen, dass er alleine nichts ausrichten kann, sondern andere überzeugen muss, die mitmachen. Und wenn man sich öffnet, muss man manchmal auch was einstecken. Führen ist also mehr Selbstentmachtung als Machtausübung.

Wer als Führungskraft an der Macht hängt, wird die Transformation zum Beta-Unternehmen nicht mitmachen. Auf dem Weg gehen immer Menschen verloren. Es passt nicht für jeden. Es gehen immer welche. Ist das schlimm? Nein, denn es sind naturgemäß immer erstaunlich wenige, die tatsächlich Macht wollen statt Signifikanz und gemeinsamen Erfolg. Viele, von denen man glaubt, dass sie nur Alpha denken könnten, fügen sich verblüffend gut in die Beta-Welt ein. Man wird Überraschungen erleben …

Und die, die sich nicht wandeln wollen, sollte man freundschaftlich, aber bestimmt verabschieden. Bye-bye Management!

Leadership im Alpha-Kodex	Leadership im Beta-Kodex
Chefs steuern – jedes Team braucht einen Chef	»Außen« steuert – Chefs sind daher überflüssig und hinderlich
Hierarchie führt zu Stabilität und ist überall sichtbar – Machtdruck steuert	Hierarchie ist trivial (jeder hat einen Chef), bei der Arbeit spielt sie keine Rolle – Marktzug führt
Bosse regieren per Weisung und Kontrolle – sind Visionäre und wichtig	Bosse sind unerwünscht – alle haben Vision und sind wichtig
Manager halten den Laden am Laufen – kümmern sich um operative Effizienz	Führende dienen denen, die die Arbeit machen – Führung bewirkt organisationale Transformation
Führung ist etwas für Wenige – geschieht an der Spitze	Führung ist etwas für alle – ist breit verteilt bzw. pulverisiert
Führung ist an Position gekoppelt und geschieht vor allem in der Zentrale – ist eine Kunst, für die es Führungskraft braucht	Führung ist temporär, es gibt sie in Zentrum und Peripherie – ist eine Form von Arbeit und eine Rolle
Unternehmen braucht starke Manager, die klagen ein und an	Unternehmen braucht starke Prinzipien und Werte, die jeder einklagen kann und soll
Autorität entsteht durch Position und Statussymbole	Autorität entsteht durch Können, Kompetenz, Erfahrung, Haltung
Bei Problemen: Suche nach Schuldigen – Aktionismus, Verantwortungs-Schwarzer-Peter	Bei Problemen: Arbeit am System, Theoriearbeit – fünfmal hintereinander »Warum?« fragen
Probleme löst man mit neuen Methoden und Tools – Berater und Managementmoden wichtig	Probleme löst man nur mit besserem Denken und Arbeit am System – Mitarbeiter denken selbst, Dankeschön
Idealerweise hat man eine starke, strategische Personalabteilung	Im Idealfall hat man gar keine Personabteilung – das Nötige wird ausgelagert oder von allen getan
Gemanagter Wandel – Management entscheidet früh über Veränderungen	Systemischer, chaotischer Wandel – Beteiligte entscheiden spät über Veränderungen
Erst hinter verschlossenen Türen Lösung entwickeln, dann überzeugen und durchsetzen, zur Not mit Zwang	Erst Dringlichkeit wahrnehmbar machen und Menschen ins Boot holen, dann gemeinsam Lösung entwickeln

Paragraf 4

Leistungsklima: Ergebniskultur statt Pflichterfüllung

Ermöglichen Sie es allen Mitarbeitern, selbstverantwortlich zu denken und unternehmerisch zu handeln. Halten Sie keinen Mitarbeiter dazu an, Anweisungen zu befolgen und Pläne zu erfüllen. Lehren Sie das Unternehmen, sich an den Kunden zu orientieren, nicht an der internen Hierarchie. Wer sagt, was getan werden muss? Der Kunde. Wer sagt, wie es getan werden soll? Der Mitarbeiter selbst. Niemand im Unternehmen soll etwas tun müssen, weil es von einem Ranghöheren angeordnet wurde. Jeder im Unternehmen soll die Möglichkeit bekommen, aus eigenem Wollen heraus Ergebnisse für das Ganze zu erzielen.

Die Orientierung am Kunden ist die gemeinsame Ausrichtung, die sich durchs ganze Unternehmen zieht. Im Beta-Unternehmen gibt es keine einzige Person, die nicht kundenorientiert ist. Wer es nicht sein mag, entscheidet sich gegen das Unternehmen, dann gibt es keinen Platz für ihn. Jeder leistet für irgendjemanden, entweder für einen internen Kunden oder für einen externen Kunden. Es wird geleistet im Unternehmen, miteinander, füreinander und für den, der das ganze Unternehmen bezahlt, den Käufer der Produkte und Dienstleistungen.

Das ist schön gesagt, füreinander miteinander leisten. Die Wendung stammt übrigens von dm-drogerie markt. Alle Chefs wollen das. Nur kriegt es kaum einer hin. Sooooo schön wäre es, wenn alle im Unternehmen leistungsbereit wären, aber die Chefs selbst sind es, die dieses Leistungsklima zerstören und verhindern.

Im traditionellen Managementdenken gibt es Abteilungen und Bereiche, die für bestimmte Funktionen des Unternehmens zuständig sind. Jede dieser Abteilungen hat ihre Chefs, und die sind ehrgeizig, sie setzen ihrer Abteilung Ziele und entwickeln Pläne, aus eigenen Ambitionen heraus. 10 Prozent Umsatzwachstum verlangt der Vertriebsleiter von seinem Bereich. Wenn seine Verkäufer das schaffen, ist er fein raus gegenüber den anderen Managern und seinen eigenen Chefs. Aber was hat der Kunde davon, wenn der Vertriebsleiter seine Zehn-Prozent-Marke schafft? Und war das dann eine gute Leistung oder eine schlechte?

Sooooo schön wäre es, wenn alle
im Unternehmen leistungsbereit wären.

Das ist Teil der Alpha-Falle. Die Abteilungen sind abgekoppelt vom Sinn des Unternehmens und suchen sich stattdessen selbst einen. Leistung ist dann so etwas wie das Erreichen selbstgesteckter Ziele oder das Erfüllen irgendwelcher willkürlichen Pläne. Das ist zwar möglicherweise komplett sinnlos, aber Hauptsache geschafft. Genauso gut könnte man versuchen, den ganzen Tag auf seinen eigenen Bauchnabel zu schauen, und sich freuen, wenn man bis abends keinen steifen Hals hat. Leistung im Alpha-Unternehmen aus Sicht des Managements ist dann, das zu erreichen, was man erreichen will. Aus Sicht der Mitarbeiter ist es schlicht, das zu erreichen, was sie vorgeschrieben bekommen.

Aber sinnvoll wird Leistung erst dann, wenn das, was man im Innern des Unternehmens schafft, relevant für das Außen ist. Nur wenn sie an den Markt gekoppelt ist, wird Arbeit sinnvoll. Nur wenn man das, was man tut, letztlich für einen externen Kunden tut, schafft man überhaupt einen Wert, wird Leistung wertvoll.

Das ist keineswegs trivial, denn in Bürokratien geschieht das Gegenteil: Arbeiten ohne Wertschöpfung. Und Bürokratien sind in unserer Wirtschaft noch die Normalität. Die meisten Großunternehmen verwenden mindestens 70 Prozent ihrer Energie und Arbeit auf sich selbst, nur der kleinste Teil des täglichen Tuns ist nach außen gerichtet. Die Bürokratiechampions bringen es locker auf fette 90 Prozent Nabelschau: Administration, Planung, Anweisung, Einweisung, Kontrolle, Steuerung, Politik, Statuserhalt, Machtspielchen. 10 Prozent wertschöpfende Arbeit müssen dann reichen, um die ganze Veranstaltung zu finanzieren – das ist knapp! Viele Arbeitsplätze im Management bestehen tagtäglich aus nichts anderem als professioneller Prokrastination – anstatt zu arbeiten, wird die ganze Energie darauf gerichtet, die eigentlich zu erledigende Arbeit zu verwalten. An vielen modernen Büroarbeitsplätzen verbringen Menschen alleine 20 Prozent ihrer Zeit für Planung. Also für das Ausmalen von Fata Morganas. Da bleibt nicht viel Zeit für die Kunden übrig.

Es geht aber auch anders, gerade in kleineren, noch nicht differenzierten, noch nicht im Taylorismus erstarrten Unternehmen. Die besten von ihnen verwenden nur 30 bis 40 Prozent ihrer täglichen Arbeit auf sich selbst, das sind die relativ profitablen, stark wachsenden Unternehmen, hauptsächlich aus dem Mittelstand. Dort, wo ein Rädchen ins andere greift und man sich des Zusammenwirkens bewusst ist. Das gibt es noch.

Wie es bei Ihnen ist, können Sie leicht feststellen: Analysieren Sie einfach Ihren Kalender. Am Produkt oder an einer Dienstleistung direkt arbeiten, das ist kundenorientiert. Alle administrativen Tätigkeiten, alle Mitarbeiter-gespräche, die meisten Meetings, all die Arbeit an Plänen und Zielen, alles, was eben Management ist, ist Bohren im Nabel des Unternehmens. Das brauchen Sie, um sich in der Hierarchie zu halten, aber der Kunde könnte getrost darauf verzichten.

Auch Beta-Unternehmen beschäftigen sich mit sich selbst. Mit den Prinzi-pien und Werten, mit dem Finden und Einbinden der richtigen Mitarbeiter, mit Konsultieren, miteinander Reden und mit Selbstorganisation. Ungefähr 20 bis 30 Prozent der Zeit und Ressourcen. Aber mindestens 70 bis 80 Pro-zent sind nach draußen gerichtet.

Hierarchie ist sichtbar

Ein kundenorientiertes Unternehmen erkennt man beim Durchlaufen. Zum Beispiel an den Dingen, die an den Wänden hängen. Hat das, was zu sehen ist, mit der Arbeit zu tun, sind es zum Beispiel Entwürfe, Zahlen, Dia-gramme, Kundenorders usw., oder haben die Dinge mit dem Prestige, dem Status, dem Wohlfühlfaktor der Arbeitsplatzbesitzer zu tun? Wird gearbeitet oder wird ein Arbeitsplatz besessen?

Bei einem großen Industrieunternehmen in Südamerika konnte ich bei meinem ersten Besuch schon den Grad der Kundenorientierung versus den Grad der Bürokratisierung abschätzen, bevor ich überhaupt im Gebäude war. Die Parkplätze waren sauber nach den unterschiedlichen Management-levels sortiert und beschriftet. Die besten Parkplätze waren für die höchst-rangigen Manager reserviert. Natürlich. »Normale« Mitarbeiter müssen 100 Meter und mehr laufen. Jetzt stellen Sie sich vor, welchen Aufwand es bedeutet, diesen Parkplatz zu administrieren! Nummern vergeben, Schilder drucken, Listen aktualisieren, Pläne verwalten, Streitfälle schlichten, Park-verhalten kontrollieren, Verstöße sanktionieren. Und rechnen Sie die Zeit, die die unnötigen Wege kosten, die vieltausendmal gegangen werden, weil nicht günstig gelegene freie Parkplätze verwendet werden dürfen, sondern man ins letzte Eck zu dem einzigen Parkplatz fahren muss, für den man eine Erlaubnis hat! Natürlich sind die Granden ständig auf Geschäftsreise, also sind die am besten gelegenen Parkplätze auch die, die am seltensten benutzt werden. Wie wichtig muss es in einem solchen Unternehmen sein, Manager zu werden, damit man besser parken kann!

Im Gebäude geht es dann weiter. Wer hat welches Büro in welchem Stock-werk mit wie viel Quadratmetern? Wer hat den besten Computer oder den größten Bildschirm, das beste Firmenhandy? Und so weiter, die ganze Latte von Statussymbolen eben. Sie kennen das ja.

In solchen Unternehmen gibt es aufwändige Umlageverfahren für Verwaltungskosten. Extrem aufwändige und komplexe Gehaltssysteme. Die Personalabteilung verwaltet minutiös die vielen fein abgegrenzten Mitarbeiterklassen und Vergütungsstufen. All die nach innen gerichtete Arbeit, die nur zum Aufrechterhalten und Pflegen der Hierarchie gemacht wird, kostet den größten Teil der Energie. Es gibt in solchen Unternehmen auch viel Egoismus, Rücksichtslosigkeit, viele Streitigkeiten. Und viel Hektik und Stress. Daran kann man sie erkennen. Das alles hat nichts mit Leistung zu tun. Das ist nur Geschäftigkeit.

Wenn Sie aber durch Räumlichkeiten von Handelsbanken, egal ob in der Firmenzentrale in Stockholm oder in der Westend-Filiale in London laufen, können Sie keine Statusunterschiede feststellen. Das Büro ist nicht hierarchisch strukturiert, alle sind ungefähr gleich. Man fragt in der Filiale nach und hört, dass der Filialleiter das Büro gemeinsam mit seinen Mitarbeitern selbst gestaltet hat. Er hat keine Vorgaben der Zentrale in Schweden ausführen müssen, es gab keine. Jeder Filialleiter muss sich selbst überlegen, welches Business er macht, wen er einstellen will, welches Team er braucht, welche Räumlichkeiten, welche Einrichtung usw. Niemand managt ihn. Da bleibt ihm nichts anderes übrig, da muss er eben unternehmerisch rangehen. Auffällig ist, wenn man zu Besuch in einer Filiale ist: Die Atmosphäre ist sehr unaufgeregt. Keiner macht sich wichtig. Die Leute haben Zeit.

Ein andermal waren ein paar Kollegen von mir in der Zentrale der Bank zu Besuch. Sie hatten ein Gespräch mit dem Finanzchef vereinbart, wollten aber auch mal auf einen Moment beim CEO reinschauen. Und siehe da, er hatte Zeit. Man kam ins Gespräch. Am Ende ist daraus eine zweitägige Arbeitssitzung geworden, ganz spontan. Eigentlich unvorstellbar in den meisten Unternehmen!

Es ist keineswegs so, dass die Mitarbeiter dort, bei Handelsbanken, nichts zu tun hätten, aber sie haben die Freiheit, selbst zu entscheiden, was sinnvoll, richtig und wichtig ist. Und sich ein paar Stunden intensiv mit einem bestimmten Gast auseinanderzusetzen findet man bei Handelsbanken in London eben gerade sinnvoll. Nur: Da wird nicht gequatscht, da wird hart gearbeitet. Als Gast muss man da schon etwas bieten. Denn nur zum Vergnügen möchte sich dort niemand in ein Meeting setzen. Keiner kann über die Agenda des anderen verfügen. Jeder ist freiwillig da. Keiner muss, jeder will. Es muss Sinn machen. Dann tut man es.

Klingt allzu fantastisch? Es ist einfach so: Wenn man nicht den ganzen Tag beweisen muss, dass man eine Daseinsberechtigung hat, wenn man sich nicht ständig anderen im Unternehmen verkaufen muss, wenn man nicht tagaus, tagein den Chef zufriedenstellen muss, und wenn man nicht permanent Anweisungen befolgen muss, ja dann hat man plötzlich Zeit, Sinnvolles zu tun.

Keiner macht sich wichtig. Die Leute haben Zeit.

Allerdings: Jeder fragt sich in einem Beta-Unternehmen ständig: Was ist jetzt dran? Was sollte ich jetzt als Nächstes machen? Was hat fürs ganze Unternehmen jetzt Priorität? Was brauchen meine Kunden jetzt am dringendsten von mir? Was ist die Essenz des Geschäfts, zu dem ich beitrage? Das ist hart. Denn was passiert, wenn man nichts tut? Dann passiert nichts. Dann läuft das Business nicht. Das erfordert wesentlich mehr Bewusstsein dafür, dass man die Kollegen nicht im Stich lassen darf. Das erfordert und fördert gleichzeitig Zusammenhalt und Gemeinsamkeit. Aber auch Gruppendruck. Ein Beta-Unternehmen ist keine Hängematte. Alle Dinge, die keinen Spaß machen, macht man selbst. Denn man bürdet sie nicht anderen auf. Jeder hat auch mitunter Langweiliges zu tun, aber nie etwas Sinnloses.

Auch bei Google geht es überraschend unaufgeregt und ruhig zu. Jeder hat dort sein eigenes kleines Reich. Jeder ist er selbst und kann seinen Arbeitsplatz auf seine Weise einrichten, ohne jede Vorgabe. Statusgebahren zwischen Mitarbeitern ist verpönt, es gilt schlicht als uninteressant. Aber auch als schädlich. Keiner sagt anderen, was gut und richtig ist. Jeder muss selbst die Bedeutung seiner Arbeit finden und die Relevanz seiner Leistung bewerten. Niemand darf einem in die Arbeit dreinreden!

Wer bei Google eitle E-Mails versendet, mit vielen Empfängern auf Kopie, nur um irgendetwas nachzuweisen oder sich abzusichern, anstatt Leistung zu bringen, wird entweder ausgelacht oder bekommt die Werte und Prinzipien an den Kopf geschleudert: Das ist nicht googly! Don't do evil! Da ist es besser, einmal gar nicht da zu sein, als Leistung vorzutäuschen und Geschäftigkeit zu demonstrieren. Wie alle Beta-Unternehmen liebt Google Ergebnisse – und legt keinen Wert auf die Tätigkeit. Entscheidend ist, was rauskommt, nicht, was eine Stellenbeschreibung sagt. Beta-Mitarbeiter hassen Sinnlosigkeit und stemmen sich unbarmherzig gegen alles, was nicht leistungsorientiert ist.

Der Effekt: Google ist einer der beliebtesten Arbeitgeber weltweit, konstant über Jahre hinweg. Und darum kann Google sich die besten der Besten aussuchen, und tut das auch äußerst streng. »Such hervorragende Leute aus, gib ihnen spannende Aufgaben und so viel zu tun, dass ihnen für interne Politik keine Zeit bleibt. Dann hast du ein ziemlich gutes Unternehmen«, sagte mir mal ein Personaler von Google.

Es ist doch interessant, dass gute Mitarbeiter, die wirklich etwas zu tun haben und Verantwortung tragen, offenbar keinen Wert auf Statusspiele legen ...

»The business of business is people«

Herb Kelleher von Southwest Airlines, der erfolgreichsten Airline der Welt, hat es auf den Punkt gebracht: Dass das Business of Business nicht Business sein kann, das schwante dem einen oder anderen von uns schon längst. Die inzwischen zu den Akten gelegte Shareholder-Value-Debatte brachte das zutage. Für Menschen in einer Organisation geht es auf keinen Fall darum, weder an der Spitze noch an der Basis, aus Selbstzweck Kohle zu machen. Die Essenz von Unternehmen ist nicht Geld. Sobald man Sinn durch Geld ersetzt, verflüchtigt sich der Sinn und damit der Grund für die Existenz des Unternehmens. Etwas Sinnvolles zu tun bedeutet immer, einen Beitrag zu leisten zu irgendwas. Man muss dabei auch Geld verdienen, um den Zweck zu erfüllen. Aber das ist nur eine Nebenbedingung. Gewinn ist nur ein Parameter. Tut man Sinnvolles als Unternehmen, dann kann man das auch daran erkennen, dass Geld übrig bleibt.

Die Betriebswirtschaft sagt natürlich etwas anderes. Sie behauptet, Unternehmen würden gegründet, um Geld zu verdienen. Das ist ein trauriges Missverständnis von Wirtschaft. Einfach schlecht nachgedacht. Es verhält sich in Wahrheit genau umgekehrt: Geld wird verdient, um damit etwas Sinnvolles zu unternehmen.

Nicht den Kunden an die erste Stelle.

Beta-Unternehmen haben das verinnerlicht. Sie können das leicht überprüfen. Fragen Sie in einem Beta-Unternehmen x-beliebige Mitarbeiter nach dem Wozu – Sie erhalten immer eine sinnvolle Antwort. Und immer etwa die gleiche. Bei IKEA zum Beispiel: Der Menschheit besseres Wohnen durch gute und preiswerte Möbel ermöglichen. Oder bei Google: Das Wissen der Welt für jeden zugänglich machen. So einfach.

Aber fragen Sie mal jemanden bei Siemens oder Bayer oder der Deutschen Bank nach dem Wozu. Sinnvolle Antworten bekommt man da selten, dafür sehr viele verschiedene: Um meine Hypothek abzuzahlen. Um meinen Chef zufriedenzustellen. Um Karriere zu machen. Um einen sicheren Job zu haben. Um nicht arbeitslos zu sein. Weil man halt arbeiten muss. Weil man sonst eben nichts Besseres weiß. Weil man doch irgendwie leben muss.

In einem guten Unternehmen liegt die Entscheidung, Teil des Unternehmens zu sein, bei jedem Einzelnen. Freiwillig. Wenn sich jemand nicht mit dem Zweck des Unternehmens identifizieren kann, fliegt das unweigerlich auf, und dann muss er eben woanders anheuern. Wenn man nicht will, dass die Firma lediglich Kriegsschauplatz von Interessengruppen ist, wo man sich übers Ohr haut und bekämpft, wo man gegeneinander Versammlungen abhält, streikt und demonstriert, wo man sich entlässt, erpresst, beschimpft, anzeigt, mobbt, verspottet, wenn man das nicht will, dann muss man die Mitarbeiter an die erste Stelle setzen.

Nicht den Kunden an die erste Stelle. Den Mitarbeiter. Alles in einem Unternehmen kommt aus den Mitarbeitern heraus. Stellen Sie nicht verbal den Menschen in den Mittelpunkt. Das sind hohle Phrasen. Stellen Sie den Mitarbeiter an die erste Stelle. Er ist der Ausgangspunkt. Der Mitarbeiter hat einen Willen, er verfolgt einen Zweck. Er will für andere etwas tun, das Sinn ergibt. Deshalb schließt er sich dem Unternehmen an. Dann erst kommt der Kunde, an zweiter Stelle. Er ist es, für den etwas Sinnvolles getan werden soll.

Das könnte zum Beispiel so aussehen: Ein Mensch sagt: Ich will möglichst vielen Menschen emissionsfreie und schnelle individuelle Mobilität ermöglichen. Er findet ein Unternehmen (vermutlich keines in Deutschland, zumindest derzeit), das den gleichen Zweck verfolgt, und schließt sich ihm an – Sinnkopplung. Erst dann, wenn es genügend Menschen gibt, die sich ihm angeschlossen haben, kann das Unternehmen seinen Kunden Leistungen erbringen.

Ohne Mitarbeiter kein Business. Und dann: Ohne Kunde kein Business. Und dann: Ohne Kapital kein Business. Und so weiter. Ein Unternehmen muss sich um die Mitarbeiter kümmern, dann kümmern sich die Mitarbeiter um die Kunden.

Mitarbeiter behandeln ihre Kunden immer genau so, wie sie selbst vom Unternehmen behandelt werden. Sehr schön kann man das Ergebnis erleben, wenn man mal mit der miesesten Airline der Welt fliegt – was natürlich meine ganz subjektive Meinung ist: British Airways. Es ist schon beinahe lustig: Als ich mich dort einmal über den miserablen Kundenservice beschweren wollte, war die lapidare Antwort: Gehen Sie doch zu Lufthansa!

Das soll kein Negativbeispiel für Servicekultur sein, obwohl es das nebenbei natürlich ist. Sondern ich will den Zusammenhang zwischen dem Verhältnis des Unternehmens zum Mitarbeiter und dem Verhältnis zwischen Mitarbeiter und Kunden deutlich machen. Wenn ein Unternehmen alle Mitarbeiter wie Unternehmer behandelt – nach dem Motto: wir alle hier wollen im Kern dasselbe unternehmen – dann sind die Mitarbeiter sparsam, angstfrei, schnell, praktisch, freundlich, selbstbewusst und so weiter, ohne dass man es anordnen muss. Wenn Unternehmen selbstverständlich davon ausgehen, dass die Mitarbeiter intrinsisch motiviert sind, dann kann es auch Leistung erwarten und abverlangen.

Das ist keineswegs eine Utopie für eine ideale Welt. Natürlich sind nicht alle Menschen immer gut drauf. Natürlich machen Menschen Fehler. In Unternehmen menschelt es – zwangsläufig. Fast alle Menschen haben irgendwelche persönlichen Probleme und Neurosen. Beispiel Verschwendung. Da ist vielleicht einer, der furchtbar gerne das Geld anderer Leute ausgibt und mit Dingen die ihm nicht gehören, nicht sorgsam umgeht. Das ist in einem Beta-Unternehmen prinzipiell genauso schlimm wie in einem Alpha-Unternehmen. Der Unterschied ist: In einem Alpha-Unternehmen kann er problemlos seiner Verschwendungssucht frönen und wird womöglich sogar noch laufend befördert – bis es irgendwann zum Skandal kommt. In Alpha-Unternehmen dauert es typischerweise ewig, bis Fehlverhalten aufgedeckt wird.

Bei einem Beta-Unternehmen wird Verschwendung sofort bemerkt und korrigiert: Und zwar von jedem, der in der Umgebung des Verschwenders sitzt und mit ihm zu tun hat. Jeder passt auf den anderen auf. Alles darf von jedem immer hinterfragt werden. Ein schönes Ritual ist es zum Beispiel, die fünf Warum-Fragen zu stellen. Wenn Sie nach dem dritten, vierten oder fünften Warum keine Antwort erhalten, die etwas mit dem Sinn des Unternehmens beziehungsweise mit dem Kunden zu tun hat, dann wissen Sie zweifelsfrei, woran Sie sind:

Warum sind die Parkplätze nach Hierarchieebenen unterteilt?
Weil die Geschäftsführer das Recht haben, näher am Eingang zu parken.
Warum ist das so?
Damit sie schneller rein- und rausgehen können.
Warum müssen die Chefs schneller rein und raus?
Weil ihre Zeit wertvoller ist.
Warum ist ihre Zeit wertvoller?
Jetzt reichts! Weil sie wichtiger sind!
Warum sind sie wichtiger?
Raus!

Kultur ist wie ein Schatten

Wenn man mir den Tag verderben will, muss man nur das Gespräch auf Kulturmanagement bringen. Diese Art von Mode geht mir extrem auf die Nerven. Da gibt es Berater und Trainer, die bieten Seminare, Projekte, Tools und so weiter an, um die Unternehmenskultur zu managen. Mit schönen Grüßen aus Absurdistan.

Es klingt so wunderschön und so herrlich zeitgeistig – und ist total sinnlos. Genauso sinnlos wie zu beklagen, dass es Ebbe und Flut gibt. Dass nachts die Sonne nicht scheint. Oder dass Wolken meistens nicht rosa sind. Völlig nutzlos.

Das Wesen von Kultur ist offenbar für viele Menschen nicht klar. Kultur ist nicht direkt beeinflussbar. Kultur ist immer ein Ergebnis von etwas. Genauer gesagt das Ergebnis von menschlichem Handeln. Nichts anderes als die Summe von wiederkehrenden, sich verstetigenden Handlungsmustern. Kultur ist so etwas wie ein Schatten.

Stellen Sie sich vor, ein Mann steht auf einer Wiese. Es ist Nachmittag, die Sonne scheint, der Mann wirft einen Schatten. Da liegt er jetzt vor ihm, ungefähr sechs Meter lang, schmal, dunkel, scharf abgegrenzt. Plötzlich sagt der Schatten: »Ey, du! Geh mir aus der Sonne!« Der Mann ist keineswegs verblüfft. Er zuckt mit den Schultern und geht zwei Schritte zur Seite. Der Schatten bleibt, wo er ist. Und freut sich: »Wow, cool. Endlich Sonne! Stark. Das machen die wenigsten. Du bist bestimmt Kulturmanager, stimmt's?« Stolz sagt der Mann: »Klar, was sonst …«

Es klingt so wunderschön und so herrlich
zeitgeistig – und ist total sinnlos.

Kultur ist immer. Man kann nicht keine haben. Das verhält sich genauso wie mit der Kommunikation, man kann nicht nicht kommunizieren. Kulturmanagement suggeriert, dass man Kultur gestalten kann: »Ich helfe euch, eine gute Kultur zu schaffen.« – Quatsch! Man kann das nicht. Kultur ist kein Prozess, kein Tool. Wenn sich eine Organisation verändert, dann verändern sich Verhaltensmuster. Und darum entsteht zwangsläufig auch kultureller Wandel. Allerdings komplex, chaotisch, unvorhersehbar. Man weiß nur, es ändert sich was. Es ist aber nicht messbar, nicht steuerbar. Unfug, das managen zu wollen.

Wenn in einer Unternehmenskultur etwas nicht stimmt, dann muss man an die Wurzel gehen. Man muss im besten Sinne des Wortes radikal hinterfragen. Ob dabei allerdings genau das herauskommt, was man sich erhofft? Unwahrscheinlich.

Jede Veränderung in komplexen Systemen ist im Ergebnis prinzipiell unvorhersehbar. Change Manager sind darum nichts anderes als Wettermacher. Man kann Organisationen ändern, aber man kann dabei nicht das Ziel bestimmen. Denn das würde voraussetzen, dass Pläne in Erfüllung gehen. Das tun sie aber nie, außer durch Zufall. Wenn mal etwas klappt, was wir uns in der Wirtschaft vorgenommen haben, dann lügen wir: Plan erfüllt! Das ist aber für postmoderne Menschen eine zweifelhafte Weltanschauung.

Übrigens ist die Kultur bei Beta-Unternehmen oft ziemlich eigentümlich, bisweilen geradezu schrill. Jedenfalls so eigenständig, dass sich das unmöglich ein Kulturmanager so ausdenken könnte. Zum Beispiel die Frugalität bei Aldi. Einfachheit ist dort eine prägende kulturelle Eigenschaft. Kein Mensch hätte sich vorher vorstellen können, dass man Verkaufsräume und organisatorische Abläufe derart schlicht gestalten könnte.

Oder das Humanistische bei dm-drogerie markt. Ich fühle mich dort immer an die Atmosphäre einer Waldorfschule erinnert. Für ein Wirtschafsunternehmen ganz schön crazy. Oder das betont Demokratische bei Semco. Sehr ausgeprägt. Oder die »Kultur der Liebe« bei Southwest: Eine Fluggesellschaft mit dem Aktienkürzel LUV. Das ist schrill, verrückt. Aber auf jeden Fall ein Teil des Wesens, eine eigenständige Unternehmenspersönlichkeit, eine Identität. Das verbietet natürlich von vorneherein Kunstnamen oder Markenänderungen oder Fusionen. Ich würde nie Aktien eines Unternehmens kaufen, das sich plötzlich Arcandor nennt. Beta-Unternehmen sind beharrlich. Sie halten ihre Kultur hoch. Sie stehen zu sich. Sie haben Charakter und Persönlichkeit. Und sie ziehen Menschen mit Charakter und Persönlichkeit an.

Kultur, Change, was will man noch alles managen? Innovation natürlich. Man kann auch Innovation nicht managen. Man tut etwas Neues, macht einen Schritt, dann passiert etwas, eine Reaktion, eine Wirkung. Dann schaut man sich um, macht den nächsten Schritt und so weiter. Das ist Innovation. Wohin das führt? Wer weiß. Ob es funktioniert, ob der Markt es annimmt? Unvorhersagbar. Unkontrollierbar. Nicht manageable. Gegenüber dem Außen ist ein Unternehmen machtlos. Der Markt ist immer stärker. Man darf sich nie von der wahren Wirklichkeit abkoppeln. Kulturmanagement, Change Management und Innvovationsmanagement sind Sandkastenspiele, die mit der wahren Wirklichkeit nichts zu tun haben. Denn die Welt ist komplex, nicht linear, chaotisch. Es gibt außerhalb von Theorien keine durchschaubaren Kausalketten. Lasst diese Erkenntnis doch endlich in der Wirtschaft ankommen!

> *Kultur, Wandel, Innovation, das passiert im Unternehmen automatisch, wenn wir es nicht verhindern.*

Die Zukunft ist prinzipiell nicht vorhersehbar. Es geht beim Sprung von Alpha zu Beta lediglich darum, endlich die wahre Komplexität der Welt auch in der täglichen Praxis anzuerkennen und zu lernen, damit umzugehen. Das geht nur, wenn wir den Menschen im Unternehmen erlauben, das subjektiv Richtige zu tun, anstatt das scheinbar objektiv Richtige anzuordnen. Menschen können sehr gut das Richtige tun, wenn man sie lässt. Gerade wenn sie im Teams und mit Kollegen zusammen wirken.

Kultur, Wandel, Innovation, das passiert im Unternehmen automatisch, wenn wir es nicht verhindern. Man muss nichts weiter dafür tun. Wo Menschen selbstverantwortlich und freiwillig zusammenarbeiten, entwickeln sich automatisch Verhaltensmuster, Rituale, wiedererkennbare Abläufe. Menschliche Interaktion nimmt Gestalt an. Das ist Kultur. Ein Phänomen, das man wahrnehmen kann. Nicht mehr und nicht weniger. Wo Menschen sich dem Markt aussetzen, indem sie das, was sie im Innern des Unternehmens tun, für das Außen tun, dort ist stetig Wandel, denn der Markt ist dynamisch, somit ist auch das Unternehmen dynamisch. Und wo Menschen Freiräume zur Entfaltung ihres Potenzials haben, kommen Ideen in die Welt. Dort ist immer Innovation. Innovation ist menschlich.

Vergessen Sie Kulturmanagement, Change Management und Innovationsmanagement. Tun Sie stattdessen etwas Sinnvolles, nehmen Sie den Mitarbeitern nicht die Verantwortung weg, handeln Sie nicht gegen ihren Willen, lassen Sie den Markt ins Haus und geben Sie den Menschen Freiheit. Kultur, Wandel und Innovation werden Ihnen dann folgen wie ein Schatten.

Liebe schlägt Personalentwicklung

Ja, wer Personal hat, muss es wohl oder übel entwickeln. Beta-Unternehmen haben kein Personal. Sondern Persönlichkeiten.

Niemand glaubt in Beta-Unternehmen daran, dass man Persönlichkeiten entwickeln kann oder muss. Persönlichkeitsentwicklung ist ein Regal für Ratgeber in einer Buchhandlung. Aber eine Funktion »Persönlichkeitsentwicklung« im Unternehmen kann es nicht geben. Menschen entwickeln sich. Punkt. Wer versucht, Menschen in seine Richtung zu verbiegen, hat sich wohl im Jahrhundert geirrt.

Die Alternative zu allem, was Ihre Personalabteilung zu diesem Thema vorschlägt, ist bei Google zu studieren: Jedem Mitarbeiter stehen pro Jahr 8 000 Dollar zur Verfügung, die er selbst investieren kann. Einzige Bedingung: Die Investition soll etwas mit der Arbeit zu tun haben. Ansonsten gibt es keine Auflagen. Und was tun die Mitarbeiter? Sie bilden sich fort, sie entwickeln sich, sie lernen. Mehr braucht es nicht. Personalentwickler tun offensichtlich Überflüssiges. Werfen wir diese Funktion über Bord! Die Personaler dürfen sich künftig eine andere Rolle suchen.

Entwicklung funktioniert anders. Die Bedingung für menschliche, geistige, persönliche Entwicklung ist ein liebevolles Umfeld. Das wissen wir aus der Psychologie, aus der Pädagogik, das sieht man, wenn man in Familien schaut, in Sportvereine und in Schulen. Wenn der Musiklehrer seinen Schüler liebt, und wenn der sein Instrument liebt, und wenn beide die Musik lieben, dann macht der Musiklehrer guten Unterricht, und dann kann der Schüler seine Musikalität entfalten. Wenn der Jugendfußballtrainer seine Jungs liebt, wenn der Spieler das Kicken liebt und beide den Fußball lieben, dann macht der Trainer gutes Training, und dann kann sich das Talent des Spielers entfalten. Liebe ist die Voraussetzung für Entwicklung.

Liebe und Wirtschaft. Warum ist das eigentlich so schwierig? HCL Technologies aus Indien sagt: »Unsere Mitarbeiter stehen für uns an erster Stelle. Darum stellen unsere Mitarbeiter die Kunden an die erste Stelle.«

Nur so geht's. Das ist ein sich selbst verstärkender Wertschätzungskreislauf, der beim Inhaber des Unternehmens beginnt. Die ultimative Form der Wertschätzung heißt Liebe. Liebe wird verschenkt, ist aber gleichzeitig sehr anspruchsvoll. Sie erzeugt eine Bindung, die vom Gegenüber Gegenliebe fordert. Eine freiwillige Bindung.

Die emotionale Seite der Wirtschaft ist: Menschen können im Rahmen eines Unternehmens Liebesbeziehungen entwickeln – zu Kunden, zu Kollegen, zu Mitarbeitern, zum Produkt, zur Tätigkeit, zur Firma. Dauerhafte Identifikation mit einem Unternehmen kommt von Herzen. Oder gar nicht. Mit Geld hat das nichts zu tun. Entweder wir arbeiten aus Leidenschaft oder wir machen nur einen Job. Entweder wir lieben, was wir tun, oder wir verkaufen unsere Zeit.

Wozu überhaupt diesen Belohnungsreflex?
Leistungsbereitschaft ist doch selbstverständlich.

Wenn man aus Liebe arbeitet, dann nutzt sich das auch nie ab. Im Gegenteil. Die Beziehung entwickelt sich, wird reifer, stärker. Leidenschaft ist eine unerschöpfliche Energiequelle. In Beta-Unternehmen sind die Ressourcen nicht endlich, es gibt immer ungehobenes Potenzial. Es gibt keine Wachstumsgrenze. Allerdings ist Wachstum auch kein Ziel, sondern Nebeneffekt liebevoller Arbeit.

Interessanterweise gibt es in Beta-Unternehmen durchaus auch Pflichtgefühl. Und selbstverständlich gibt es auch dort den Wunsch nach Anerkennung. Aber niemand arbeitet dort aus Pflichtgefühl oder um Anerkennung zu bekommen. Wer sagt, Leistung müsse anerkannt werden, liegt ein gutes Stück daneben: Man muss nicht ständig loben und schon gar nicht Leistung durch Geld anerkennen. Es reicht, ab und zu danke zu sagen. Typischerweise ist in Kulturen, wo gute Leistungen mit Gehaltsboni »honoriert« werden, das Wort »Danke« eher ein Fremdwort. Wer seine Mitarbeiter darauf trainiert, dass es Anerkennung als Reflex auf Leistung gibt, der legt den Grundstein für einen gefährlichen behavioristischen Automatismus: Man kann, wenn man möchte, Menschen als Reiz-Reaktions-Maschinen betrachten. Aber dann wird man genau das auch bekommen. Menschen können auch diese Rolle spielen, wenn es sein muss! Das ist aber ein Zauberlehrling-Spiel: Wehe, der Reiz bleibt aus oder wird nicht permanent gesteigert! Die Geister, die ich rief ...

Wozu überhaupt diesen Belohnungsreflex? Leistungsbereitschaft ist doch selbstverständlich. Zumindest für Beta-Arbeiter.

Selbst in Alpha-Unternehmen gibt es Liebe. Es ist eben ein menschliches Grundbedürfnis. In Wahrheit wird heute doch niemand zur Arbeit gezwungen. Deutschland ist das Land auf der Welt, wo am ehesten gilt: Niemand muss arbeiten. Seien wir nüchtern: Wer nicht arbeiten will, kann trotzdem gut leben. Das hat sich bereits weltweit herumgesprochen. Will deshalb jeder nach Deutschland kommen? Keineswegs. Die Menschen wollen ja arbeiten. Warum hat nicht schon längst jeder Opel-Mitarbeiter freiwillig das Handtuch geworfen und Stütze beantragt? Weil es Opelaner sind. Sie lieben ihre Firma und ihre Marke und ihr Produkt. Leider bekommen sie keinen Grund geliefert, auch ihr Management zu lieben. Und das liegt nicht an deren hohen Gehältern ...

Leidenschaft und Rebellion funktionieren in der Wirtschaft genauso wie im Fußball: Die Fans haben überhaupt kein Problem mit den Millionengehältern von Spielern und Trainern. Solange die Leidenschaft stimmt. Die Mannschaft darf auch gerne verlieren. Aber wehe, die Leidenschaft sinkt. Dann ist die Hölle los, dann werden Spieler und Trainer aus dem Stadion geschrien. Fußball ist Herzenssache, ein klarer Fall von Liebe. Anders ist das nicht erklärbar.

Wenn Manager keine Leidenschaft zeigen, dann ist das schlimm für Unternehmen. Aber umgekehrt wird ein Schuh daraus: Leidenschaft schafft Begeisterung. Begeisterung schafft Anhänger. Wenn Steve Jobs bei einer Produktpräsentation das neue iPhone liebevoll in die Hand nimmt, beinahe liebkost und stolz der Welt zeigt wie einen Neugeborenen, dann ist das nicht Kalkül oder Berechnung. Der Mann liebt Apple, das ist doch sein Baby. Und diese emotionale Grundlage ist die Basis für die irrationale Gefolgschaft der Apple-Fans weltweit. Logisch, dass Apple einer der begehrenswertesten Arbeitgeber der Welt ist.

Liebe schlägt Personalentwicklung um Längen. Personalentwicklung ist rausgeschmissenes Geld. Ein falscher Denkansatz, der auf falschen Prämissen beruht: Man kann Menschen nicht entwickeln. Man kann persönliche

Entwicklung weder messen noch steuern. Listen, was Menschen lernen sollen, Bildungsprogramme für unterschiedliche Kategorien von Menschen, Bildungscontrolling, das alles kann dem einzelnen Menschen nicht gerecht werden. Verordnetes Lernen funktioniert erwiesenermaßen nicht – das hat Richard Gris in seinem Buch *Die Weiterbildungslüge* ausführlich dargelegt. Da soll ihm mal jemand begründet widersprechen!

Einige Beta-Unternehmen wie Semco und AES verzichten komplett auf einen Personalbereich. Das funktioniert bestens. Denn: Administratives kann man outsourcen. Den Rest der typischen Personaler-Aufgaben teilen sich die Mitarbeiter in den Zellen. Viel ist das nicht. Recruiting übernehmen sowieso alle im Unternehmen, das ist keine Teilfunktion. Es braucht unter mündigen Menschen auch keine Arbeitszeitüberwachung oder sonstige Bespitzelung. E-Mails lesen und filtern ist verbrecherisch. Gehaltssysteme. Karriereplanung. Gehaltsbänder, Kompetenzprofile, alles überflüssig, schädlich und eigentlich übergriffig. Unternehmen steht es nicht zu, in die Persönlichkeit eines Menschen hineinzumanipulieren. Die Würde des Menschen ist unantastbar.

Die Beta-Unternehmen, die noch eigene Personalbereiche unterhalten, beschränken diese auf wenige Restaufgaben. Zum Beispiel werden die Einstellungsprozesse in den Zellen administrativ und mit Know-how unterstützt. Da gibt es etwa meisterhafte Personalexperten, deren Können unverzichtbar ist und die sich die informelle Rolle eines Personal-Gurus kraft Kompetenz erarbeitet haben. So ein Guru macht dann nichts anderes, als die Zellen zu besuchen und den Leuten dort zu helfen, exzellente neue Kollegen zu finden und ins Unternehmen zu holen. Auch Mentorenprogramme gehören zu den Aufgaben, die sinnvollerweise zentral organisiert werden.

Southwest Airlines leistet sich ein extrem aufwändiges Programm, mit dem Mitarbeiter einmal im Jahr auf anderen Arbeitsplätzen arbeiten dürfen. Das ist zwar ein administrativer Albtraum, ein Riesenaufwand, aber wichtig genug, um den Zusammenhalt und das Bewusstsein für das eigene Entwicklungspotenzial zu fördern.

Meisterschaft und Können

Ein Manager stellt typischerweise Leute ein, die nicht so gut sind wie er selbst. Denn in einer hierarchischen Welt könnte es ziemlich dumm sein, sich denjenigen ins Haus zu holen, der einem in ein paar Jahren den Rang streitig macht. Der nicht ganz so gute Untermanager wiederum stellt seinerseits wieder Leute ein, die nicht ganz so gut sind wie er. Und so weiter. Hierarchiebetonte Organisationen produzieren systematisch mediokren bis grotten-schlechten Nachwuchs. Denn, Hand auf's Herz, Thema beim Recruiting ist doch in Wahrheit nie, dass ein Manager jemanden sucht, der seinen Job besser machen kann als er selbst. Aber genau das wäre ein sinnvolles Ziel.

Beim ursprünglichen Meister-Gesellen-Verhältnis war das so. Der Meister will, dass der Geselle einmal besser wird als er selbst, denn er will eines Tages abgelöst werden, und der Handwerksbetrieb soll über seinen eigenen Tod hinaus fortbestehen. Der Ethos des Meisters beinhaltet die Weitergabe von Meisterschaft. Diese Grundprägung aus dem Handwerk ist ein Wert an sich. So und nicht anders wird Talent gefördert. Zugrunde liegt der Glaube, dass in jedem Gesellen ein Meister steckt.

Das Lehrer-Schüler-Verhältnis hat einen anderen Charakter. Und seine moderne Entsprechung, das Professoren-Studenten-Verhältnis, erst recht. Die Lehrer und Professoren haben nämlich meistens ein dickes Problem (Ausnahmen bestätigen die Regel): Sie glauben, alles besser wissen zu müssen als jeder Schüler. Was für ein Stress! Sobald ein Kind etwas besser weiß oder eine andere Lösung für ein Problem vorschlägt, geht ein großes Theater los. Denn die Lehrer freuen sich nicht über den Schüler, der mehr weiß wie sie selbst, sondern sie werden durch ihn beschämt. Und dagegen wehren sie sich, wenn es sein muss mit Gewalt.

Legendär ist die Geschichte des Astronomen und Mathematikers Carl Friedrich Gauß und seines Lehrers Büttner, die Daniel Kehlmann in seinem Roman *Die Vermessung der Welt* verarbeitet hat. Der Lehrer hatte der Klasse aufgetragen, alle Zahlen von eins bis 100 zusammenzuzählen. »Das würde Stunden dauern, und es war beim besten Willen nicht zu schaffen, ohne irgendwann einen Additionsfehler zu machen, für den man bestraft werden konnte«, erzählt Kehlmann. Worauf sich Büttner, der gern prügelte, insgeheim schon freute. Doch anstatt brav Zahlen kolonnenweise untereinanderzuschreiben, schrieb der kleine Gauß nur eine einzige Zeile auf seine Schiefertafel, stand auf, ging zum Lehrerpult und wies sein Ergebnis vor: 5 050.

> *Worauf sich Büttner, der gern prügelte,*
> *insgeheim schon freute.*

Völlig konsterniert, einen Betrugsversuch argwöhnend, wollte der Lehrer wissen, was das soll. Ganz einfach, sagt Gauß: Hundert und eins macht hunderteins. Neunundneunzig und zwei macht auch hunderteins. Achtundneunzig und drei gibt wieder hunderteins und so weiter, fünfzig Mal. Und fünfzig mal hunderteins macht Fünftausendundfünfzig. Das war doch die Aufgabe, oder?

Seine Niederlage ahnend blieb dem Lehrer nur noch der Stock … er muss sich gefühlt haben wie ein Versager. So, wie sich wohl fast jeder Manager als

Versager fühlen muss, wenn ihn einer seiner Untergebenen plötzlich auf der Karriereleiter überholt. Was für ein eitler Unsinn.

Was wir brauchen im Unternehmen, ist eine Atmosphäre, wo herausragende Leistungen nicht mit Machtgewinn verknüpft werden. Machtgewinn und Status, das ist ja auch überhaupt nicht das, was Leistungsträger wollen. Höchstleister wollen anspruchsvolle Aufgaben, sie wollen gefordert sein, wollen Probleme lösen, möglichst frische Probleme, das ist schon alles. Mitarbeiter glänzen durch den Gesamterfolg, durch die herausragende Teamleistung aller – und dafür dürfen sie sich getrost feiern. Über die Topleistung eines Einzelnen können sich genau dann alle freuen, wenn jede individuelle Leistung als ein Beitrag zum Ganzen gesehen wird. Nicht als persönlicher Erfolg. Wenn einer dann mehr auf die Reihe bekommt als andere, dann kann jeder das dankbar annehmen wie ein Geschenk. Es bringt ja alle weiter.

Aldi ist ein tolles Unternehmen.
Einwand: Da müssen die Leute aber viel ackern, da geht es hart zu.
Ja, es ist hart.
Das ist aber ungerecht. Woanders muss man nicht so hart arbeiten fürs Geld!
Warum arbeiten die Menschen bei Aldi dann gerne? Warum sind sie zufriedener als der Durchschnitt? Und warum wechseln sie so selten in eine andere Firma?
Weiß nicht. Vielleicht kriegen sie woanders keinen Job …

Von wegen! Sie bleiben freiwillig. Es ist ganz einfach: Menschen wollen gerne hart arbeiten. Aber sie wollen außerdem auch fair behandelt werden. Und das hat nur am Rande etwas mit Geld zu tun. Und sie wollen etwas Sinnvolles machen. Etwas, wofür es sich lohnt, sich reinzuhängen. Kein Mensch ist von Natur aus faul und hängemattig. Gute Arbeit macht unendlich Spaß. Und wenn man etwas geleistet hat, ist man darauf zu Recht stolz.

Wenn Sie Menschen vor die Wahl stellen: zehn Stunden harte Arbeit für einen tollen Zweck oder drei Sunden rumhängen ohne Aufgabe, dann wählen alle Menschen die Arbeit – außer sie misstrauen der Sache und vermuten Ausbeutung.

Denn nur harte Arbeit führt zu Übung. Und nur Übung führt zu Können. Und nur Können mündet in Meisterschaft. Können und Meisterschaft basieren auf Erfahrung. Und die kann man nicht von einer Person auf die andere übertragen. Die muss man sich selbst erarbeiten. Darum helfen irgendwelche Systeme oder Tools aus der Schublade der Personaler nicht weiter. Lasst die Menschen üben, dann werden sie gut. Und gut sein will jeder, das haben wir in den Genen.

In der Toyota-Kultur gibt es die Rolle des Senzai. Das sind erfahrene Könner und Meister, die keinerlei Macht haben, sie stehen lediglich zur Verfügung. Und helfen anderen, selbst Meisterschaft zu entwickeln. Welch ehrenvolle Aufgabe!

Besser eingestellt: Kollegen

Sie bieten mehr als Geld? Schön für den Bewerber. Aber was genau ist das, was Sie bieten? Und wie machen Sie das? Wie holen Sie neue Leute ins Unternehmen? Wie werben Sie um Talente? Wie wählen Sie aus?

Wenn man die Macht des Managements vernichtet und keine Chefs mehr haben will, dann braucht man eine schlüssige Form, ein sinnvolles Verfahren, wie man neue Leute an Bord holt. Die Lösung ist unglaublich einfach: Diejenigen, die dicht dran sind an einem Problem oder an einer Sache, an einem Projekt, die müssen die Menschen einstellen, die sie zur Lösung des Problems, zur Entwicklung der Sache und zum Durchführen des Projekts brauchen. Headcount und Personalplanung? Ach, kommen Sie!

Für das Verfahren gibt es unzählige Spielarten: Google bestimmt zum Beispiel, dass es eine Mindestanzahl von Kollegen geben muss, die den Neuen interviewen. Alle müssen sich am Ende einig sein.

Das Brainwashing beginnt schon im Recruiting-Prozess.

Beim Recruiter Egon Zehnder gibt es intern bis zu 25 Partnergespräche, bevor ein Bewerber eingestellt wird. 25! Die Maxime: Jeder, der eingestellt wird, soll Meisterpotenzial in sich tragen und eines Tages Partner werden können. So etwas bekommt man bei den ersten drei Gesprächen nicht heraus. Bei Semco kann sich jeder, der möchte, an Einstellungsprozessen beteiligen. Und viele tun es.

Für alle Beta-Unternehmen gilt: Es gibt keinen Einzelnen, der eigenmächtig den Daumen rauf oder runter halten kann. Es gibt keine Einzelentscheidung. Typischerweise wenden Beta-Unternehmen unglaublich viel Zeit auf für den Einstellungsprozess. Viel mehr als die Feld-Wald-und-Wiesenfirma, bei der der Chef entscheidet, ob ihm die Nase des Bewerbers passt oder nicht. Und auch viel mehr als beim Konzern, wo der wissenschaftlich begleitete, streng formalisierte Assessment-Center-Prozess an externe Berater ausgelagert wird. In den Beta-Unternehmen gibt es auch keine Formalismen, keine Assessments, keine Interview-Leitfäden.

Dafür viele Gespräche, bunter Dialog. Im Vorfeld wird viel stärker als woanders der Kulturcheck gemacht: Passt der Typ mit seinen Einstellungen und Werten zu uns oder nicht? Das Brainwashing beginnt schon im Recruiting-Prozess.

Der Effekt ist: Man bleibt unterm Strich auch viel länger zusammen. Die Verweildauer im Unternehmen ist im typischen Beta-Unternehmen deutlich größer, die Fluktuation geringer. Je mehr Leute sich bei der Einstellung an den Gesprächen beteiligen, desto mehr ist der Newbie schon von Anfang an Teil des Teams.

Und Probearbeiten wird oft großgeschrieben, wo immer es möglich ist: Der soll erst mal die ein oder andere Woche bei uns arbeiten, dann sieht er, ob er zu uns will, und wir sehen, ob wir ihn wollen. Es geht dabei auch darum, miteinander warm zu werden, Teil des Systems zu werden. Dabei stehen die fachlichen Eignungen und Fertigkeiten eher im Hintergrund. Im Vordergrund geht es um Kulturelles, Werte, Prinzipien, um Emotionales. Schon von Anfang an wird das Leistungsklima gefördert: Bringt der uns wirklich weiter? Macht der uns stärker? Werden wir so besser?

Aber auch das Ende einer Zusammenarbeit ist von großer Bedeutung. Da räumt niemand stillschweigend seinen Schreibtisch, sondern das ist ein Akt, in dem sich ein Unternehmen vom Mitarbeiter gebührend verabschiedet. Jeder Mitarbeiter entscheidet sich tagtäglich, ob er im Unternehmen arbeiten will oder nicht. Seine Entscheidung verdient Respekt. So oder so. Und umgekehrt gilt das Gleiche. Das Team entscheidet ebenso souverän: Wenn ein Kollege sich als nicht kompatibel mit der Situation, mit den Werten und Prinzipien und dem Leistungsklima zeigt, dann wird gemeinsam eine Entscheidung getroffen, die am Ende von allen getragen wird. Und die kann heißen: Wir wollen, dass du gehst. Wir wollen, das du keiner mehr von uns bist. Das kommt vor. Und wenn es vorkommt, hat es seine Gründe. Allerdings ist das nicht häufig, da ja schon beim Einstellen so sorgfältig geprüft wird, wer sich da bindet.

Also, Respekt und Liebe ziehen sich als Haltung durch die ganze Personalgeschichte. Vom Einstellen über die Entwicklungszeit bis zur Trennung: Alles ist anders als im »normalen« Unternehmen, wie wir es aus dem betriebswirtschaftlichen Studium kennen. In der Beta-Wirtschaft ist entscheidend, wie wichtige Entscheidungen zustande kommen, nicht, wie sie ausfallen.

Man kann nur schwer beurteilen, was unterm Strich kostengünstiger ist. Erst mal ist das Thema Recruiting bei Beta-Unternehmen teurer. Langfristig vermutlich günstiger, weil wertvoller und wirksamer. Denn die sogenannten Miss-hires werden weniger, die Verweildauer im Unternehmen steigt, die Einarbeitungszeit wird verringert usw. Aber was soll's, man kann das alles nicht wirklich messen. Und muss man ja auch gar nicht. Denn die Einstellungspraxis in Beta-Unternehmen ist keine Frage der Kalkulation, sondern eine innere Notwendigkeit, eine kulturelle Frage.

Jedes Unternehmen entwickelt da seine Eigenheiten. Google pflegt das Motto: You're brillant, we hire. Es gibt keine Stelle, die besetzt werden muss. Es findet sich schon was ... Bei W. L. Gore gibt es das sogenannte Job Sculpting. Man formt den Job für den Kandidaten, den man haben will. Nicht umgekehrt. Der Mensch macht sich den maßgeschneiderten Job. Das dauert bei Gore etwa drei bis sechs Monate.

Einer der wichtigsten Erfolgsfaktoren beziehungsweise Leistungsmaßstäbe für Beta-Unternehmen: Sie sind gesuchter, möglichst bester Arbeitgeber. Allen Beta-Unternehmen ist gemeinsam, dass sie nicht händeringend nach Mitarbeitern suchen, sondern dass sie so magnetisch wirken, dass sie permanent gute Leute anziehen.

Wenn ich die Mitarbeiter an die erste Stelle setze, dann kann ich in meiner Branche Arbeitgeber Nummer eins werden. Wenn ich Arbeitgeber Nummer eins bin, wollen die besten Leute zu mir. Nur wenn ich die besten Leute habe, kann ich innovativ genug sein, um den Wettbewerb zu schlagen. Nur wenn ich den Wettbewerb schlage, kann ich das beste Investment für Kapitalgeber sein. Nur wenn das alles stimmt, werden die finanziellen Ergebnisse als Erfolgsindikatoren herausragend sein. Aber das ist dann schon gar nicht mehr so wichtig ...

Leistungsklima im Alpha-Kodex	Leistungsklima im Beta-Kodex
Fleiß ist gut – Aufgaben abarbeiten	Intelligent handeln und Lernen ist gut – miteinander und füreinander leisten
Wissen macht Erfolg aus – Wissen ist Macht	Können macht Erfolg aus – Wissen ist flüchtig
Lernen vom Lehrer – Hören auf den Chef	Üben mit dem Meister – Hören auf den Markt
Die Firma an erster Stelle – Suche nach Stelleninhabern	Menschen dürfen sie selbst sein – Suche nach Persönlichkeiten
Chefs stellen Untergebene ein – despotische, formalisierte, rationale Auswahlprozesse, z. B. Assessment Center	Teams stellen Teamkollegen ein – informelle, kreative, demokratische, intuitive Auswahlprozesse
Übereinstimmung mit Stellenbeschreibung und überprüfbare Fähigkeiten entscheidend bei Einstellung	Haltung, Persönlichkeit und kultureller Fit entscheidend bei Einstellung – Fähigkeiten können trainiert werden
Skillprofile und Stellenbeschreibungen zur Mitarbeitersteuerung – Menschen in Struktur einpassen	Talente steuern sich selbst – Organisation passt sich an Menschen an
Mitarbeiter beurteilen ist gut und notwendig – Individualleistung kann beurteilt werden	Mitarbeiter beurteilen ist als patriarchalisches Ritual abzulehnen – Individualleistung kann nicht bewertet werden
Anwesenheitskontrolle, Misstrauensarbeitszeit – Vertrauensarbeitszeit für wenige	Vertrauensarbeitszeit für alle – Leistung fordern statt körperliche Anwesenheit
Personalentwicklung als Bereich und Prozess – muss Mitarbeiter an die Hand nehmen	Talente entwickeln sich – Respekt vor Talent und Individualität
Work-Life-Balance ist erstrebenswert, darum darf Arbeit ruhig grässlich sein	Arbeit ist Leben – daher lohnt es sich, menschenwürdige Organisationen zu schaffen
Kultureller Wandel als Projekt oder Programm – kann man managen	Kultureller Wandel ist Reflex gelebter Veränderung – Brainwashing für geteilte, robuste Unternehmenskultur
Von Beratern formulierte, luftige Visionen und Mission Statements – Worte sind Schall und Rauch	»Brief an uns selbst« definiert Daseinsberechtigung und Sphäre der Geschäftstätigkeit – Worte schaffen Wirklichkeit

Erfolg: Passgenauigkeit statt Maximierungswahn

Wachsen Sie stets so, dass Ihr Unternehmen langfristig überleben kann. Größe ist unwichtig. Wachstum ist kein Ziel, sondern manchmal sinnvoll, manchmal nicht – meistens aber ein Problem. Bringen Sie das Unternehmen niemals in eine Situation, in der es nur überleben kann, wenn es wächst. Verwechseln Sie niemals Umsatz, Gewinn und Wachstum, Größe oder Marktanteil mit Erfolg.

Größe, Marktdominanz, Rentabilität, Wachstum. Das geben Manager als Ziele aus, davon lassen Manager ihre Arbeit leiten, danach werden sie beurteilt. Aktionäre fordern es, die Wirtschaftspresse richtet ihre Berichterstattung danach aus, die wirtschaftswissenschaftlichen Fakultäten an den Universitäten betrachten es als alternativlos wichtig. »Unser Ziel ist es, Marktführer zu werden.« »Unser Renditeziel ist 10 Prozent vom Umsatz.« »Wir streben Kosteneinsparungen in Höhe von 15 Prozent an.« »Wir werden den Umsatz um 20 Prozent steigern.«

Diese finanziellen Ziele werden auch deshalb als so wichtig empfunden, weil sie sich so schön messen lassen. Die Optimierung solcher Ziele liegt zudem im kurzfristigen Einflussbereich der Manager: Im Boom wird gedankenlos aufs Gaspedal gedrückt, aggressives Wachstum ist die Parole. In der Krise gilt: Möglichst brutal Mitarbeiter rausschmeißen, gerade so brutal, dass der Aufschrei und der Widerstand noch kontrollierbar bleiben.

Dieser Jo-Jo-Effekt ist nichts weiter als das Eingeständnis des Scheiterns von Management. Da lassen sich ganze Etagen voller Krawattenträger dafür feiern, dass sie es schaffen, ein Unternehmen dermaßen von der Konjunktur abhängig zu machen, dass sie in Konjunkturtälern nur noch mit Staatsbürgschaften und -krediten überleben können. Fällt das allgemeine Einkommensniveau mal kurzfristig auf den Stand von vor drei vier Jahren zurück, wo es uns allen ja auch nicht wenig prächtig ging, klappen die Unternehmen bereits zusammen wie Kartenhäuser. Ohne Wachstum keine Überlebensfähigkeit. Das ist armselig.

Es ist der 31. Dezember, Silvester. Ihre guten Vorsätze fürs neue Jahr sind wieder mal fällig. Sie wollen die fünf Kilo wieder loswerden, die Sie sich im Dezember lustvoll angefressen haben. Jetzt ist Verschlankung angesagt. Also dann mal los! Welche Diät steht in der Januarausgabe der *Brigitte* oder im Six-Pack-Programm von *Men's Health*?

Wenn Manager sich in der Krise entscheiden, nun »Kürzungen vorzunehmen«, »Einsparungen durchzuführen« und »Personalkosten anzupassen«, dann ist das ganz ähnlich wie mit dem Abbau Ihrer Kilos: Die Affektreaktion im Abschwung ist hier ebenfalls ganz banal die direkte Folge der eigenen, schlechten Praktiken aus den fetten Zeiten.

Zu den traditionellen und fantasielosen Vorgehensweisen in guten Zeiten gehört: Strukturen aufzublähen – um sich als Manager mächtig fühlen zu können. Aus dem Vollen zu schöpfen – einfach weil es gerade geht. Eine Laisserfaire-Kultur zu pflegen – aus der Überheblichkeit heraus, die Besten zu sein. Das Gießkannenprinzip anzuwenden – um sich als Führungsriege das Wohlwollen der Mitarbeiter zu sichern. Den Schlendrian der Verschwendung in Prozessen zuzulassen – weil es auf Kleinigkeiten ja jetzt gerade nicht so ankommt!

Ohne Wachstum keine Überlebensfähigkeit.
Das ist armselig.

Aber seit Jahrzehnten folgt auf jeden Aufschwung ein Abschwung, die Zyklen sind sehr leicht und zeitlich relativ genau vorhersehbar. Genauso wie jeden Dezember Weihnachtszeit und jeden Sommer Bikini-Saison ist. Zu- und Abnehmen nach dem Jo-Jo-Muster ist kein intelligenter Umgang mit dem eigenen Körper.

Tugenden guter Führung sind andere: Bescheidenheit auch und gerade im Boom. Die kommende Krise als gegeben akzeptieren und Organisationen so gestalten, dass sie für den Auf- und den Abschwung »passgenau« sitzen und nicht schlabbern. Dezentralisierung von Verantwortung und Übergabe von Entscheidungsautorität an alle Mitarbeiter, um maximal flexibel zu bleiben. Ständige Achtsamkeit und sinnvolles Verhalten zum Schutz vor Verschwendung. Arbeit als die Disziplin dauerhafter Verbesserung – nicht als Hinterherstolpern hinter kurzfristigen Modetrends und Saisonalitäten.

Führen nach dem Beta-Kodex bedeutet Besonnenheit auch in fetten Jahren. Schlank sein als innere Haltung. Lustvoller Aufbruch in eine Welt jenseits von Exzessen.

Was ist Erfolg?

Trauen Sie keinem, der sich vornimmt, den Markt als »Nummer eins« dominieren zu wollen. Sie können ihn fragen: Wozu? Stutzen Sie besser, wenn einer ein fixes finanzielles Ergebnis als Ziel ausgibt. Fragen Sie: Warum? Gehen Sie nicht einfach konform, wenn einer verlangt, dass das Unternehmen das beste werden muss. Fragen Sie: In was genau das beste? Und wieso?

Die gängige Meinung, was Erfolg sei, ist in sich widersprüchlich. Beispielsweise widerspricht das Ziel Größe den meisten finanziellen Zielen. Größe hat nämlich ihren Preis. Größe ist teuer. Die profitabelsten Unternehmen sind meist nicht groß. Die größten Unternehmen sind nicht die, die am schnellsten wachsen. Dafür haben die größten oft die schlimmsten Auswüchse an Bürokratie, an Verschwendung, an Kriminalität und Korruption. Die größten Unternehmen vernichten die meisten Arbeitsplätze.

Es gibt also viele Nachteile von Größe. Warum ist sie dann für viele Manager so erstrebenswert? Warum wollen die immer den Größten haben?

In Alpha-Unternehmen, vor allem im Vertrieb, heißt ein anderer Götze Umsatz. Aber oft muss höherer Umsatz teuer erkauft werden, die Kosten steigen meistens mindestens gleichermaßen wie der Umsatz, dem Mythos von den Skaleneffekten zum Trotz. Die Frage ist nie: Was ist der für uns passende Umsatz, sondern immer: Welche Umsatzsteigerung nehmen wir uns für das nächste Jahr vor? Nie hört man: Wir möchten den Umsatz im nächsten Jahr ein wenig schrumpfen, um dafür mehr Zeit mit unseren wichtigsten Kunden zu verbringen und die Beziehung mit ihnen zu verbessern. Habe ich noch nie gehört oder gelesen über ein Alpha-Unternehmen. Oder dass man hören würde: Für die kommenden Jahre haben wir vor, nicht mehr zu wachsen, dafür aber rentabler zu werden, indem wir Umsätze sukzessive stärker mit neuen Produkten erzielen. Ist ja auch kein Wunder, so ein Topmanager würde schneller gefeuert, als man dafür braucht, darüber nachzudenken, ob so ein Ziel nicht vielleicht doch ein intelligentes wäre.

Umsatz ist nämlich in Wahrheit nicht wichtig. Gewinn ist da schon bedeutsamer, vor allem wenn man weiß, wozu man ihn verwenden will. Den Wettbewerb kontinuierlich in Rentabilität (nicht Größe!) zu übertreffen ist noch wichtiger. Passt das? Ist das moralisch vertretbar? Sorgt das für eine gute Position in den nächsten Jahren? Macht uns das robuster? Wenn man sich nicht an die Größe klammert, wenn man der Umsatzfixierung abschwört, kann man auch mal Nein sagen.

Warum wollen die immer den Größten haben?

Qualitatives Wachstum ist oft viel wichtiger als quantitatives Wachstum. Das klingt zwar ein bisschen nach Kalenderspruch, ein wenig simpel und derzeit durchaus populär, aber man könnte das ja auch ernst meinen. Nur:

Wenn man damit ernst macht, muss man radikal Abschied nehmen vom Umsatzziel.

Und das geht tatsächlich. Sogar bei einer Bank! Handelsbanken kennt seit rund 40 Jahren keine Umsatzziele. Es gibt vor allem keine produktbezogenen Quotas, nicht einmal die Berechnung von Produktrentabilitäten. Trotzdem oder gerade deswegen hat die Bank als Ganzes weit überdurchschnittliche Gewinnmargen. Jahr für Jahr. Und sie wächst auch ansehnlich. Obwohl das weder ein Ziel ist noch irgendwie gemanagt wird. Das muss man erst mal hinkriegen.

Langfristiger Erfolg hat etwas mit Höchstleistung zu tun, mit Erfolg in der Nische, mit dauerhaft hoher Qualität, mit zufriedenen, ja begeisterten Kunden. Wer einfach nur groß sein will, weiß meistens einfach nur noch nicht, wofür er stehen will. Leider macht Größe überheblich. Rick Wagoner, der langjährige Boss von General Motors, dem viele Jahre größten Autobauer der Welt, sagte einmal: » Wir wollen gar nicht so sein wie Toyota. Wir wollen unsere eigenen Werte und Traditionen pflegen.« Was für Werte meinte er? Umsatzgröße? Seit Jahrzehnten war Toyota in allem, was einen Autobauer ausmacht, besser als General Motors. Rentabilität, Qualität, Kosten, Kundenzufriedenheit, Mitarbeiterzufriedenheit, Lieferantenzufriedenheit, zuletzt auch Innovationsfähigkeit … keine Chance für GM. Und am Ende zwangsläufig eben auch nicht in der Größe. Das war dann die Zeit, wo GM die größte Insolvenz der Geschichte hinlegte. Was hat die Größe da genutzt? Doch nur, dass die Pleite besonders groß wurde. Wer ein Beispiel für beispiellose Arroganz sucht, sollte mal Rick Wagoner besuchen. Der hat jetzt vermutlich Zeit.

Erfolg: Ein Riesenproblem

Schnell wachsende Bäume knicken als erste, wenn der Sturm kommt: Eukalyptus, Pappeln. Für hochwertige Möbel ist ihr Holz nicht zu gebrauchen.

Wachstum muss man manchmal in Kauf nehmen. Steigender Umsatz ist, wenn alles mit rechten Dingen zugeht, das Ergebnis von guter Arbeit. Und gleichzeitig eine große Herausforderung. Damit muss man erst mal fertig werden. Eine Aufgabe von Führung ist, die Bedingungen zu schaffen, um mit Wachstum umzugehen.

Wie reagiert man darauf? Man muss etwas verändern. An der Organisation, an der Teamgröße und -zusammensetzung. Das ist meistens schmerzvoll. Wenn man nicht aufpasst, wird ruck, zuck alles schlechter. In Alpha-

Unternehmen wird dann zum Beispiel jeder, der zwei Hände hat, von der Straße weg eingestellt. Es müssen dann auch ganz schnell IT-Strukturen geschaffen werden. Und das Organigramm wird angepasst: neue Kästchen, neue Zuständigkeiten. Die Bürokratie wuchert, das Misstrauen wächst mit. Von der Stammeskultur des kleinen, jungen, noch grünen Unternehmens geht man über in die Professionalisierung und wird endlich ein richtiges Unternehmen, Wachstum sei Dank. Aus der Familiarität wird die ganz normale Anonymität. Vor allem das Vertrauen geht verloren: Die Leute kommunizieren nicht mehr so viel informell, in den kleinen Gruppen. Die Organisation erfordert viel mehr Formalismen. Standardisierung.

Hier liegt eine riesige Chance, die regelmäßig verpasst wird: Aus der Notwendigkeit der Standardisierung könnten Rituale erwachsen, die fortan gepflegt werden: Bei uns ist das so, wir machen das immer auf diese und jene Weise. Stattdessen wird alles in Vorschriften und Regeln gegossen. Formalismus und Bürokratie übernehmen in Alpha-Unternehmen das, was in Beta-Unternehmen rituell gehandhabt wird.

Gut gemachtes, tragfähiges Wachstum ist mehr, als nur Leute einzustellen. Da gehört mehr dazu. Es ist ein Irrtum der Manager zu glauben, man könne sich einfach auf die harten Themen fokussieren, während die soften Themen sich schon irgendwie von selbst entwickeln. Gerade an die soften Themen muss man in Wachstumszeiten unbarmherzig rangehen: Brainwashing, geistige Hygiene! Was ist typisch für uns? Was sind unsere Werte und Prinzipien? Was bedeuten sie in diesem speziellen Fall? Was geht für uns gar nicht? Wo hört bei uns der Spaß auf? Was wäre die für uns typische Art und Weise, das Problem zu lösen? Wie gehen wir immer vor? Das ist viel Kleinarbeit und das erfordert viele Gespräche. Aber nur so entwickelt sich Gemeinsamkeit.

Ach, daran denkt kaum einer, der dem Wachstum das Wort redet. Von den Wachstumspredigern kann man von Skaleneffekten und Größenvorteilen und anderen Märchen aus dem Industriezeitalter hören. Diese Geschichten stimmen aber heute fast nie. Man schaue sich um. Kostenvorteile durch Größe beim Einkauf führen nirgends dazu, dass diese großen Unternehmen bessere Kostenstrukturen hätten als die kleineren Unternehmen derselben Branche. Glauben Sie es oder glauben Sie es nicht.

Zunehmende Größe führt immer zu steigender Komplexität. Alpha-Unternehmen werden mit steigender Komplexität aber nicht fertig, weil sie sie nicht verstehen. Sie versuchen Komplexität zu kontrollieren – ein hoffnungsloses Unterfangen. Wer sich im Erfolgsfall für Abteilungen, Bereiche, Funktionen und Zuständigkeiten usw. entschieden hat, also das Modell des Taylorismus-Sloanismus-Fordismus aus dem Industriezeitalter nachzubauen versucht, der muss mit zunehmender Größe immer neue Bereiche anflanschen. Das Unternehmen wächst nicht passgenau, sondern braucht immer mehr Divisionen, Stäbe, Stellen, Abteilungen usw. Automatisch ergeben sich Autonomie-, Entscheidungs- und Kommunikationsengpässe.

Die geistige Komplexität erhöhen ...
du lieber Himmel, das ist ja lachhaft für einen CFO!

Sehr schnell gibt es Qualitätsprobleme. Und sofort kommt der Reflex: Wir brauchen QM. Und ein Controlling. Und eine Personalabteilung. Und so weiter. Der Managementaufwand wird immer größer, alles wird komplizierter. Alpha-Unternehmen reagieren auf Komplexität im Außen mit Kompliziertheit im Innern. Das ist die falsche Antwort. Nur ein Unternehmen, das sich beliebig skalieren lässt, ohne dass es im Innern komplizierter wird, ist auf Wachstum gut vorbereitet.

Wenn in einem Beta-Unternehmen beispielsweise Qualitätsprobleme auftauchen, dann wird dafür auf gar keinen Fall die Struktur der Organisation verändert. Sie bleibt so einfach, wie sie ist. Stattdessen wird am Bewusstsein gearbeitet: Alle müssen mehr auf Qualität achten, alle müssen dazulernen. Warum haben wir die Probleme bekommen? Wie passiert das? Wie müssen wir das lösen? Nicht die Organisation wird komplizierter, sondern geistig wird es komplexer: Besser denken, bessere Methoden, dazulernen, Auseinandersetzung mit dem Problem. Mehr Achtsamkeit bei allen.

Klar, in einem Alpha-Unternehmen würden diese Themen als zu soft gelten, als dass sich das Management damit auseinandersetzen könnte. Die geistige Komplexität erhöhen ... du lieber Himmel, das ist ja lachhaft für einen CFO! Bitte, gerne. Lachen sollen sie. Für Beta jedenfalls ist das die Welt.

Und in Wahrheit sind das die wirklich harten Themen: Jeder Einzelne muss herausfinden, was das Problem für ihn bedeutet. Das geht ans Eingemachte. Irgendwann war die Qualität schließlich gut. Und jetzt? Was hat das mit mir zu tun? Mit meiner Einstellung? Was ist der Grund für meine Einstellung? Wofür arbeite ich überhaupt, für wen mache ich das? Wozu? Es geht immer sehr schnell in die Sinnfrage, um Prinzipien und Werte, ins Grundsätzliche. Beta rückt den Menschen auf die Pelle. Besonders im Erfolgsfall.

Erfolg ist eben ein dickes Problem. Die Kunst ist nicht zu wachsen, zu wachsen und zu wachsen, sondern ein gutes Plateau zu erreichen, auf dem man bleiben kann, auch wenn es konjunkturell mal bergab geht. Die Kunst besteht darin, resilient und robust zu sein, also genau den richtigen Umsatz, die richtige Größe und die richtige Rentabilität zu haben, um mitten in der Dynamik dauerhaft vital zu sein.

Nehmen wir Personalberatungsgesellschaften. Die sind normalerweise stark konjunkturabhängig. In guten Zeiten wachsen sie, was das Zeug hält. Alle fünf bis sieben Jahre kommt zyklisch der Abschwung, und dann werden 30 Prozent der Mitarbeiter entlassen. Das ist der Fingerabdruck des Managements. Egon Zehnder ist auch eine Personalberatungsgesellschaft, sie muss aber niemanden entlassen. Wenn die Zeiten mal wieder hart sind, helfen sich alle Partner untereinander solidarisch aus. Einen Abschwung kann man gemeinsam schon aushalten. Der Abschwung in einer Region wird durch den Aufschwung in einer anderen Region abgefedert, und eine weltweite Krise lässt sich auch meistern – wenn alle gemeinsam an Lösungen arbeiten. Das ist nicht sozialistisch/kommunistisch, sondern zutiefst unternehmerisch gedacht. Denn sobald nach ein zwei, drei Jahren wieder die Sonne scheint, braucht man jeden Einzelnen mit Können und Erfahrung.

Gewinn ist, wenn die Firma lebt

Größe und Wachstum sind es also nicht, was den Erfolg eines Unternehmens ausmacht. Wie steht es mit dem Gewinn? Gewinn ist meistens die Voraussetzung von Geschäftstätigkeit, aber nicht ihr Ziel, nicht ihr Sinn. Gewinn ist kein Erfolg. Sondern nur die Folge von Erfolg. Erfolgreich ist ein Unternehmen, wenn es zu den besten Arbeitgebern der Welt gehört. Dann aber ist Gewinn unausweichlich, man muss dann schon ziemlich bescheuert sein, wenn man es nicht schafft, mit den besten der besten Mitarbeiter keinen Gewinn zu machen.

Neulich an der Bar, bei einem Kongress der Uni Witten-Herdecke, ergab sich folgende Unterhaltung. Es ist Abend, neben mir steht die Geschäftsführerin eines Familienunternehmens aus der kunststoffverarbeitenden Industrie.

Pfläging: *Was haben Sie in das Unternehmen als Geschäftsführerin eingebracht? Was haben Sie verändert?*
Frau: *Ich habe das Kostenbewusstsein eingebracht. Wir müssen Gewinn machen. Bei gegebenem Umsatz Kosten reduzieren, das steigert den Gewinn.*
Pfläging: *Klar, hohe Kosten sind ein Problem. Das heißt aber auch: Mitarbeiter entlassen. Oder?*
Frau: *Ja, das geht nicht anders.*
Pfläging: *Hm, das werfe ich Ihnen jetzt vor: Wenn Sie wegen Gewinnmaximierung im Abschwung Mitarbeiter entlassen, verkaufen Sie die Seele Ih-*

res Unternehmens an den Teufel. Das ist Kostenschneiderei. Geld kann doch wohl nicht der Zweck Ihres Unternehmens sein, gerade nicht für Sie als Unternehmerin!
Frau: *Sie sind wohl Kommunist!*

Da drehte sie sich um und rauschte, richtig böse, davon. Ja, beim Thema Gewinnmaximierung verstehen deutsche Chefs keinen Spaß! Das habe ich gelernt. Die Sinnfrage ist ein Tabu. Zumindest für die Manager. Über Sinn wollen die gerade dann am wenigsten reden, wenn sie Mitarbeiter glauben entlassen zu müssen. Ist ja auch verständlich. Versagen oder Verrat lässt sich niemand gerne vorwerfen.

Bleiben wir nüchtern. Gewinn ist nicht in jedem Fall ein Zeichen von Vitalität. Porsche hat es geschafft, mehr Gewinn als Umsatz zu erzielen. Trotzdem war das Management im Jahr darauf ohne Hilfe von außen nicht mehr in der Lage, das Unternehmen über die Runden zu bekommen. Porsche hatte kurzfristig grandios Gewinne eingefahren und war trotzdem nicht überlebensfähig.

Puls und Atmung sind nicht der Zweck eines Lebenswesens.

Der Gewinn muss dauerhaft ausreichend hoch sein, aber er muss nicht ständig wachsen und darf zwischendurch auch mal negativ sein. Langfristig überlegene Ergebnisse sind ein Zeichen für Vitalität. Aber sie sind trotzdem nicht der Sinn und Zweck eines Unternehmens, sondern nur ein gutes Zeichen. Ein menschlicher Körper ist nicht dazu da, einen guten Blutdruck zu erzeugen, aber es ist ein gutes Zeichen, wenn der Blutdruck weder zu hoch noch zu niedrig ist.

Es ist zwar völlig unsinnig, aber verdammt verführerisch, Gewinn mit Zweck gleichzusetzen. Denn das macht die Sache so schön einfach. Die meisten Manager, die in einem Strategieworkshop ihren Unternehmenszweck formulieren, bauen da den Gewinn mit ein. Hat man ja auch so gelernt. Zweck? Gewinnerzielung. Wozu das Ganze? Um Ergebnisse zu erzielen. Wie misst man die? In Euro. Sinn und Zweck ist aber in Wahrheit immer ein gesellschaftliches Anliegen. Kein finanzielles. Kein erfolgreiches Untenehmen wurde jemals gegründet, um primär Gewinne zu erzielen.

Puls und Atmung sind nicht der Zweck eines Lebenswesens. Nur ein Zeichen von Lebendigkeit. Die Zeichen für Vitalität im Unternehmen:

Erstens: Bester Arbeitgeber. Die Presse lobt das Unternehmen dafür. Es gewinnt in den Rankings und Umfragen der Medien. Die Anzahl der Bewerbungen auf Stellen sprengt den Rahmen. Es gibt haufenweise Initiativbewerbungen. Mitarbeiter von der Konkurrenz bewerben sich. Die Mitarbeiter kommen aus Leidenschaft, nicht fürs Gehalt. Sie wollen auch nicht mehr weg, wenn sie einmal da sind. Sie geben positive Rückmeldungen an das eigene Unternehmen, sparen aber auch nicht mit Anregungen, Kritik und Dissens. Und sie sprechen auch öffentlich positiv über ihren Arbeitgeber.

Zweitens: Bester Partner für Kunden. Hohe Kundenzufriedenheit. Positives Feedback von Kunden. Guter Ruf in der Kundschaft. Viele Weiterempfehlungen. Starker Umsatzanteil mit Stammkunden. Auch in Umfragen hohe Kundenzufriedenheitswerte. Gute Testergebnisse, immer wieder Auszeichnungen und Preise, als bester Zulieferer und so weiter. Die Kunden sind überdurchschnittlich erfolgreich. Sie bezahlen pünktlich, es gibt nur ein kleines Mahnwesen, geringe Außenstände, wenig Zahlungsausfälle. Es braucht auch wenig Preisverhandlungen. Das Unternehmen realisiert Premiumpreise und hohe Margen. Es gibt keine Heimlichtuerei, keine Spielchen, kein Ausspielen gegen andere Wettbewerber, kein taktisches Agieren, kein Auspressen von Zulieferern. Kunden sehen sich erst gar nicht mehr nach Alternativen um.

Drittens: Bester gesellschaftlicher Partner. Top Image in der Öffentlichkeit. Keine Schlagzeilen (zahlt Steuern, wird nicht in Betrügereien verwickelt, verschmutzt keine Flüsse, besticht keine Auftraggeber, bespitzelt keine Mitarbeiter etc.). Kein Ärger mit den Behörden. Wenig Rechtsstreitigkeiten. Keine Streiks, kein interner Bedarf nach formal organisierter Mitarbeitervertretung. Wenn Presse, dann positive. Transparente Informationspolitik. Marktteilnehmer versuchen, Mitarbeiter abzuwerben, Anfragen für Konferenzen, Mitarbeiter sind gefragt in der Öffentlichkeit, schreiben Bücher. Mitarbeiter engagieren sich gesellschaftlich. Wenig Fluktuation bei Partnern. Wenig Verhandlungsärger, wenige juristische Streitigkeiten mit Partnern.

Viertens: Bestes Investment für den Kapitalmarkt. Banken und Investoren möchten gerne ins Unternehmen investieren. Gute Konditionen. Beständiges Interesse. Banken kommen auf das Unternehmen zu, nicht umgekehrt. Bestehende Investoren wollen mehr investieren. Beste Kreditwürdigkeit, Top Rating. Langfristig hoher Aktienkurs, wenig volatil. Stabile Gesellschafterstruktur, wachsender Gesellschafterkreis. Kaufempfehlung von Analysten. Zu viertens gehört auch: Langfristig überlegener Gewinn im Vergleich zum Wettbewerb. Gewinn ist das letzte Zeichen für Gesundheit. Nicht unwichtig und zum Überlegen notwendig. Aber auch nicht wichtiger als alles andere.

Als Google anfing, hing da eine 15 Meter lange Leinwand an der Wand. Die Gründer schrieben darauf, was wichtig ist und wie das alles zusammenhängt. Von links nach rechts. Ganz links stand: Wir brauchen hierfür und hierfür und hierfür und hierfür Topleute, die richtigen, die besten. So fängt alles an. Alles andere ergibt sich daraus.

Ja, es stimmt, auch Google hat jetzt Probleme. Da wird gerade heftig Porzellan zerschlagen, indem erstmalig auch Mitarbeiter entlassen werden. Bei einem Beta-Unternehmen bedeutet das schon einen herben Vertrauensverlust, vielleicht gar einen Identitätsverlust. »You're brillant – we hire«? Das geht jetzt kaputt. Das wäre es wert gewesen, auf Gewinn zu verzichten und jetzt gerade nicht zu entlassen. Eine Frage des Prinzips.

Den Gewinn eines Unternehmens mit seinem Zweck zu verwechseln, oder auch nur mit dem Zweck zu vermischen, raubt ihm die Seele. Unweigerlich. Gut vergleichen lässt sich das mit physikalischen Gesetzen: Werfe ich eine Münze in die Luft, und sie fällt daraufhin zu Boden, dann sagt jeder »Aha, Schwerkraft«. Leider sind die gleichermaßen »physikalischen« Gesetze, die in Firmen gelten, weniger anerkannt, und sogar die einfachsten Zusammenhänge werden missachtet. Wenn ich Mitarbeitern kündige, weil Ergebnisse sinken oder zu sinken drohen, dann ist die finanzielle Wirkung der Personalkürzung »positiv«, meinen viele. Aufgeklärte Menschen wissen: Das ist äußerst zweifelhaft. Zwar senkt man in der Buchhaltung damit eine Zahl, die »Personalkosten« heißt, und das relativ schnell, nach einigen Monaten bereits. Gleichzeitig produziert man so aber Folgewirkungen, die sich nicht leicht abschätzen lassen, die nicht sofort in Excel-Sheets erfasst werden und die eine vermeintliche Einsparung bei den Personalkosten ganz schnell und ganz leicht übertreffen können.

Das ist wie bei Staaten. Wenn man das Prinzip der Säkularität, der Trennung von Religion und Staat, aufhebt, dann hat man am Ende immer einen Staat, der im Zweifel, in der Krise, religiöse Gesetze verwenden wird, um die Freiheit seiner Bürger einzuschränken. Ein Beispiel ist der Iran. Vergleichbare Folgen des Fehlens von prinzipieller Gewaltenteilung sieht man in China und noch krasser in Nordkorea: Partei und Staat bilden eine Einheit. Die Freiheit der Bürger ist stark bis massiv eingeschränkt.

Wenn man Gewinn und Zweck nicht voneinander trennt, sondern vermischt, dann hat man am Ende immer eine Firma, in der Sinn und langfristiger Erfolg dem kurzfristigen Gewinn untergeordnet werden, in der Bürokratie alles erstarren lässt und die Freiheit des Einzelnen minimal ist. Gewinn hat dann etwa den gleichen Stellenwert in der Firma wie der festgeschriebene Gotteswille im islamistischen Gottesstaat beziehungsweise der Wille der Partei in der Diktatur des Proletariats. Und darf um Allahs beziehungsweise Volkes willen niemals hinterfragt werden!

Sie finden das zu krass? Dann stellen Sie mal gegenüber einem Manager den Gewinn als Unternehmenszweck ernsthaft infrage. Probieren Sie es einfach aus und urteilen Sie dann, ob die Beschimpfungen, die Ihnen entgegenschlagen, nicht vielleicht doch quasireligiösem Eifer entspringen.

Passgenauigkeit braucht Wertarbeit

Ein Schneider, der einen passgenauen Anzug maßschneidert, der misst den Körper seines Kunden so, wie er ist. Da wird nicht etwa ein fiktiver Kunde mit Standardmaßen genommen, sondern der eine originale Körper. Der Kunde muss sich persönlich beim Schneider einfinden oder auch mal umgekehrt. Und der Mensch soll beim Messen auch nicht die Luft anhalten, sich aufplustern oder mit hängenden Schultern dastehen.

Wenn Ihr Unternehmen eine gut passende, nicht herumschlabbernde und nicht zu knapp sitzende Organisation haben soll, dann brauchen Sie nicht Größe, Wachstum, Gewinn, sondern dann müssen Sie permanent für etwas kämpfen, das mehr Substanz hat als Marktanteil, Umsatz oder Zuwachsraten. Das verlangt, dass sich alle Mitarbeiter ständig, dauernd, in jedem Gespräch, unablässig, ohne Unterlass und ohne Ende mit den Werten und Prinzipien auseinandersetzen, sie sich gegenseitig um die Ohren hauen. Jeder kann alles radikal infrage stellen, was nicht diesen Werten und Prinzipien entspricht.

Was macht dann eine passgenaue Organisation in der Krise? Wenn die Aufträge einbrechen und die Produktion gedrosselt werden muss? Oh, da gibt es eine Menge zu tun: Urlaub, Regeneration. Projekte endlich sauber fertig machen. Innovationen anstoßen. Den nächsten Boom vorbereiten. Sich entwickeln. Lernen. Sich positionieren. Sich Zeit für den Kunden nehmen. Sich Zeit für Produkte nehmen. Kommunikation stärken. Identität stärken. In IT investieren. Wenn der Auftragseingang runtergeht, kann man durchatmen und Dinge aufarbeiten, für die man sonst keine Zeit hat.

> *»Ich bin eigentlich ganz froh über den Konjunktureinbruch.*
> *Das verschafft uns endlich mal Luft für die wesentlichen Dinge ...«*

Man nutzt die Zeit, um besser zu werden. Und wer besser wird, wird produktiver. Dann muss der Gewinn auch nicht runtergehen. Auch wenn die Nachfrage mal sinkt. Bessere Prozesse, bessere Wertschöpfung, besser qualifizierte Mitarbeiter, bessere Kundenbeziehungen, alles ein Stück intelligenter, smarter, effektiver machen, Verschwendung eliminieren, das bedeutet unterm Strich ja auch: Kosten fallen weg. Dann braucht man nicht den vergeblichen Versuch machen, Kosten zu managen, indem vermeintliche Kostenfaktoren eliminiert werden. Man kann Kosten nun mal nicht managen, man kann nur bessere Arbeit machen. Kosten sind nur eine Reflexion von Wertschöpfung. Und während konjunktureller Täler hat man Zeit für Verbesserungen. Das stärkt den Gewinn. Das befähigt das System, künftig noch besser zu werden. Krise ist die Zeit der Investition. Aus einer Krise kann man sich nicht heraussparen, man muss sich aus ihr herausinvestieren. Das sagt jedenfalls der Chiphersteller Intel und nimmt bei schwächelnden Absatzzahlen erst recht die Millionen in die Hand und nutzt die Flaute, um neue Segel an den Mast zu schlagen.

Gerade von Mittelständlern habe ich 2008 und 2009 auf dem Peak der Krise gehört: »Ich bin eigentlich ganz froh über den Konjunktureinbruch. Das verschafft uns endlich mal Luft für die wesentlichen Dinge …« Alpha-Manager dagegen jammern immer, sind zu jedem Zeitpunkt gerade atemlos. Sie jammern im Boom, sie jammern in der Krise, sie jammern auch dazwischen.

Jede Zeit hat ihre Aufgaben und Anforderungen. Alles ist gut. Das passt. Bei hoher Auftragslage passt es, dann muss man eben mit dem Wachstum fertig werden. Und bei Auftragsrückgang passt es auch, dann ist Zeit für die Arbeit an Fundament und Basis. Das ist Atmung. Ganz normal!

Eine Beta-Organisation wird sich auch in der tiefsten Krise nicht zu Entlassungen hinreißen lassen. Es werden immer alle Mitarbeiter mit dem Markt konfrontiert. Immer. Lösungen findet man dann gemeinsam. Die Magie der kollektiven Intelligenz wird sich entfalten. Dass die Lösung dann nicht moderat ausfallen wird, wenn der Markt extrem zieht, ist logisch. Aber in Unternehmen, in denen permanent die Werte und Prinzipien diskutiert werden, ist der Zusammenhalt in solchen Zeiten derart hoch, dass man durchkommt.

Typischerweise schwimmen Beta-Unternehmen stets gegen den Strom oder quer zum Strom: Wenn alle entlassen, sollte man einstellen.

Schreibt euch einen Brief!

»Wir sind ein Unternehmen, das sich dem Umweltschutz verpflichtet fühlt.« – Aber die Geschäftsführer fahren Autos mit V8-Motoren.

Wenn ein Manager es nicht mehr ertragen kann und will und eingesehen hat, das sein Alpha-Unternehmen beta werden muss, dann hat er eine Menge vor sich. Wie fängt man die Veränderung an?

Jedenfalls nicht mit einem Mission Statement: »Wir sind ein führendes Unternehmen der Zahnbürstenborstenherstellerbranche. Wir sind ein verlässlicher Partner und legen allergrößten Wert auf zufriedene Kunden und zufriedene Mitarbeiter, wobei wir stets um Wirtschaftlichkeit bemüht sind. Die Zahngesundheit unserer Kunden ist uns ein Anliegen. Ach ja, und wir sind natürlich auch stets innovativ. Und umweltfreundlich. Und sozial. Und wir bieten Lösungen. Genau, wir sind ein international aufgestellter, innovativer, professioneller, profitabler, umweltfreundlicher, sozialer Lösungsanbieter in der Zahnpflegemittelindustrie.«

In den schönen Mission Statements der Alpha-Unternehmen steht immer alles so schön bunt vermischt: das Wie, das Was, das Wozu, das Warum, das Wo und das Wer. Aber so gut wie nie ein Alleinstellungsmerkmal. Keine Herausforderung. Kein klarer gesellschaftlicher Beitrag. Diese Unternehmen machen irgendwie alles und nichts.

Ich rate Unternehmen, die ihre Transformation zu beta angehen wollen, sich einen Brief zu schreiben. Nicht die Chefs oder ein Berater schreiben den Brief. Das Unternehmen schreibt ihn. Das heißt alle wirken mit. In einem Beta-Brief steckt Herzblut. Man kann ihn nicht formulieren, ohne zu streiten. Sich für etwas zu entscheiden heißt auch, sich von etwas anderem zu verabschieden. Und das bedeutet Auseinandersetzung. Zoff. Klarheit ist nie schmerzlos.

Was steht drin in so einem kollektiven Brief? Vor allem der gesellschaftliche Beitrag, der den Zweck des Unternehmens ausmacht. Dann das Menschenbild. Die Prinzipien, »die wir immer befolgen und niemals brechen werden«. Die Werte, die etwas mit der individuellen Identität des Unternehmens zu tun haben, die man nicht erfinden kann, sondern die man nur finden kann. Die Geschichte, die den Gründungsmythos erzählt und erklärt. Die Dringlichkeit der anstehenden Veränderung, die Unzufriedenheit mit dem Zustand. Das schmerzhafte und unerträgliche Problem, das den Anlass für diesen Brief liefert. Der Aufruf.

Wie konfrontativ und bitterernst der Streit um Formulierungen in einem solchen Prozess werden kann, habe ich beispielsweise in der Diskussion bei einem Dienstleister für Umwelt-Audits erlebt. In diesem Unternehmen gab es den Mythos der Neutralität. Ein Glaubenssatz: Wir sind stets neutral und ideologisch enthaltsam. Neutralität galt als einer der Leitwerte, zumindest wurde das von der einigen Mitgliedern des Managements so vertreten. Das Stadium der ernsthaften Auseinandersetzung war da noch nicht erreicht. Die Diskussion brauchte Feuer. Mein Einwurf: Geht denn das? Darf das sein? Neutralität? Wenn man sich Umweltschutz und Nachhaltigkeit auf die Fahnen schreibt, darf man dann neutral bleiben gegenüber Unternehmen, die aktiv mehr Umweltzerstörung als nötig betreiben, die die Natur für ihren Gewinn ausbeuten, die bewusst oder unbewusst eine Politik der Zerstörung betreiben, die indifferent gegenüber unserer Zukunft und der unserer Kinder agieren? Kann ein solches Unternehmen da mit den Schultern zucken? Ist das okay? – Das genügte.

Natürlich war sich das Team nicht einig darüber, was diese Neutralität eigentlich bedeuten sollte. Manche hielten den Neutralitätsanspruch für grob unsinnig. Offenbar war dieses Identitätsproblem bis dato unter den Teppich gekehrt worden. Das Problem hervorzuholen – dafür hat mich die Gruppe gehasst. Der Schleier der vermeintlichen Harmonie war weggezogen. Das war politisch nicht korrekt. Und das gab so richtig Streit. In Gruppen, in denen die Konfrontation gescheut wird, gibt es umso heftigere Explosionen, wenn es dann doch mal zur Auseinandersetzung kommt. Das Ergebnis: Das Team stellte fest, dass in so einem Brief stehen muss, dass das Unternehmen niemals neutral sein wird, dass es offensiv und leidenschaftlich für Nachhaltigkeit in unserer Gesellschaft eintreten und immer Partei für die Umwelt ergreifen wird. Was nicht im Widerspruch stehen muss zu Adjektiven wie seriös oder fundiert. Umweltschutz ist nie neutral, niemals unparteilich. Er muss Stellung beziehen.

In einem solchen Brief könnte stehen: »Unser Problem für uns als Unternehmen ist, dass wir nicht für Wachstum aufgestellt sind. Bisher ging alles gut. Aber wir können nicht in fünf Jahren doppelt so groß sein, wenn wir uns nicht jetzt anders aufstellen. Wir werden die besten Mitarbeiter verlieren, wir werden den Spirit verlieren, wir werden Qualitätsprobleme bekommen, wir werden genauso langweilig wie unsere Wettbewerber sein, wenn wir jetzt nicht die Weichen anders stellen, in Bezug auf Haltung, Identität usw.«

Oder: »Warum hängen wir in der Finanzkrise so derart in den Seilen? Warum sind wir da unten, wo wir jetzt sind? Warum sind wir weniger stark als die anderen? Warum aber lohnt es sich jetzt trotzdem, weiterzumachen? Was gibt uns die Gewissheit, dass es richtig ist, Opfer zu bringen und eine neue Seite aufzuschlagen?« Fehler zugeben, Probleme klar benennen, der Sache auf den Grund gehen, das tut weh.

Schall und Rauch? Ich bitte Sie! Sprache schafft Welten.

Wie geht das vor sich? So ein Prozess des Schreibens eines solchen Briefes des Unternehmens an sich selbst dauert Wochen. Wer ist dabei? Auf jeden Fall eine gemischte Gruppe, eine Koalition. Mit dabei sollen auch Aufrührer sein, die oft konträrer Meinung sind. Leute, die sich was trauen, unterschiedliche Persönlichkeiten. Führungskräfte und Kassiererinnen, Manager und Fließbandarbeiter, Chefs und Malocher. Dieses Team von Abgeordneten muss sich über jedes einzelne Wort, das in den Brief geschrieben wird, klar werden. Es geht nicht darum, etwas Schönes, Korrektes, Vorzeigbares zu produzieren, sondern schonungslos die Dringlichkeit und die Logik der Veränderung klar und die gemeinsamen Werte für alle spürbar zu machen.

Die Koalition setzt sich zusammen wie die Jury beim Gericht und hört erst auf, sich zu treffen, wenn der Entwurf fertig ist. Dabei werden erste

Komfortzonen zerschlagen. Heraus kommt ein Manifest. Wenn es darin einen Wert gibt, der auch nur von einem Einzigen nicht getragen wird, fliegt die Passage raus. Sie können sicher sein: Da fließt Blut.

Der typische Reflex der Führungskräfte ist in diesem Prozess immer, dass sie glauben zu wissen, was in den Brief hineingehört und was nicht. Sie werden Überraschungen erleben.

Ein Beispiel: In einer solchen Diskussion bestand ein Geschäftsführer darauf, dass das Wort »proaktiv« in den Brief gehört. Ein Spezialist für Produktion wandte ein: »Wir sind aber in Wahrheit gar nicht proaktiv. Unsere Kunden wollen vielmehr, dass wir innovativer sein sollen. Die sagen uns das auch. Warum sollten wir uns dann als proaktiv bezeichnen? Wie wollen wir das einklagen? Oder wollen wir nicht vielmehr, dass die Mitarbeiter mitdenken und Verantwortung übernehmen?«

Dann ging die Diskussion erst richtig los. Und dauerte Stunden. Am Ende stellte die Gruppe gegen den erbitterten Widerstand des Geschäftsführers fest, dass das Wort »proaktiv« keinen realen Inhalt haben könne, dass das so sei wie Pudding an die Wand zu nageln. Die Forderung nach »proaktivem Verhalten« kann in Wahrheit keinen Einfluss auf das Verhalten der Mitarbeiter haben, weil man das beim besten Willen gar nicht beherzigen kann: Seien Sie mal proaktiv! Machen Sie das mal. Wie soll das gehen? Der Begriff wurde nicht in den Brief aufgenommen, was der Geschäftsführer als eine bittere persönliche Niederlage empfand. Aber das musste der eben einstecken.

Der Reflex zu Beginn ist: Ah ja, das ist ja ganz einfach, haben wir schon, kenn ich. Sind ja doch nur Worte, Begriffe, Schall und Rauch. Schall und Rauch? Ich bitte Sie! Sprache schafft Welten. Was ist der Unterschied zwischen Zellen und Abteilungen? Das ist kein Schall und Rauch. Das ist das Wesentliche.

Wenn sich alle darauf geeinigt haben, wenn alle, jeder Einzelne in der Organisation, den Brief unterzeichnet haben, dann kann das Unternehmen auf breiter Basis Veränderungen beginnen. Alles, was eben nötig ist, um Alpha-Denken, Alpha-Handeln, Alpha-Illusionen zu verabschieden.

Erst nach dem Brief beginnt die Wertearbeit im Unternehmen. Ohne die gemeinsame Basis des Briefes ist Wertearbeit gar nicht möglich. Denn erst jetzt gibt es gemeinsame Begriffe, erst jetzt gibt es den Grundstein für ein gemeinsames Gebäude aus Werten und Prinzipien. Man kann jetzt ein gemeinsames Problemverständnis entwickeln. Extern wie intern.

Erst nach dem Brief kann sich das Unternehmen auch den Raum gegenüber den Chefs, Gründern und anderen Charismatikern erkämpfen, um unabhängig über Werte und Identität diskutieren zu können. Wertearbeit hört danach nie mehr auf.

Ein guter Brief hat viele Versionen: Nach 25 Jahren gibt es vielleicht die Version 13-7. Das ist beta. Eine Beta-Version, eine kontinuierliche Beta-Version. Etwas, das nie fest wird.

Sicher ist: Es werden nicht alle unterschreiben. Es muss dann eine neue Version geben, oder der einzelne Mitarbeiter überlegt sich, was das für ihn bedeutet. Er sagt dann vielleicht, dass das nicht seine Organisation ist, die da entsteht. Die Entscheidung ist offen. Das ist fair. Wenn die Sinnkopplung nach aufrichtiger Prüfung nicht da ist, heißt es Abschied nehmen.

Der Brief ist für das Unternehmen wie die Bibel, wie ein Testament. Er bildet einen Gründungsmythos. Er ist ein Glaubensbekenntnis, ein Manifest. Aber man kann ihn, wenn nötig, immer wieder überarbeiten.

Einen solchen Brief zu schreiben ist übrigens völlig konform mit dem, was der Bestsellerautor und Change-Management-Guru John Kotter predigt: Zuallererst muss in einer Veränderung die Dringlichkeit erlebbar und spürbar werden. Und zwar nicht nur einer kleinen Gruppe. Sondern allen. Dann müssen die Mitglieder der Organisation sich an den Sinn des Ganzen koppeln. Wenn man sich dieses tiefe Einverständnis erarbeitet hat, dann erst wird die Veränderung eine gemeinsam getragene, sichere Sache.

Veränderung lässt sich nicht verordnen und nicht wirklich planen. Aber man kann sie inszenieren. Indem man die Organisation destabilisiert, schafft man die Voraussetzung für Selbstorganisation. So entsteht Veränderung von innen heraus. Veränderung braucht genau drei Dinge: Kommunizieren. Kommunizieren. Kommunizieren.

Auf den Prozess zum Brief können Sie vertrauen. Hauptsache, die Koalition für den Wandel bleibt streng und beharrlich. Es ist egal, wie lange es dauert. Der Prozess ist auch nicht abhängig von der Zahl der daran beteiligten Mitarbeiter. In großen Unternehmen muss man möglicherweise Großgruppenmethoden ins Spiel bringen, um an bestimmten Punkten auch ein paar Tausend Mitarbeiter zur Diskussion zu bringen.

Wenn der Brief öffentlich und bekannt ist, dann gilt es, ihn zu testen, einfach indem man einige Veränderungen vornimmt. Ein Stresstest, um zu zeigen, dass es ernst wird. Beispielsweise steht da vielleicht drin, dass »alle Mitarbeiter unternehmerisch denken und handeln.« Wer unternehmerisch denken und handeln soll, braucht natürlich alle verfügbaren Informationen. Also macht man entsprechend dem Brief, den alle unterschrieben haben, ganz konsequent das gesamte Zahlenwerk transparent. Alles. Von der Gewinn-und-Verlust-Rechnung über die Bilanzen und den Cashflow. Alles wird für alle Mitarbeiter zugänglich gemacht.

Was passiert ist klar: Ein Teil der Manager leistet erst mal Widerstand. Dann kann man sich diesen Widerstand zunutze machen, um die Konsequenzen der Transformation für alle deutlich zu machen. Erst dann wird wirklich jeder im Unternehmen das Ganze wirklich ernst nehmen.

Irgendwann kommt die Woche der Wahrheit: Der Brief fängt an, wahr zu werden. Konsequenzen nach sich zu ziehen. Das ist der Moment, wo es in der Wahrnehmung aller kippt: der kulturelle Wendepunkt. Den muss man durchleiden. Die Station, an der alle einsteigen. Wenn man diesen *point of no return* erreicht, dann steigt die Temperatur dramatisch. Und wenn man ihn hinter sich gelassen hat, dann hat sich das Gesamtklima verändert. Dann hat sich die Spreu vom Weizen getrennt: Ist die Transformation tragfähig? Gibt es genügend Mitglieder, die konsequent dafür einstehen? Wo ist der Widerstand? Wie geht man damit um?

Dann kündigen Leute. Weniger, als man denkt. Aber unweigerlich. Wenn die Vision positiv und wichtig ist, identifizieren sich die allermeisten Leute in der Organisation damit, das ist die Erfahrung. Einzelne aber, die sich in der Komfortzone wohlgefühlt hatten, die werden gehen wollen.

Auf jeden Fall wird das Unternehmen etwas ausschwitzen, nämlich die Alpha-Manifestationen, die Schlacken und Gifte: Privilegien, Geheimnisse, Ungerechtigkeiten, Tabus, Macht, Verschwendung, Inkonsequenzen, Hierarchieebenen, Abteilungen, Bonussysteme, Meetings, Quotas (Frauenquote etc.), Planung, Budgets, ethische Probleme (werden aufgedeckt, begrüßt und verabschiedet: Skelette im Schrank, Leichen im Keller, Dreck unterm Teppich), Anreizsysteme, Incentives, Gehaltsbänder, Qualitätsabteilung, Risikomanagementabteilung, Unternehmensentwicklungsabteilung, viele Managementposten, Zeiterfassungssysteme, Überstundenregelungen, Personalentwicklung, Supervisoren in der Produktion, Mitarbeiterbeurteilungen und Jahresgespräche, Umsatzziele, Individualziele, Zielverhandlungen, Wissensmanagement, Stellenbeschreibungen, Urlaubsregelungen, Organigramme, viele Assistenzstellen, …

Hinterher ist man stolz. Und spürt Erleichterung. Einige Wochen danach jedenfalls.

Erfolg im Alpha-Kodex	Erfolg im Beta-Kodex
Erfolg bedeutet, selbst gesteckte Ziele zu erreichen – wir setzen uns anspruchsvolle Ziele	Erfolg ist immer Siegen im Wettbewerb – alles andere ist Nabelschau
The business of business is making money – finanzielle Ergebnisse sind Daseinszweck	The business of business is people – Geld ist nicht Zweck, sondern Nebenbedingung von Geschäftstätigkeit
Es gibt einen natürlichen Konflikt zwischen den Anspruchsgruppen eines Unternehmens	Es gibt einen positiven Wirkungskreis zwischen den Anspruchsgruppen
Kunden gehören an 1. Stelle – im Zweifel maximieren wir Shareholder-Value	Kunden gehören an zweite, Organisationsmitglieder an erste Stelle – Gewinn ist Konsequenz guter Arbeit und Folge von Erfolg
In guten Zeiten aggressiv wachsen, um Skalenvorteile zu nutzen	In guten Zeiten maßvoll wachsen – die meisten Skalenvorteile sind reine Behauptung
Die Kleinen werden von den Großen gefressen	Die im Vergleich weniger Rentablen werden gefressen oder gehen ein
Größe ist wichtig – mehr ist immer gut	Überdurchschnittliche Qualität und Rentabilität sind wichtig – absolute Größe ist unwichtig
Größe und Marktmacht sind Top-Ziele – sei groß! – besten Marktanteil haben	Größe ist ein Problem, darf niemals Ziel sein – sei agil! – beste Qualität und Kosten haben
Übermut durch selbst verursachte Marktblindheit, mentale Masturbation	Demut durch Transparenz, konstanten Blick auf den Markt, Vermeidung von Wunschdenken, Angst vor Selbstgefälligkeit
Unternehmenskäufe und -zusammenschlüsse dienen dem Manager-Ego	Zusammenschlüsse destabilisieren Kultur – das Ego unter Kontrolle halten
Entlassungen sind in der Krise unausweichlich und Teil der Managementaufgabe	Entlassungen sind ultimatives Eingeständnis von Missmanagement
Im Boom darf man schon mal Fett ansetzen – zyklisches Verhalten, Überfressen und Diät	Disziplin im Boom und in der Krise – gesunde Lebenshaltung ist Dauerthema, langweilig, aber »nachhaltig«

Transparenz: Intelligenzfluss statt Machtstau

Alle Informationen müssen für jeden Mitarbeiter leicht und schnell zugänglich werden. Darum müssen alle Hierarchiegrenzen geöffnet werden: Es darf keine Zugangsbeschränkungen geben. Denn jede Barriere schafft Macht für die informativ Privilegierten und löst Ohnmacht bei den Nichtinformierten aus. Informationsmacht wird immer für egoistische Ziele missbraucht und dient nie dem Gemeinwohl. Zum Wohle des Ganzen braucht es keine Informationsmacht.

Ein hektischer Nachmittag bei der Openclose AG – Das Telefon bei Erich Eisler, Vertriebsleiter EMEA, klingelt schon wieder. Die Nerven des Managers sind gespannt und vibrieren, also ob sie Saiten einer E-Gitarre wären. Diesmal ist sein Chef, der Vorstand Operations, am Telefon: »Mensch, Eisler, wie läuft's denn bei Ihnen!«

»Oh, hallo, Chef, gut, alles bestens. Ähm, sagen wir so, ich denke, wir haben unser Tief wohl überwunden. Und die Zahlen für den Monat sehen gar nicht so schlecht aus.«

»So, so. Freut mich, Eisler. Wie läuft's denn mit unseren speziellen Freunden, der Supercustomer AG?«

»Ach die? Wieso? Alles gut.« Eisler legt die Stirn in Falten. Was will der Chef? »Alles im grünen Bereich. Der Kunde macht uns Freude. Zumal wir hoffen, im nächsten Quartal noch einen draufzulegen.«

»Ach ja. Hm. Da habe ich aber ganz andere Informationen.« Der Chef macht eine aufreizende Pause. »Dabei scheinen Ihnen doch dort gerade die Felle wegzuschwimmen, wie ich so höre ...«

»Was?« Eisler schnappt nach Luft. »Was, ich meine, wieso, was meinen Sie denn? Was für Informationen?«

Die Stimme des Chefs ist eiskalt. »Oh, ich hatte gerade Vorstandsmeeting. Das war ja interessant. Kollege Petzer vom Marketing hat mir von der Beschwerde erzählt.«

»Beschwerde? Was für eine Beschwerde denn? Ich weiß von nichts!«

»Hoppla, Eisler. Sie wissen von nichts? Ich meine natürlich die letzte Angebotspräsentation. Da muss Ihre Mannschaft ja so einen richtigen Bock geschossen haben.«

»Uff.«

»Und ich kann Ihnen sagen, Eisler: Die Kollegen aus dem Vorstand waren nicht erbaut. Nein, nein, ganz und gar nicht.«

»Ja, aber …«

»Eisler. Ich glaube, ich mache mir so langsam ernstlich Sorgen. Zumal wenn sowas bei unseren A-Kunden passiert. Wissen Sie was? Wir müssen reden. 16:30. Mein Office. Pünktlich.«

»Ähm. Okay, Chef. Klar.«

Transparenz ist wie Licht anknipsen

Man kann zwar auch in der Dunkelheit arbeiten. Aber wenn die eigenen Mitarbeiter ständig gegen Wände laufen, ist man der Konkurrenz gegenüber ziemlich im Nachteil, auch wenn die nur ein wenig mehr Licht hat. Frei zugängliche Informationen machen die Organisation hell und übersichtlich. Transparenz ist wie Licht anknipsen. Damit alle sehen können!

Wenn das so klar ist, warum ist es dann überhaupt so zappenduster in so vielen Firmen? Weil Transparenz eine der ersten Kasualitäten von Management ist. Manager haben die Hand am Lichtschalter, und das gefällt ihnen sehr, sehr gut. Informationen zurückzuhalten scheint in den meisten Unternehmen ein Kavaliersdelikt zu sein. Jeder tut's, jeder weiß es, jeder spielt mit. In Wirklichkeit ist Information ein sehr scharfes Instrument. Man kann sie als Werkzeug einsetzen, um durchs Chaos zu schneiden. Man kann sie aber auch als Waffe benutzen, mit der eine Minderheit die Mehrheit in Geiselhaft nimmt. Und wenn das System des Unternehmens den Waffengebrauch zulässt, wird es gemacht. Immer.

Berichtswesen heißt: Zahlen frisieren.

Das sieht dann so aus: Kollege X lässt Kollege Y bei Meetings vor versammelter Mannschaft gegen die Wand fahren. Oder Abteilung C erfährt nicht, was Abteilung D über den Kunden weiß. Oder Chef E weiß immer schon vor dem Jour fixe, was alle seine Mitarbeiter auch gerne gewusst hätten. Die Informierten triumphieren und festigen ihren Platz auf dem Affenberg oder bereiten den Aufstieg auf den nächsthöheren Platz vor. Die Nichtinformierten schauen derweil dumm aus der Wäsche und überlegen, wie auch sie an ein Stück Geheimwissen kommen können, um das nächste Mal auf der richtigen Seite zu stehen. Die Macht der Mächtigen wird durch den Gebrauch von Information als Waffe größer. Informationsmacht verstärkt Hierarchie.

Das zieht drei Effekte nach sich: Angst. Misstrauen. Krieg. In solchen Organisationen muss man stets fürchten, dass andere etwas wissen, das einem zum Nachteil gereichen kann. Man weiß auch nie, was die anderen im Schilde führen – was wissen die? Wissen die mehr als ich? Werden die ihr Wissen gegen mich verwenden? Sind meine Informationen richtig? Vollständig? Aktuell? Und wer einmal Informationen als Waffe eingesetzt hat, hat sich Feinde gemacht. Feinde bekämpfen einander. Die Menschen rangeln und sticheln und wenden viel Energie auf, um Informationen abzuschirmen, die Vorteile versprechen.

Die Informationslogistik in solchen Hierarchien ist gewaltig und extrem aufwändig. Ganze Stäbe, etliche Assistenzstellen und Spezialbereiche machen nichts anderes als Informationen hin und her zu schieben und ihnen einen ganz gewissen Spin zu geben. Man überlegt genau, wer welchen Bericht sehen darf, wer von was erfährt, wer in welches Meeting eingeladen wird, wen man auf cc setzt, welche Information man auf dem Flur wem zusteckt und mit welchem Dreh man Informationen weitergibt, wie man sie ausschmückt oder herunterspielt, wie man sie aufmotzt oder abwiegelt. Berichtswesen heißt: Zahlen frisieren. Das ist Informationsmanagement in der Realität der Unternehmen der Alpha-Klasse.

Die Rolle der ITler ist es dann, mithilfe von SAP & Co. alle Informationen, derer man habhaft werden kann, zu sichern und nutzerspezifisch in Scheibchen zu schneiden – und die Scheibchen je nach Privilegien gezielt zu verteilen. Berechtigungen sind ein Riesenthema in diesen Firmen: Wer darf was wissen und was nicht? Und natürlich muss man immer an die Sicherheit der Daten denken!

Auch die Betriebsräte werden da hoch neurotisch und sind bei jeder Information darauf bedacht, dass Datenschutz gewährleistet ist und die Mitarbeiter- und Leistungsdaten vor dem Zugriff des Managements geschützt bleiben. Jede Information wird zum Politikum. Verständlich, denn frei zugängliche Informationen wären in einem solchen Haifischbecken auch so etwas wie ein hilfloser versprengter Schwarmfisch. Ein gefundenes Fressen.

Dann gibt es natürlich Spezialisten, Experten, die besonders geschickt mit Informationen umgehen. Sie entwickeln ungeahnte Cleverness und wenden einen Großteil ihrer Energie dafür auf, mittels Informationen Macht auszuüben und zu kanalisieren. Denn neben der formellen Macht gibt es ja auch immer noch die informelle Macht der Bescheidwisser, Insider und Eingeweihten.

Man kann es den IT-Managern, den Controllern und den Personalern kaum übelnehmen, dass sie sich ihren Informationsvorsprung, den sie nun mal haben, wenn sie sich nicht allzu doof anstellen, auch zunutze machen. Denn, hey, alles, was sie nicht selbst benutzen, kann von anderen gegen sie verwendet werden.

Ist das nicht grauenvoll? Aber so ist es! Was nützt da das ganze Gedöns um Sinnkopplung, Werte und Prinzipien? Anders gefragt: Wie muss man es machen, damit Sinn, Werte und Prinzipien überhaupt ihre Wirkung entfalten können? Wie beendet man den Krieg um Information? Wie stellt man das Vertrauen her, das es braucht, um die Beta-Prinzipien in einer Organisation überhaupt anwenden zu können?

Platzende Synapsen, Spionage und Endlosdebatten

Sinn ist gut und schön, aber man braucht ihn nicht nur in der Großhirnrinde des Unternehmens, sondern er muss überall sein, er muss durch alle Gefäße bis in die Kapillaren der Organisation strömen. Sinn, Werte, Prinzipien müssen das Unternehmen durchfluten können. Und selbstverständlich können sie das nicht, wenn es Zugangsbarrieren, Angst, Misstrauen und Informationsmacht gibt. Das Wort »Angst« ist verwandt mit dem Wort »Enge«. Und da liegt die Lösung: Weite ist das Richtige für Informationen, nicht Enge. Freiheit! Wie dreht man der Hierarchie den Hahn zu? Ganz einfach: Informationskanäle aufsperren statt zusperren. Man muss den Informationsfluss beschleunigen, alle Engpässe beseitigen und alle Staus auflösen. Damit allen ein Licht aufgehen kann.

Wenn das Licht des Marktes die Organisation durchströmen kann, dann kann ihn jeder sehen. Dann ist der Markt überall im Unternehmen wirksam. Dann ist »Kundenorientierung« oder »unternehmerisches Denken und Handeln« im ganzen Unternehmen möglich. Der Zulieferer A hat die Preise erhöht? Jeder weiß es sofort. Der Kunde B hat Zahlungsschwierigkeiten? Ist kein Geheimnis. Manager C hat gekündigt? Ja, ist bekannt. Team D hat bessere Zahlen als Team E? Wissen wir. Wettbewerber F plant einen Relaunch des Konkurrenzprodukts? Haben alle gehört. Damit sich jeder an den Sinn koppeln kann, muss ständig Marktkontakt bestehen. Der Markt muss unmittelbar erfahrbar, spürbar, sichtbar sein. Alle Mitglieder einer Organisation sollten ständig auf Tuchfühlung miteinander und vor allem mit dem Draußen sein.

Der Glaube, man könne den Informationsfluss kontrollieren,
ist so verbreitet wie trügerisch.

Natürlich leisten die meisten gängigen Management-Informationssysteme dies gerade nicht. Die Anwender dieser Systeme begehen den kapitalen Fehler, Informationen nach oben hin zu verdichten und den Zugang zu Information nach vordefinierten Kriterien zu beschneiden. Unten sollen die Leute immer nur die Informationen haben, die sie »wirklich brauchen« – nach Ansicht von Managern. Das ist nichts anderes als eine Konsequenz der tayloristischen Vorstellung, dass oben zum Denken, Entscheiden und zum Erteilen von Anweisungen mehr Informationsbreite und -tiefe erforderlich ist als unten. Genau dafür, entscheiden und anweisen, braucht man ja die Manager im Alpha-Unternehmen. Weiter unten soll man nur die Infos haben, die zur eigenen Funktion, zum eigenen Kästchen im Organigramm dazugehören. Nicht mehr. Das übliche Informationsgefälle in den Organisationen, das die meisten als völlig normal empfinden, ist nur eine weitere Konsequenz aus dem tayloristischen Unternehmensentwurf. Es ist üblich, aber es ist nicht gottgegeben. Und es ist uneffektiv.

Informationsschach und Wissensmanagement setzen die Kontrolle über Information voraus. Der Glaube, man könne den Informationsfluss kontrollieren, ist so verbreitet wie trügerisch. Der Versuch, das wertvolle Wissen aus den Köpfen der Mitarbeiter rechtzeitig abzusaugen und im Wissensspeicher sicher zu verwahren, ist vergeblich. Es funktioniert nicht. Alleine schon deshalb nicht, weil gespeicherte Informationen kein Wissen sind. Schon deshalb, weil gar keiner Interesse hat, seine Informationen zu teilen in einer von Misstrauen geprägten Organisation.

Und was das kostet! Institutionalisierte Geheimniskrämerei ist ungeheuer aufwändig und muss maschinell betrieben werden. Die Wissens-IT ist eine Maschine, die laufend in Gang gehalten werden muss, über Abteilungsgrenzen und Hierarchieniveaus hinweg. Das kostet Manpower, das verzögert Abläufe, das verschlingt Ressourcen ohne Ende.

Außerdem verschleudern die Unternehmen damit die Intelligenz der Mitarbeiter, die für das Informationsschach zuständig sind, und der Mitarbeiter, die gezwungen sind, das Spiel mitzumachen. Nach Einstein nutzen wir ja nur 10 Prozent unseres Gehirns. Wenn wir jetzt noch dafür sorgen, dass das Licht aus bleibt, nutzt jeder Mitarbeiter nur noch 2 Prozent. Das ist Verschwendung. Oder Luxus. Aber auch das regelt der Markt selbst. Denn immer mehr Unternehmen setzen auf Transparenz – und können damit dramatisch erfolgreicher sein.

Einwand Nummer eins: »Aber den Mitarbeitern platzen doch sonst die Köpfe! Bei dieser Informationsflut und dieser täglichen Komplexität der Wissenslagen müssen wir doch unsere Mitarbeiter vor dem Overload schützen, damit sie nicht an akutem Neuronenmus und Synapsenplatzen zu-

grunde gehen. Jeder weiß doch, dass die Mitarbeiter mit der Informations-flut nicht umgehen können!«

Muss man derartigen Aberglauben im Zeitalter von Google, Wikipedia, iPhone noch widerlegen? Heute, wo schon Kleinkinder multitasking-trainiert sind und elektronische Medien gewandt auswerten, als wäre es genetisch einprogrammiert? Zu Zeiten der Einführung der Eisenbahn dachten Wissenschaftler auch, dass die Körper der Fahrgäste platzen, wenn die Geschwindigkeit 30 km/h überschreitet.

Keine Angst! Ihre Mitarbeiter können das. Spielend. Niemand braucht einen Informationsvorkoster oder einen Wissensvormund. Sparen Sie sich die Zugangsbeschränkung, muten Sie Ihren Mitarbeitern alle Information zu, die Sie haben. Die machen das schon. Die organisieren sich. Und sie sind in der Lage zu filtern und genau das aufzuspüren, was sie wissen müssen. Menschen sind Informationsverwendungskünstler.

Einwand Nummer zwei: »Aber wenn die Mitarbeiter alle Infos haben, dann rennen doch alle, so schnell ihre Beinchen tragen, zum Wettbewerber und verkaufen die geheimen Daten!«

Bleiben Sie auf dem Teppich. Die, die so was wollen, tun das ohnehin. Auch und gerade in tayloristischen Strukturen. Studien über Studien von Fraud-Spezialisten belegen, dass diejenigen Mitarbeiter, die vertrauliche Informationen verkaufen, genau die sind, die diese Informationen auch heute schon haben: Die Informationsbetrüger stammen aus dem mittleren und oberen Management und sind mehrheitlich zwischen 35 und 45 Jahren alt. Es sind genau die, die Kontakte haben, die Dinge mitbekommen. Es sind so gut wie nie die Fabrikarbeiter und einfachen Angestellten oder die Verkäufer, die daran interessiert sind, Daten zu veruntreuen. Die haben auch gar nicht die dazu notwendigen Kontakte. Und Leute mit gewisser krimineller Energie, die an brisante Informationen herankommen wollen, na, die können das doch auch jederzeit. Es gibt kein System, das das verhindert. Kriminelle Energie von Mitarbeitern ist nicht aufzuhalten. Also versuchen Sie's erst gar nicht. Viel wirksamer ist: Wenn Sie alle Informationen allen zugänglich machen, ist auch gar nichts mehr brisant oder geheim. Der Reiz verschwindet. Und, mal ehrlich, welche Daten sind schon wettbewerbsentscheidend?

Einwand Nummer drei: »Wenn wir das machen würden, dann würden ja alle permanent nur noch über die Informationen diskutieren, anstatt zu arbeiten. Das geht die doch gar nichts an, die sollen sich mit ihrem Arbeitsplatz beschäftigen. Die Sicht jedes Einzelnen zu allem ist doch irrelevant, und das ganze Gelaber führt nur zu Produktivitätseinbrüchen!«

So faszinierend und diskussionsbedürftig sind die Informationen doch in Wirklichkeit gar nicht, oder? Warum sollte man sich damit aufhalten? Und wenn da doch Informationen dabei sind, die Zündstoff beinhalten, dann gehören die erst recht auf den Tisch! Wenn zum Beispiel manche im Unternehmen unverhältnismäßig viel mehr verdienen als andere, die genauso lang dabei sind, ähnlich qualifiziert, ähnlich kompetent, dann gibt es in der Tat Diskussionsbedarf. Dann ist das ein Grund mehr, die Schleusen aufzumachen und aufzuräumen und die Mitarbeiter zu konfrontieren. Darüber reden wir hier: Alle Mitarbeiter sollen mit den realen Informationen konfrontiert werden. Was geklärt werden muss, wird dann geklärt, und dann passt es. Dann kann man vernünftig miteinander und füreinander arbeiten. Alles wird auf Herz und Nieren geprüft. Die Menschen können daran wachsen. Die Leistung wird besser, weil man mit reichhaltigen und validen Informationen besser denken kann.

Niemand braucht einen Informationsvorkoster oder einen Wissensvormund.

Nehmen wir das Thema Gehälter. Topmanager G hat seinen Schwager H ins Unternehmen geholt. Man munkelt, H habe ein exorbitantes Gehalt und haufenweise Benefits, die sonst keinem zustehen.

Variante 1: Gehaltsinfos sind streng vertraulich. Das geht niemanden etwas an. Die Personalabteilung hat Richtlinien und managt Gehaltsbänder und ist für die Durchsetzung der Personalstrategie zuständig. Alles geht seinen geordneten Gang. Keiner soll aufmucken!

Variante 2: Alle Gehaltsinformationen liegen offen. Das bedeutet, jeder weiß, was der andere verdient, vom Pförtner bis zum Vorstand. Ergo weiß jeder, dass das Gehalt von Schwager H völlig im allgemeinen Rahmen liegt, ein Munkeln und Tuscheln entsteht erst gar nicht. Jeder würde sehen, dass die Gerüchte gegenstandslos sind. Keine Chance für Intrigen. In einem Beta-Unternehmen wäre Vetternwirtschaft auch undenkbar, weil jeder sich bewusst ist: Das lässt sich bei absoluter Transparenz weder durchziehen noch geheim halten!

Die total transparente Organisation ist möglich. Sie ist Realität. Und auch gar nichts Besonderes, sondern eigentlich unspektakulär. Dieses Niveau von Transparenz gibt es in vielen ganz kleinen, aber auch in einigen großen Unternehmen: dm-drogerie markt, AES, Google, Southwest Airlines, W. L. Gore, Handelsbanken machen vor, dass es geht.

In diesen Unternehmen platzen keine Köpfe. Hier gibt es weniger Kriminalität als im Durchschnitt. Hier wird produktiver gearbeitet als beim Wettbewerb. Gerade weil sie rundum informiert sind.

Sauerstoff für Kopfarbeiter

Macht macht dumm. Macht schnürt die Informationszufuhr ab, daran erstickt die Intelligenz. Das macht Unternehmen dumm.

Unternehmerisches Handeln kann man nicht einfordern, wenn die Voraussetzungen dazu gar nicht existieren. Schlecht durchblutete Muskeln sind schlapp. Und bilden sich nach und nach zurück. Uninformierte Mitarbeiter brauchen nicht selber unternehmerisch denken, und sie können es ja auch gar nicht. Sie sind von der nötigen Information abgeschnitten, dem Denken nach und nach entwöhnt. Fragen Sie einmal eine Mutter, die sich eine dreijährige Auszeit genommen hat, um sich um das Kind zu kümmern, und die danach versucht, wieder in den Job reinzukommen. Das ist brutal schwer, denn nach drei Jahren nicht mehr mitdenken ist das Hirn nun mal ziemlich eingerostet. Und der automatische Antrieb, selbst aktiv geistig tätig zu werden, ist erst einmal eingeschlafen.

In vielen Unternehmen hat ein Großteil der Mitarbeiter grundsätzlich permanent Auszeit vom Denken. Weil die Chefs es ihnen nicht zutrauen und das Unternehmen grundsätzlich so konzipiert ist, dass nur 10 Prozent der Mitarbeiter denken sollen. Völlig klar, dass die 90 Prozent das dann auch nicht auf Anhieb tun oder zu tun bereit sind, wenn man es plötzlich von ihnen einfordert. Was dann nur die These bestätigt, dass sie es ja nicht können. Was die tayloristische Teilung in Denker und Dumme weiter zementiert. Was das Unternehmen weiter dumm hält. Was ins Aus führt, sobald andere Unternehmen aufhören, sich zu verblöden, und ihre Mitarbeiter zum Denken ermächtigen und befähigen.

Lückenlos informieren, und zwar ständig und dauerhaft, ist eine Vorleistung, die ein Unternehmen erbringen muss, wenn es unternehmerisches Denken und Handeln von den Mitarbeitern einfordern will. Man kann nicht intelligent im Sinne des Ganzen handeln ohne Transparenz.

Macht macht dumm.

Ein transparentes Unternehmen ist dabei keinesfalls unkontrolliert. Die Angst vor Kontrollverlust ist neben der Angst vor Machtverlust sicherlich der größte Transparenzverhinderer. Aber unbegründet. Kontrolle ist nichts Schlechtes, sofern sie nicht hierarchisch angelegt ist. Kontrolle ist notwendig. Und die meisten Mitarbeiter wünschen sich sogar ein gewisses Maß an Kontrolle, einfach um sicher zu sein, gute Arbeit zu leisten. Aber es muss »gutartige« Kontrolle sein. Wohlwollende Kontrolle, die nicht mit Machtausübung verknüpft ist.

Und in Beta-Unternehmen herrscht strenge Kontrolle! Transparenz führt zu einer Form von Kontrolle, die Alpha-Organisationen fremd ist. Denn durch Transparenz entsteht Gruppendruck und gegenseitige Kontrolle durch Kollegen. Ganz automatisch. Jeder ist sich bewusst, dass alle Informationen offen zugänglich sind. Alle haben den gleichen Wissensstand. Dadurch ist es weniger leicht, Geld zu verschwenden, zu stehlen oder zu betrügen. Oder schlechte Leistung zu verstecken. Oder Nichtstun. Es ist weniger leicht, politisch zu agieren und zu intrigieren. Es ist weniger leicht, sich einen Vorteil auf Kosten anderer zu verschaffen oder in irgendeiner Weise nicht im Sinne des ganzen Unternehmens zu handeln. Der Einzelne muss sich vor dem Kollektiv rechtfertigen, nicht vor Chefs. Durch diese Verpflichtung untereinander entsteht Verantwortung füreinander.

Was dabei auf der Strecke bleibt: Macht. Transparenz erodiert Macht. Transparenz verringert die Machtdistanz. Darüber muss man sich im Klaren sein. Ein Chef, der sein Unternehmen transparent macht, macht es einerseits besser, schneller, leistungsfähiger, robuster. Andererseits entmachtet er sich. Er zahlt einen Preis. Aber was er dafür bekommt, ist es wert!

Wenn die Mitarbeiter auf die gleichen Informationen zugreifen können wie die Chefs oder Unternehmer, dann kennen sie den eigenen Laden in- und auswendig, dann kennen sie die Kunden, den Markt, die Außenwelt, die Finanzen, die Fähigkeiten der eigenen Organisation. Dann haben sie alle Informationen und Daten, die man braucht, um Risiken abzuschätzen und Chancen zu erkennen. Dann können sie in jeder Situation mutig und begründet entscheiden. Dann können sie agieren wie ein Unternehmer in einem kleinen Unternehmen, wo ja auch alle Informationen zugänglich sind. Und dann machen sie es auch. Dann gewöhnen sie sich daran, klug und tatkräftig zu sein, und entwöhnen sich von der Dummheit und Taubheit. Mitarbeiter, die von einem Alpha-Unternehmen in ein Beta-Unternehmen wechseln, brauchen schon mal das eine oder andere Jahr, bis sie ihren Verstand wieder entdecken und beginnen, an die eigene Intelligenz zu glauben.

Die Beta-Kodex-Organisation braucht Technologie vor allem dazu, um den Mitarbeitern die Möglichkeit zu geben, sich miteinander zu vernetzten. W. L. Gore stellte vor einiger Zeit fest, dass mehr und mehr Entwicklungsprojekte an verschiedenen Standorten und international verteilt bearbeitet werden. Weit mehr als in der Vergangenheit. Die Komplexität nimmt zu – das typische Muster, das überall gilt. Wohlgemerkt: Niemand hatte das angeordnet, denn Anweisungen gibt es bei Gore nicht. Das kam ganz von selbst, der Markt hat das so gesteuert. Aber dann wurde allen bei Gore mit der Zeit klar, dass neue Informationstechnologien entwickelt und eingesetzt werden müssen, damit das Unternehmen bei dieser neuen Komplexität und geografischen Verteilung weiterhin ohne Hierarchien, Bosse oder Informationsvermittler auskommen kann: Eine zunehmende Vernetzung der internationalen Teams wurde notwendig.

Dadurch ist es weniger leicht,
Geld zu verschwenden, zu stehlen oder zu betrügen.

Klar, wenn unterschiedliche Leute auf unterschiedlichen Kontinenten und in unterschiedlichen Zeitzonen zusammen an Projekten arbeiten, dann kann man auf die Idee kommen, die Koordination über »Chefs« oder »Supervisoren« erledigen zu lassen, die den Überblick behalten. Das jedoch wäre gegen Gores Kodex. Also reagierten die Gore-Leute auf die zunehmende Komplexität nicht mit einer komplizierteren Organisation, sondern mit komplexitätsrobusteren Informationssystemen, damit die verteilten Teams die gemeinsamen Aktivitäten und Zusammenhänge dokumentieren und sich informell und kontinuierlich austauschen können. Die Mitarbeiter brauchten Tools, um Diskussionsforen, Wikis, vielleicht auch Blogs – je nach Teamgröße – einrichten zu können. Tools, in denen Teammitglieder miteinander mailen, reden, sich sehen, dokumentiert miteinander diskutieren, dokumentiert miteinander arbeiten und Aufgaben gemeinsam erledigen können. Gore machte so einen notwendigen nächsten Entwicklungssprung.

ERP: Elektronisch Reduzierte Produktivität

Das Erstaunliche: Solche echten Informationssysteme, also Teams vernetzende Software, sind in Unternehmen eher rar gesät. Dabei ist der Markt für Unternehmenssoftware eigentlich riesig. Weltmarktführer SAP wurde 1972 von den fünf ehemaligen IBM-Mitarbeitern Claus Wellenreuther, Hans-Werner Hector, Klaus Tschira, Dietmar Hopp und Hasso Plattner gegründet. 35 Jahre später waren es 10000-mal mehr Mitarbeiter, nämlich rund 50000. SAP gilt (immer noch) als einer der beliebtesten Arbeitgeber Deutschlands. Allerdings: Das enorme Wachstum (11,7 Milliarden Euro Jahresumsatz 2008) bescherte dem Unternehmen viel Hierarchie und starke Alpha-Symptome. Das Start-up-Feeling ist verflogen, spätestens ab dem Jahr 2001 haben behördliche Tendenzen Einzug gehalten. Gefährlich!

Die Software, die SAP programmiert und vertreibt, dient größtenteils nicht etwa dazu, Menschen zu vernetzen, sondern sie optimiert vielmehr gängige Probleme von Alpha-Organisationen, indem sie Aktivitäten und Tätigkeiten verkoppelt. SAP hilft, Prozesse und Projekte zu planen und zu »steuern«, das elektronische Abbild der »echten« Arbeit zu erfassen und zu verwalten. Es ist aber weniger geeignet, wirklich realisierte komplexe Arbeit zu unterstützen und zu dokumentieren.

Electronic-Ressource-Planning-Software (ERP) wie die SAP-Systeme hilft, mit Hierarchie- und Abteilungsgrenzen, also mit den funktionalen Schnittstellen, irgendwie klarzukommen, die Prozesse zu managen. Aber sie zementiert gleichzeitig die funktionale Struktur der Unternehmen und die hierarchischen Ebenen. Die Frontends der Software setzen Berechtigungsprivilegien in Zugangsbeschränkungen um und kanalisieren Informationen. Es gibt also immer jemanden, der entscheidet, welche Information der Mitarbeiter braucht. Die Mitarbeiter, die Abteilungen und das gesamte Unternehmen können so systematisch von oben gesteuert werden. ERP-Software, auf diese Art eingesetzt, ist ein Steuerungstool, Management in Reinkultur. SAP ist kulturell und geistig ein Unternehmen der Alpha-Welt, sowohl was die Produkte als auch was die heutige innere Verfassung des Unternehmens anbetrifft. Aber vielleicht kann sich das Unternehmen ja weiterentwickeln ...

Unternehmenssoftware der Beta-Generation entsteht gerade wohl eher bei Google und anderen Beta-Unternehmen. Einfach deshalb, weil die Mitarbeiter dort bereits ein ganz anderes, viel moderneres Verständnis von Unternehmen und Organisation haben. Ein Beispiel von vernetzender, Empowerment realisierender Software ist Google Wave, das gerade entsteht. Wave integriert E-Mail, Chat, Blog, Wiki und andere Kommunikationsformen übergangslos auf einer einzigen Plattform. Endlich, könnte man fast sagen. So können Teams sich weltweit zeitsynchron oder asynchron konstituieren, sich im Projektverlauf flexibel vergrößern oder verkleinern, mit anderen Teams oder dem Markt kommunizieren, ihre Arbeit automatisch dokumentieren und für andere nachvollziehbar machen, gemeinsam zeitgleich an zentral gehosteten Dokumenten arbeiten, und das von jedem Ort aus, auch mobil von unterwegs. Das ist genial, revolutionär. Solche Tools werden viele Unternehmen in die Lage versetzen, mit einer neuen Stufe von Komplexität in der Projektkommunikation klarzukommen und so mit komplexer werdenden Märkten Schritt zu halten.

Mit solchen Tools strömt Sauerstoff in die Kapillaren des Unternehmens. Gute Mitarbeiter, die besten, fühlen sich besonders wohl, wo es gute Luft gibt. Dort gehen sie hin. Dort haben sie Zugang zu allen Informationen, dort erfahren sie zum Beispiel noch vor den Analysten der Finanzmärkte die eigenen Quartalszahlen, so wie bei Google. Dort fühlen sie sich auf Augenhöhe mit allen anderen und dort sind sie bereit, Höchstleistungen zu erbringen und die ihnen gegebenen Talente und Ressourcen eigenständig im Sinne des Ganzen verantwortlich nutzen. Empowerment ist ein unglaublich großer

Produktivitätsvorteil: Ich darf und ich kann, also will ich. Warum darf ich? Weil mir keiner Vorschriften macht. Warum kann ich? Weil alle Informationen offen liegen. Warum will ich? Weil das in der Natur des Menschen liegt. Und weil ich sinngekoppelt arbeite.

Mitarbeiter machen so bisweilen aus Datenhaufen Gold. Zum Beispiel gibt es beim Personalvermittler Egon Zehnder nur eine Datenbank über alle Büros hinweg. Bei jedem Projekt greifen Berater auf der ganzen Welt auf alle Daten weltweit zurück, nicht nur auf die der eigenen Region. Dadurch kommt es zu völlig überraschenden Vermittlungen und Positionsbesetzungen. Da gibt es kein Interesse des einzelnen Büros, die Daten für sich zu behalten, es gibt keine getrennten Profit Center. Jeder verdiente Euro ist für alle da, jede Vermittlung ist ein Erfolg für alle Partner überall im Unternehmen.

Nutznießer von Transparenz sind übrigens insbesondere – Chefs! Transparenz entlastet die Führenden von der Informationsbürde, die sie im Alpha-System schleppen müssen – das ist extrem erleichternd. Sie können dann ihren eigentlichen Job machen: Bewusstseinsbildung nach innen und nach außen. Denn in Alpha-Unternehmen sind die Chefs der informationelle Flaschenhals. Der typische Manager verbringt sehr, sehr, sehr viel Zeit in Meetings und mit Berichten und mit Plänen, um letztlich Informationen, die eigentlich frei fließen könnten, künstlich zu steuern, zu verifizieren, zu bewerten, zu verstehen, zu kanalisieren. Und auch um zu entscheiden. Dabei sind sie in der Regel ja am weitesten weg vom Geschehen. Sie müssen gebrieft werden, die Maschinerie der Entscheidungsvorbereitung muss laufen, sie brauchen Assistenten, Referenten, Stäbe, um auf dem Laufenden gehalten zu werden, sie brauchen Informationsverdichtung und -selektion. Das ist alles brutal mühsam, anstrengend zeitraubend, unpräzise, unvollständig, fehlerhaft, unzureichend. Extensives Berichtswesen ist extrem teuer. Das Abbilden von Realität in der organisatorischen Hierarchie bindet genau die Kräfte, die das Unternehmen eigentlich bräuchte, um produktiv zu arbeiten. Meetings werden auch falsch genutzt: Manager verbringen wertvolle Zeit in Meetings, um Informationen zu verteilen und zu verarbeiten, anstatt gemeinsam nachzudenken. Und bei all diesem Informationsgetriebe ist die kumulierte Verantwortung des Managers für seine auf diesen krüppelhaften Informationsgrundlagen basierenden Entscheidungen eigentlich unzumutbar. Unmenschlich. Grotesk.

Transparenz bedeutet die Befreiung von diesem Wahnsinn. Das große Durchschnaufen. Jemand braucht eine bestimmte Information? Er holt sie sich. Sie ist offen zugänglich. Es gibt nur eine Realität, keine immer unvollständiger und schiefer werdende Kopie von der Kopie von der Kopie von der Wirklichkeit. Alles wird schneller. Auch der Kunde atmet da auf!

Die Informationen sind immer da, in Echtzeit. Wenn die Zentrale etwas über die Peripherie des Unternehmens wissen will, kann sie jederzeit nachschauen und so zum Beispiel stichprobenartig Ausreißer bei den Zahlen im Blick behalten und sich dann einschalten, wenn es nötig ist – und sich ansonsten raushalten aus dem Business. Also niemanden bei der Arbeit stören.

Mit die größten Vorteile ergeben sich bei der Transparenz-Revolution für das mittlere Management, das in der Hierarchie der Alpha-Unternehmen die Lehmschicht bildet und den Grad der Undurchlässigkeit bestimmt. Das sind ja normalerweise die Informationsverteiler und Datenschieber. Verteilen und schieben sie gut, dann läuft es einigermaßen gut im Unternehmen. Bringen sie den Informationskreislauf ins Stocken, weil sie die Gefäße verkalken und verstopfen, droht dem Unternehmen der Infarkt. In einer transparenten Organisation wird das Schieben und Verteilen überflüssig und das Verkalken und Verstopfen unmöglich. Die mittleren Manager können endlich, endlich etwas Intelligentes machen und sich echte, produktive, wertschöpfende Arbeit suchen.

Der träge, kranke Bienenstaat, der vom Zuckerwasser abhängig war, das der Imker in unregelmäßigen Zeitabständen und mit unterschiedlicher Zuckerkonzentration vor den Stock stellte, riss aus. Er fand eine Baumhöhle am Waldrand, ganz in der Nähe einer riesigen Wiese. Das Volk lernte nach und nach, sich wieder vollständig selbst zu ernähren. Indem jede Biene selber zur Blüte fliegt und sich den Nektar selbst holt. Genau den Nektar, den sie braucht.

Lieber Manager, willst du mäßig gepanschtes Zuckerwasser gereicht bekommen oder jedem die Freiheit geben, sich selbst den richtigen Nektar zu holen? Willst du Informationswirtschaft oder Transparenz?

Vertrauen ist kostbar

Vertrauen baut sich über Jahre und Jahrzehnte auf. Und kann an einem Tag zerstört werden. Wenn das so mühsam ist, wieso sollte es sich dann lohnen, auf Vertrauen zu setzen? Das ist die erste Frage.

Mitarbeiter beginnen nur dann zu vertrauen, wenn man zuerst ihnen vertraut. Aber weiß man, ob das in sie gesetzte Vertrauen auch durch den Vertrauensgegenzug gerechtfertigt wird? Ganz klar: Nicht immer. Warum ist es trotzdem intelligent, seinen Mitarbeitern zu vertrauen? Das ist die zweite Frage.

Die erste Antwort lautet: Weil Mitarbeiter, die nicht vertrauen, nicht arbeiten, sondern sich absichern. Das Absichern wird vom Unternehmen mit Arbeit verwechselt, darum bezahlt es den Absicherer trotzdem, als hätte er gearbeitet. Diese Absicherungstätigkeit heißt auch Dienst nach Vorschrift. Die meisten Angestellten in Deutschland sichern sich vorwiegend ab, der kleinere Teil von ihnen arbeitet wirklich im überwiegenden Teil der Arbeitszeit.

Die Krummen dürfen die Aufrechten nicht in Geiselhaft nehmen!

Wer also will, dass die Mitarbeiter aufhören sich abzusichern und stattdessen arbeiten, kann sich dafür entscheiden, ihnen Vertrauen zu schenken sowie einen Grund, das Vertrauen zu erwidern. Nach einiger Zeit wird das Unternehmen besser funktionieren und immer produktiver werden. Denn Arbeit ist dem Dienst nach Vorschrift produktivitätsmäßig meilenweit überlegen.

Die zweite Antwort lautet: Weil Vertrauensmissbrauch seltener wird, wenn man ihn offensichtlich macht. Jeder wurde schon mal betrogen. Jede Führungskraft hat schon mal die Erfahrung gemacht, dass ihr Vertrauen vom Mitarbeiter missbraucht wurde. Das kommt vor. Es gibt dann zwei Möglichkeiten. Entweder künftig dichtmachen und von vornherein misstrauen. Man könnte sagen: sich präventiv schützen vor weiterem Vertrauensmissbrauch. Man könnte aber auch sagen: handlungsunfähig werden.

Oder man entscheidet sich dafür, die gelegentliche Enttäuschung auszuhalten. Und als das wahrzunehmen, was es ist: Eine Ent-täuschung. Man hatte sich im Mitarbeiter getäuscht. Er war der falsche. Und das kam jetzt ans Licht. Gut, dass es ans Licht kam. Fehler macht jeder, das kann man aushalten. Das nächste Mal versucht man erneut, den besten Mitarbeiter auszuwählen. Man schüttelt sich und macht wieder auf, öffnet sich erneut und vertraut dem nächsten Mitarbeiter wieder voll und ganz. Wenn es vermutlich 98 Prozent der Mitarbeiter wert sind, dass man ihnen vertraut, dann ist es ohne Frage besser, diesen 98 Prozent zu vertrauen, als wegen der 2 Prozent, die es nicht wert sind, allen das Vertrauen zu entziehen. Die Krummen dürfen die Aufrechten nicht in Geiselhaft nehmen! Die 2 Prozent kann man aushalten, vermutlich sind es ohnehin weniger. Und es werden mit der Zeit immer weniger, wenn denn der Kontext stimmt.

Denn dann erst wird Vertrauensmissbrauch sichtbar für alle, wenn vorher alle dem Täter vertraut hatten. In einer Misstrauenskultur fällt es nicht auf, wenn einer krumme Sachen macht. Es gibt nämlich ein gemeinsames Interesse, einen Konsens, dass Missbrauch runtergespielt oder geheim gehalten wird. Nur wenn der Missbrauch ans Licht kommt, kann er aber geahndet werden. Im Beta-Denken soll er auch geahndet werden, und zwar messerscharf. Vertrauensmissbrauch muss in einer Organisation geächtet sein, das ist ein absolutes Schwerverbrechen innerhalb von Unternehmen. In den meisten Unternehmen werden die Sanktionen viel zu lasch gehandhabt. Bei Alpha-Unternehmen, wo Informationsverbrechen ohnehin (wenn überhaupt) erst spät auffliegen, gibt es viel Rechtfertigung und Reue, es gibt zweite, dritte, vierte Chancen, Bewährung und so weiter.

Was Beta-Unternehmen sich früher oder später dringend überlegen müssen: Wie Vertrauensmissbrauch geahndet wird. Und dann muss man konsequent sein. Wie streng? Sehr streng! Wer Informationen missbraucht, fliegt raus. Feierabend. Ohne zweite Chance. Das ist mein Rat.

Um präzise zu sein: Ich verwechsle Vertrauen nicht mit Blödheit. Vertrauen muss auch bestätigt werden. Blindes Vertrauen ist naiv. Bevor ich jemandem vertraue, schaue ich schon ganz genau hin. Fakten überprüfen oder jemanden einer Prüfungssituation aussetzen ist völlig legitim. Wir wollen schon genauer wissen, dass unser Vertrauen gerechtfertigt ist. Dabei spielt gute Information eine wichtige Rolle.

Vertrauen darf man nicht verwechseln mit der Annahme, dass Entwicklungen einen positiven oder erwarteten Verlauf nehmen. Ein wichtiges Merkmal von Vertrauen ist nämlich das Vorhandensein einer Handlungsalternative. Also nur, wenn der andere auch anders könnte als erwünscht, kann es überhaupt Vertrauen geben. Wenn wir innerhalb des Unternehmens einer Person vertrauen, erwarten wir, dass die künftigen Handlungen der Person sich im Rahmen unserer gemeinsamen Werte und innerhalb unserer gemeinsamen moralischen Prinzipien bewegen werden. Vertrauen ist jetzt, wirkt sich aber auf die gemeinsame Zukunft aus.

Dabei vertrauen wir auf Basis der heute für uns verfügbaren Informationen über die Person. Diese Informationsbasis ist aber prinzipiell unvollständig. Denn die Welt ist zu komplex. Das Vertrauen hilft uns dann, trotzdem miteinander auszukommen. Es ist prinzipiell riskant, aber es vereinfacht die Sache ungemein. Der Rest der Person und der sie begleitenden Umstände, den wir nicht sehen können, wird einfach für gut erklärt, damit man in der gemeinsamen Beziehung fortfahren kann. Niklas Luhmann definiert Vertrauen als »Mechanismus zur Reduktion sozialer Komplexität«.

Misstrauen ist nicht das Gegenteil von Vertrauen. Es gibt da kein Entweder-oder. Man kann gleichzeitig vertrauen und misstrauen. Nach Luhmann ist Misstrauen ein »funktionales Äquivalent« zu Vertrauen, da es ebenfalls

Komplexität reduziert und zu auf Intuition basierten Entscheidungen befähigt. Die Gleichzeitigkeit von Vertrauen und Misstrauen ist kein Widerspruch, sondern in komplexen Situationen unausweichlich. Wenn meine Intuition sagt, dass ich dem Mitarbeiter vertrauen kann, dann vertraue ich ihm. Aber aufgrund meiner Erfahrung bleibt ein Rest Misstrauen. Ich vertraue ihm nicht blind. Ich renne nicht ins Verderben. Ich weiß, dass es eine Chance gibt, dass er mich enttäuscht.

Blind ist vielmehr, wer sich auf vermeintlich objektive Daten und den eigenen rationalen Verstand verlässt. Wenn Informationen in IT-Systeme eingegeben, von Stabsstellen verdichtet und aufbereitet werden, dem Topmanagement vorgelegt und dort interpretiert werden, damit dieses fernab vom wahren Leben entscheidet, dann hat die Organisation sich auf maximale Inkompetenz hin optimiert. Denn anstatt einfach darauf zu vertrauen, dass die Mitarbeiter in der Peripherie direkt beim Kunden weise entscheiden, verlässt man sich auf das Bild vom Spiegel von der Kopie vom Filter vom Reflex. Und glaubt, das sei die Realität! Je weiter weg vom Problem entschieden wird, desto mehr glauben Manager, objektivieren zu müssen. Je näher dran, desto mehr kann man der Intuition und den Erfahrungen vertrauen. Und liegt meistens richtiger. Das Gegenteil lässt sich nicht beweisen.

Man muss Vertrauen ins Vertrauen haben, weil Vertrauen eine wirtschaftlich hoch effiziente Methode ist.

Offene Informationssysteme – eine Willensfrage

Transparenz kostet nichts. Im Gegenteil. Und bringt allen Vorteile. Allen. Es gibt keine Verlierer.

Was müssen die Unternehmensführer tun? Die Angst überwinden. Das Unternehmen entmystifizieren. Das SAP-System oder Oracle oder Peoplesoft oder was auch immer aufsperren, nicht zusperren. Einfach der IT den Auftrag geben, jetzt gleich, das Ding aufzusperren. Alle Informationen entpacken und entsperren. Allen Mitarbeitern die Möglichkeit geben, an die Informationen selbst zu gelangen. Und sofort aufhören, Informationen zuzuteilen.

Das Gleiche gilt für Data Warehouses und andere Business-Intelligence-Systeme: Aufmachen! Aufhören, den Zugang zu reglementieren. Werkzeuge zur Informationsnutzung weithin verfügbar machen. Wenn möglich allen.

Was es so an Berichten gibt: offenlegen! Jeder darf jeden Bericht lesen. Spezialberichte für bestimmte Empfängerkreise: radikal streichen oder dem

Empfänger in Rechnung stellen! Die meisten Spezialberichte sind ohnehin nutzlos, nicht entscheidungsrelevant oder werden gar nicht gelesen.

Ein Beispiel: In einem internationalen Vertriebsunternehmen für Befestigungssysteme bekam das Controlling eines Tages den Auftrag zu untersuchen, wie das Verhältnis der Anzahl von Vertriebsmitarbeitern zum Betriebsergebnis in verschiedenen Ländern aussieht. Für so eine typische Analyse, den Vergleich zwischen Märkten, Filialen usw., gehen leicht einige Dutzend Arbeitsstunden drauf. Erkenntnisgewinn? Gleich null. Weil nämlich tausend Randbedingungen – abgesehen von der reinen Mitarbeiterzahl – Rentabilität, Marge und Ergebnis beeinflussen können. Zum Beispiel: Wie lange ist das Unternehmen im betreffenden Markt tätig? Wie sieht der Wettbewerb dort aus? Wie ist die Bevölkerungsstruktur? Wie ist das Klima? Wie steht es um die Wirtschaftslage und die Konjunktur? Die Demografie und das durchschnittliche Einkommen? Die gesetzlichen Rahmenbedingungen? Die Bildung? Und so weiter und so fort. Das Ergebnis X Euro pro Kopf sagt null und nichts aus, es ist keine Bewertung möglich, ob es gut oder schlecht ist, wenn die Umsatz/Mitarbeiter-Ratio in Ungarn 20 Prozent höher ist als in Polen. Völliger Schwachsinn, so eine Analyse. Das versteht jeder Zehntklässler. Solche Berichte gehören geächtet.

Was will der Manager, der Auftraggeber einer solchen Analyse, damit eigentlich erreichen? Im geschilderten Fall kam heraus: Er suchte einen oder mehrere Schuldige für die durchwachsenen Zahlen, für die er vor seinem eigenen Chef geradestehen musste. Er würde besser dastehen, wenn er zusammen mit den schwachen Zahlen gleich auch eine Personalmaßnahme präsentieren könnte. Das ist typisch. Worum geht es dabei? Um Macht. Um Hierarchie. Und worum geht es nicht? Um die Sache. Um die Produktivität. Darum, gemeinsam besser zu werden.

Anstatt dass er verschiedene Mitarbeiter an einen Tisch holt, um die Unterschiede in der Leistungsfähigkeit zu prüfen und zu verstehen, verbrät er Unmengen Geld und Ressourcen auf Datenmanipulation, vermutlich ohne jedes verwertbare Ergebnis. Anstatt nachzudenken macht man Berichte – das ist das allgemeine Muster. Jeder Bericht legt den Verdacht nahe, dass zu wenig nachgedacht wurde.

Dabei ist die Aufgabe, gemeinsam die Produktivität im Vertrieb zu steigern, doch eine völlig legitime und spannende Sache. In einer transparenten Organisation lägen die Zahlen ohnehin auf dem Tisch und Mitarbeiter würden miteinander darüber reden und sie im Dialog interpretieren. Dabei würde sich auch die Meinung herauskristallisieren, ob in einem bestimmten Markt anders gearbeitet werden müsste, um die Zahlen zu verbessern. Die Kollegen würden sich gemeinsam Gedanken machen, wie die Produktivität verbessert werden könnte.

Ganz generell: Unternehmen brauchen Berichte. Natürlich. Aber sie brauchen dramatisch weniger, als gemeinhin gedacht. Die meisten Berichte werden nur für die Hierarchie gemacht. Nicht für die Sache. In manchen Unternehmen glauben die Manager, dass die Berichte bis hin zu Ampelsignalen verdichtet werden müssten. Topmanagementberichte sind oftmals voller Tachometer, Ampelfarben und stark verdichteten bunten Bildchen. Offenbar will man dem Management nicht zu viele Informationen zumuten. Ist das nicht erstaunlich, wie wenig wir den bestbezahlten Managern zutrauen? Natürlich geht es da um Zeitersparnis. Vordergründig. Ihr Bild der Welt sieht offenbar im Idealfall aus wie ein Comicheft, weil sie so wenig Zeit und eine so kurze Aufmerksamkeitspanne haben. Ist das nicht lustig? Ein Callcenter-Agent muss da deutlich mehr an Komplexität und Informationsmenge stemmen. Oder ein Fabrikarbeiter.

Der Berichtswesen-Overkill ist nur ein Reflex des Glaubens, dass Manager entscheiden müssten. Berichte sind immer schon vorgefertigte Sichten auf das Wissen. Extern braucht man das, gegenüber Partnern, Banken, Investoren, keine Frage. Intern braucht man das nicht. Wenn Entscheidungen auf das ganze Unternehmen verteilt und da getroffen werden, wo sie relevant sind, dann bekommt einfach jeder sein eigenes Zugriffstool, einfach einen Browser, um auf die eine zentrale Datenbasis zugreifen zu können. Wann immer er es braucht. Wie bei der Suche im Internet mit Google & Co. kann jeder die Informationen herausfischen, die er möchte.

Verzichten kann man dann auch auf die aufwändigen Powerpoint-Präsentationen, um Zahlen, Daten, Fakten in diesem oder jenem Licht erscheinen zu lassen. Alle Kollegen haben ja bereits die Vertriebs- und Rentabilitätsdaten vorliegen. Die Leute gehen nicht ins Meeting, um zu informieren oder um informiert zu werden, denn alle haben prinzipiell den gleichen Informationsstand. Dann kann man einfach miteinander reden wie erwachsene Menschen.

Informationen pitchen, Daten frisieren, Meinungsmache betreiben, Informationen zielführend filtern, Statistiken drehen, Zahlen zurückhalten, das macht dann alles keinen Sinn mehr. All die Mühe für die Monatsberichte, die Excel-Sheets, die aufbereiteten Ausdrucke und Pipapo, das können Sie sich dann alles schenken!

Machen Sie beispielsweise allen Ihren Mitarbeitern zum gleichen Stichtag den Monatsabschluss einsehbar, nicht erst nach zehn oder 15 Tagen, sondern möglichst innerhalb von 24 oder 48 Stunden. Wie wäre das? Experten nennen das Fast Close. Die Zahlen liegen ja ohnehin elektronisch vor. Was spricht dagegen, sie sofort freizugeben? Viele Finanzer kämpfen einen erbitterten Kampf dagegen. Warum eigentlich?

Die meisten Berichte werden nur
für die Hierarchie gemacht.

Viele Spitzenunternehmen zeigen, dass das locker möglich ist, wenn die IT, die Buchhaltung und das Rechnungswesen das so wollen. Und wann wollen sie das? Wenn sie die Informationen als Eigentum aller verstehen und sich dafür verantwortlich fühlen, dass alle zeitnah darauf Zugriff haben. Dann wird das ein für alle Mal automatisiert, die entsprechenden Tools gibt es ja. Wann wollen sie das nicht? Wenn sie sich als Informationseigentümer verstehen und sich dafür zuständig fühlen, sie zu hüten, zu analysieren, abzuschirmen, sie keinen Unbefugten zugänglich zu machen und den Zugriff gemäß der Hierarchie zeitlich zu strukturieren: Je höher im Rang, desto größer muss der Informationsvorsprung sein. Das sind dann keine Informationslieferanten, sondern Informationsverhinderer.

Nicht zu unterschätzen ist ihre Energie. Die unterschiedlichsten Gruppen fahren in der Regel die perfidesten Argumente auf, um Transparenz zu verhindern. Da wird im Extremfall sogar behauptet, das Grundgesetz verbiete es, Daten offenzulegen. Alles Quatsch! Wenn Coca-Cola sein Geheimrezept einfach nicht preisgeben will – okay. Das ist eben der Mythos von Coca-Cola. Aber welche Firma bitte schön hat schon Geheimnisse? Na gut, vielleicht temporär bei einer Unternehmensübernahme oder im Fall eines vorübergehenden technologischen Vorsprungs bei einem Produktionsverfahren. Oder bei einer Produktneuheit, oder vielleicht auch mal kurzfristig Angebotskonditionen. Alles verständlich. Aber sonst, seien wir ehrlich, welche Geheimsachen haben wir schon groß? Verdammt wenig!

Ansonsten: Alles aufmachen, herzeigen, unter die Nase reiben. Raus mit den Infos! Das wirkt. Das geht so weit, dass man den Kunden erzählt, welche Marge man hat. Das kann nichts schaden. Warum sollte der Kunde, der sich ohnehin Gedanken über Rentabilität macht, nicht alles sehen? Was kann schon passieren, außer dass man sich gegenseitig noch besser versteht?

Warum soll ein Lagermitarbeiter nicht das Gehalt des Vorstands kennen? Er weiß sowieso, dass der viel mehr verdient. Das kann jeder verstehen. Jeder verdient, was er verdient. Es gibt große Gehaltsunterscheide. Das ist so. Jeder weiß es. Es ist kindisch, das verheimlichen zu wollen. Gerade das Verheimlichen verursacht doch den Ärger und den Neid. Ja, zugegeben, da gehören auch Cojones dazu, wie man im Spanischen sagt, sich als Manager hinzustellen und zu sagen, was man verdient, und auch noch stolz darauf zu sein. Wer da ein schlechtes Gewissen hat, bekommt vielleicht tatsächlich zu viel …

Warum sollte nicht jeder erfahren, dass die Liquiditätslage gerade schlecht aussieht? Stürzen sich dann alle in den nächstbesten Fluss? Oder wenn die

Ergebnisse exorbitant gut sind. Stellen dann alle plötzlich Forderungen? Traut man den Mitarbeitern denn tatsächlich nicht zu, dass sie wissen, was sie tun?

Am Ende ist alles eine Frage des Menschenbilds. Was glauben Sie? X oder Y? Feind oder Freund? Dumm oder intelligent? Faul oder motiviert? Besser fremdgesteuert oder selbstbestimmt? – Sie haben die Wahl. Nein, halt, Sie haben keine Wahl! Sie können nicht, Sie *müssen* Ihren Mitarbeitern zutrauen, selbst zu bewerten, was sie gerecht finden und was nicht, was richtig ist und was falsch. Sie müssen sich den Wertungen und Entscheidungen der Mitarbeiter aussetzen und sich stellen. Tun Sie's nicht, tun's andere. Und überholen Sie mit Karacho. Denn es lohnt sich zu vertrauen. Auf Vertrauen folgt Transparenz. Und auf Transparenz folgt unternehmerisches Denken und Handeln aller im Unternehmen. Und darauf folgt wirtschaftlicher Erfolg.

Transparenz im Alpha-Kodex	Transparenz im Beta-Kodex
Geschlossene Informationssysteme – Mitarbeiter könnten Informationen veruntreuen	Offene Informationssysteme und Bücher – Mitarbeiter sind vertrauenswürdig
Status und Macht durch Information – alle Information wenigen	Empowerment durch Information – alle Information allen
Transparenz mündet in Kontrollverlust und kann unethisches Verhalten provozieren	Transparenz ist ein idealer Kontrollmechanismus und verhindert Vetternwirtschaft, Korruption, Diebstahl, Manipulation der Zahlen
Alles ist vertraulich – offene Informationssysteme sind undenkbar	Wenig ist vertraulich – offene Informationssysteme sparen viel Geld
Interne Transparenz ist riskant – die aus Intransparenz entstehende Abhängigkeit ein notwendiges Übel	Transparenz ist Grundlage für unternehmerisches Denken und eine dafür notwendige Vorleistung
Information überfordert Menschen – die Wahrheit ist gefährlich	Information ist wie Sauerstoff fürs Hirn, Informationsüberlastung ein Mythos – die Wahrheit ist zumutbar
Spezial- und Ad-hoc-Berichte als Werkzeug fürs Durchgreifen des Managements	Offenes Zahlenwerk als Wahrnehmungs-Oberfläche für unternehmerischen Impuls aller
Langwierige, kontrollierte Info-Bereitstellung – Berichtswesen	Alle sehen das Gleiche, zur gleichen Zeit – Informationsangebot
Gehälter und Bezüge sind geheim – Mitarbeiter deuten Gehaltsunterschiede als Ungerechtigkeit	Gehälter und Bezüge können offenliegen – Menschen finden Gehaltsunterschiede ganz natürlich
Daten werden für unterschiedliche Zwecke und Empfänger aufbereitet, nach Bedarf geschönt	Es gibt eine Sicht auf die Daten für alle, plus freien Zugang – Daten aufzuhübschen ist verpönt
Kunden und Lieferanten werden vertraglich gebunden – Geheimhaltung	Kunden und Lieferanten werden durch Vertrauen und Kooperation gebunden – haben maximalen Zugang zu Informationssystemen
Wissensmanagement – Bedarf nach Informationssystemen zur Wissensspeicherung, Überwachung und Spionage	Wissen kann man nicht managen – Bedarf nach Informationssystemen für vernetztes Arbeiten und Stärkung informeller Netzwerke

Paragraf 7

Orientierung: Relative Ziele statt Vorgabe

Setzen Sie wenige, einfache, hoch gesteckte, langfristige, sich selbst anpassende Ziele. Vergleichen Sie Leistungen mit intelligent gewählten realen Vergleichswerten und interpretieren Sie die erbrachte Leistung im Ist-Ist-Vergleich. Setzen Sie ausschließlich auf Selbstkontrolle und eliminieren Sie jede Fremdkontrolle von Leistung im Unternehmen. Ziele dienen der Orientierung für dauerhafte und kontinuierliche gemeinsame Verbesserung – niemals der Machtausübung gegenüber Individuen oder Teams.

Ein Kultusministerium irgendwo in Deutschland. Es ist Abend. In einem Büro brennt noch Licht. Jemand telefoniert …

» Wir müssen unbedingt unser PISA-Ranking verbessern! Ich will, dass wir Bayern bis 2013 überholt haben!
(…)
Nein, nein, das geht nicht anders. Wir müssen die Schülerleistungen verbessern. Der Notenschnitt muss rauf.
(…)
Wie? Ja, durch die Lehrer natürlich. Die müssen besser werden, damit die Schüler besser werden. Wir geben Ziele vor, damit die Lehrer wissen, was sie zu tun haben, und dann werden die Schüler besser. Ist doch logisch.
(…)
Wieso nicht? So wie in der Wirtschaft. Pass auf, wir bestimmen, dass die Schüler ihre Abi-Noten bis 2013 um 20 Prozent gegenüber heute verbessern müssen. Die Lehrer bekommen Leistungsziele vorgegeben. Das kommt in den Bildungsplan rein. Der angehende Lehrer, der das nicht unterschreibt, bekommt keinen Job.
(…)
Ich gehe schon davon aus. Was wollen die auch sagen? Die müssen ja mitziehen. Außerdem hängen wir für die Alten Beförderungen daran auf. Die Lehrer, die die Vorgaben erfüllt haben, bekommen die Beförderungen. Das machen wir sozusagen leistungsabhängig.
(…)

Dann müssen die Schülernoten ja hochgehen, oder?

(...)

Hm, überleg doch mal. Weil ich davon ausgehe, dass die Lehrer sich dann halt mehr Mühe geben.

(...)

Was? Doch, ich hab ja nicht gesagt, dass sie sich vorher keine Mühe gegeben haben. Ich mein ja nur, sie unterrichten dann eben besser. Effektiver und so. Sie wissen besser, was wichtig ist, wenn wir's ihnen sagen. Die werden sich dann schon anstrengen.

(...)

Du, lass mal, frag doch nicht so penetrant. Ich muss jetzt sowieso auflegen. Also wir machen das so, ja? Tschüss!«

Nicht ganz unwahrscheinlich, so ein Telefonat. Vor allem, wenn vielleicht der Mann einer Kultusministerin Unternehmensberater ist und außer seinen Unternehmenskunden auch seine Frau in bestem Wissen und Gewissen berät. Wie würde das dann weitergehen?

Wie kann man die Noten der Schüler um 20 Prozent verbessern? Die Lehrer müssten irgendwelche Dinge tun, damit die Schüler besser werden. Aber was nur? Sie geben sich ja heute schon die größte Mühe. Es ist ja nicht so, als habe der Lehrkörper bisher willentlich dafür gesorgt, dass die Noten schlecht sind und die Schüler weniger gute Leistungen bringen als anderswo. Welche Möglichkeiten bleiben also noch? Nun, entweder man macht die Prüfungen einfacher oder man hilft den Schülern, sich auf die Prüfungen besser vorzubereiten. Also beispielsweise die Fragen vorab zum Einüben geben.

> **Das Drohpotenzial einerseits und die Anreize andererseits sind schließlich deutlich genug.**

Genau das macht man dann auch. Es geht, wenn man erst mal mit Zielen und Vorgaben arbeitet, dann nur noch um die Noten, nicht mehr um das Lernen. Man managt auf diese Weise also die Noten. Selbst wenn man besser lehren würde, wäre es unrealistisch, dass die Noten 20 Prozent besser werden. Also muss man ja irgendwie die Noten direkt beeinflussen. Oder man manipuliert die Prüfungen.

Wie man es auch dreht und wendet: Natürlich werden alle immer versuchen, die Ziele zu erfüllen. Und vielleicht klappt es ja sogar. Das Drohpotenzial einerseits und die Anreize andererseits sind schließlich deutlich genug. Einen Effekt auf die Bildung der Schüler, auf ihr Wissen beziehungsweise auf das Lernen kann das aber nicht haben. Sondern lediglich einen Effekt auf Ethik und Moral. Nur leider keinen positiven. Lehrer und Schüler gewöhnen sich daran, Ergebnisse zu manipulieren, anstatt die Schule selbst beziehungsweise den Lehrplan, die Lehrmethoden oder die Lehrerausbildung zu verbessern.

Man könnte die Benotung im Allgemeinen auch gänzlich infrage stellen. Ich bin der Meinung, dass schon die Benotung an sich schädlich ist, je nach einzelnem Schüler mehr oder weniger. Aber das ist eine andere Geschichte, die ein andermal erzählt werden soll …

Ziele allein sind nichts

Das Ziel ist eines der wichtigsten Managementinstrumente überhaupt. Und immer noch so richtig en vogue. Es gibt heute kaum einen Trainer, Berater, Coach, der nicht darauf herumreitet. Ohne Ziele geht scheinbar gar nichts mehr. Wer führt, muss Ziele setzen. Und umgekehrt, wer Ziele setzt, der führt. Glauben alle.

Ziele werden allerorten gesetzt, nicht nur in der Wirtschaft. Zum Beispiel in der Politik – das Wahlziel wird bei X Prozent festgesetzt. Wenn das Ziel nicht erreicht wird: Rücktritt des Generalsekretärs. Oder beim Kinderarzt – Ziel ist, dass das Kind bis zum 48. Lebensmonat rechts und links den Einbeinstand mindestens drei Sekunden halten kann. Wenn das Ziel nicht erreicht wird: Eltern verrückt machen, Abklärung beim Fachspezialisten, Therapie. In der Kindertagesstätte – Ziel ist, dass bis zum Alter von vier Jahren die korrekte Stifthaltung mühelos sitzt. Wenn das Ziel nicht erreicht wird: Eltern unter Druck setzen, Entwicklungsstand des Kindes medizinisch abklären lassen. Im Krankenhaus – Verweildauer, Umschlagshäufigkeit und Bettenbelegungszeiten werden den Abteilungen als Ziele fixiert. Wenn die Ziele nicht erreicht werden: Diejenigen Patienten früher entlassen, die es am ehesten überleben oder sich nicht beschweren. Oder im Profifußball – unser Saisonziel ist das Erreichen der direkten Qualifikation zur Champions League. Wenn das Ziel nicht erreicht wird: Trainer wird entlassen. Bis hinein in die Familien – Sohn, du schaffst bis zum Sommer in Mathe auf die zwei zu kommen. Wenn das Ziel nicht erreicht wird: kein Tischtennis in der nächsten Saison.

Die meisten von uns glauben heute tatsächlich, dass es ohne Ziele keine Leistung gibt, keine Anstrengung, keine Klarheit, keine Führung. Es ist normal geworden. Aber es ist nicht normal. Erst in den Sechzigerjahren ging das langsam los, Management by Objectives, herzlichen Dank, Mr. Peter Drucker!

Mit im Gepäck der Zielvorgaben reisen Fremdkontrolle und die Utopie der Trennung zwischen Hard Facts und Soft Facts. Fremdkontrolle und Zielvereinbarungen passen deshalb so gut zusammen, weil quantifizierte Individualziele es erst möglich machen, dass man die Abweichung zwischen Ist-Ergebnis und Soll-Ergebnis messen kann. Nur so kann man einem vermeintlichen Minderleister begründet an den Kragen gehen. Und wenn der sich mit dem Argument wehrt, dass eventuell das Ziel unrealistisch gewesen sei, wird müde gelächelt und darauf verwiesen, dass er das Ziel ja schließlich unterschrieben habe, es sei ja vereinbart gewesen. So geht das also. Denken Sie mal daran beim nächsten Zielvereinbarungsgespräch. Dass der betreffende Mensch eventuell auch ohne Ziele selbst eine Meinung zu seiner Leistung hat, zufrieden oder unzufrieden mit sich ist, und das vielleicht selbst sehr gut beurteilen kann, insbesondere, wenn Kollegen in unmittelbarer Umgebung auch noch ihre Einschätzung dazu geben, scheint nicht viel Wert zu sein. Offenbar geht es beim Führen mit Zielen nicht um die bestmögliche Einschätzung und Bewertung von Leistung, sondern um Fremdkontrolle und Machtausübung. Man will im Kern den anderen zu etwas zwingen. Nicht führen, sondern verleiten, irgendwie dazu bringen. Egal, ob er freiwillig ohnehin sein Bestes gäbe oder nicht.

Die Kultur der Ziele hat auch mit sich gebracht, dass alles, was messbar ist, zählt. Und umgekehrt: Alles, was nicht messbar ist, zählt nicht. Damit werden messbare Dinge übergewichtet. Also zum Beispiel alles, was man in Euro oder Stückzahlen messen kann. Oder bestimmte Leistungsindikatoren: Umschlagsraten, Kosten pro Kopf, Umsatz pro Kopf, Headcount oder eben Benotung und Bewertung.

Was fällt unter den Tisch? Alles, was dem Dogma der Messbarkeit widerspricht. Also zum Beispiel kann man Qualität und Zufriedenheit nicht wirklich messen. Man macht sie durch mehr oder weniger zweifelhafte Abstraktionen messbar, etwa durch Befragungen. Man versucht auch ein wenig hilflos, die Qualität von Beziehungen irgendwie quantifizierbar zu machen oder die Qualität von Prozessen. Bei der Messung der Qualität eines Designs oder von Kommunikation oder auch individueller Leistung versagen dann so langsam die Versuche, sich die Zahlen irgendwie in die Tasche zu lügen.

Warum braucht es die Zahlen? Um sie zu managen. Genau, nicht die realen Ergebnisse sollen verbessert werden, sondern die Zahlen, die Abstraktion, die Krücke, das unzulängliche Abbild.

Management by Objectives,
herzlichen Dank, Mr. Peter Drucker!

Ziele sind nicht nur manchmal etwas hilflos, sie sind vor allem schädlich. Was man ganz generell sagen kann: Auf Dauer werden die realen Leistungen durch Ziele gemindert. So wie sich in der Schule bei vorgegebenen Zielen lediglich die kriminelle Energie der Schüler oder der Lehrer oder der Administration steigert und die Motivation für das eigentliche Lernen gleichermaßen abnimmt, so sind Ziele auf Dauer auch im Unternehmen kontraproduktiv.

Was erwarte ich von einem Verkaufsleiter, dessen Ziel jedes Jahr immer weiter gesteigert wird? Wie soll der das Ziel erreichen? Ist egal? Irgendwie eben? Was ist, wenn sich die Leistung nicht weiter steigern lässt, wenn der Markt ausgeschöpft ist? Wenn die Wirtschaftslage nicht mehr zulässt? Wenn der Markt sich gedreht hat? Egal? Irgendwie eben?

Es ist nur eine Frage der Zeit: Irgendwann wird der Vertriebler beginnen, entweder den Kunden oder die Zahlen zu manipulieren. Er braucht ja seinen Bonus. Was macht er? Er könnte die Kunden bestechen. Oder einen Vertriebskanal manipulieren. Oder beginnen zu betrügen, indem er Kundenverkäufe fälscht. Je nach krimineller Energie, Stolz oder Erziehung beginnt er vielleicht erst mal mit den kleinen Sachen: Er zieht Verkäufe vor, macht kleine Deals mit den Kunden, damit die in den letzten Tagen des Monats schon die Bestellungen des Folgemonats durchgeben. Oder umgekehrt, er hält Orders ein paar Tage zurück, damit er sie in den Folgemonat schieben kann, je nachdem, was im Sinne des Anreizsystems günstiger ist. Sie glauben, bei Ihnen gibt es das nicht? Schauen Sie dann bitte mal in die Statistik. Sehr häufig verkaufen Vertriebler in den letzten Tagen des Monats weitaus mehr als im Rest des Monatsverlaufs. Sehr üblich ist jedenfalls: Verkäufer managen Verkaufsquotas, anstatt so gut es eben geht zu verkaufen. Und anstatt Kundenbedarfe zu befriedigen.

Die Ziele drücken trotzdem weiter, die Bank will aber auch die Rate für das Häuschen pünktlich überwiesen haben. Also geht das Spiel in die nächste Runde. Die nächste Stufe: Der Verkäufer fakturiert am Ende des Monats und macht mit dem Kunden aus, dass der die Bestellung nach dem Monatsanfang storniert und retourniert. Das passt man an die jeweiligen Ziele an, man kann auch mit Rabatten und Discounts und den Zahlungszielen jonglieren. Oder vielleicht Leistungen dazugeben, ohne Fakturierung. Oder mal einen Kunden schmieren. So kann der Vertriebler das System überlisten. Nicht mehr richtig sinnvoll für das Unternehmen, teilweise auch nicht wirklich legal, aber noch nicht so richtig illegal. Machen wir uns nichts vor, das ist gang und gäbe.

Genügt das immer noch nicht, um die Ziele zu erreichen, wird die Grauzone immer dunkler bis tiefschwarz: Betrug. Fälschen von Kundenverkäufen. »Aus Versehen« doppelt fakturieren, in der Hoffnung, dass der Überhang gar nicht oder nicht komplett retourniert wird.

In einem Getränkevertrieb gab die Firma Ziele vor, wie viel neue Kunden pro Quartal jeder Verkäufer akquirieren musste. Denn das Unternehmen wollte die Zahl der Points of Sale erhöhen. Die Ziele waren für die Verkäufer unerreichbar, der Markt war schon gesättigt. Sie erreichten sie trotzdem. Und zwar einfach so: Sie erfanden neue Kunden und leiteten ein wenig Umsatz auf sie um. Beispielsweise teilten sie einen alten Kunden in zwei neue auf und legten dafür neue Kundennummern an. Genial – Auftrag erfüllt, System überlistet.

Der Effekt von Zielen ist immer: Die Mitarbeiter investieren einen bedeutsamen Teil ihrer Energie in die Erfüllung der Ziele, nicht in die eigentliche Arbeit. Sie bringen Zahlen, nicht reale Leistung. Ja, natürlich, es gibt eine Schnittmenge zwischen Zielerfüllung und Leistungserbringung, aber die liegt nicht bei 100 Prozent. Es wird haufenweise Energie dafür verschwendet, die Systeme zu überlisten und positive Zahlen zu produzieren. Egal wie groß der Prozentsatz im Einzelfall ist, es ist Verschwendung. Ziele lenken von Leistung ab. Ziele verursachen Verschwendung. Und zusätzlich oft Schlimmeres.

Um noch eins draufzusetzen: Nicht selten sind Zielsysteme so gestaltet, dass ein Teil der Mitarbeiter mit der Zielerfüllung einen Bonus oder eine Beförderung bekommt, der andere nicht. Man kann sich leicht vorstellen, wie die Energie ruck, zuck gegen bevorteilte Kollegen gerichtet wird und sich gegenseitig fertiggemacht wird. Wie daran gearbeitet wird nachzuweisen, dass andere die Leistung nicht gebracht haben. Streit, Missgunst, Neid. Auch das ist gang und gäbe bei Zielsystemen.

SMART, aber dumm

Der blinde Glaube an die Ziele beinhaltet mittlerweile weitverbreitet das SMART-Dogma: Demnach sind Ziele gerade dann »gute« Ziele, wenn sie spezifisch, messbar, aktiv beeinflussbar, realistisch und terminiert sind. Zwei dieser fünf Merkmale sind zumindest gefährlich und drei sind utopisch. Muss ich sagen welche?

Das nächste Ziele-Dogma hängt mit dem Wachstums-Paradigma zusammen: Ziele müssen immer weiter erhöht werden. Wird heute nicht mehr hinterfragt. Und weiter: Ziele negieren Unvorhersagbarkeit. Man tut so, als sei alles determiniert und prinzipiell vorhersagbar. Das ist ziemlich optimistisch. Man kann es aber auch als Wahnsinn bezeichnen. Eigentlich ist das Hybris. Irrenhausreif. Wie kann man nur auf so eine abwegige Idee kommen?

Bewusst oder unbewusst hat sich die Management-Community ein Set von Theorien und Ideologien zu eigen gemacht, die uns Steuerbarkeit vorgaukeln, wo es nichts zu steuern gibt. Es lässt sich nicht wegdiskutieren: Jede Art von zahlenmäßig fixiertem Ziel, das in die Zukunft projiziert wird, ist ein Fehler. Noch schlimmer wird es, wenn dem Ziele-Wahn ein wissenschaftlicher Anstrich gegeben wird. Wirtschaftsinstitute wie das DIW nehmen beispielsweise für sich in Anspruch, die Zukunft voraussagen zu können. Politik und Institute leiten aus ihrem Datenmaterial dann beispielsweise Wachstumsziele ab. Hören Sie mal genau hin, da wird von Zielen gesprochen. Das ist psychiatrisch schon bedenklich. Geisteskrankheit beginnt da, wo der Emittent einer Prognose dieselbe mit einem Ziel verwechselt. Dass nämlich die Prognose wahr wird, nur weil man sie prognostiziert, ist nicht nur ein klassischer Denkfehler, sondern eine handfeste Wahrnehmungsstörung.

Damit wir uns nicht falsch verstehen: Die Prognose der Wirtschaftsweisen ist nicht überflüssig, sondern sogar ganz interessant. Schlimm wird es nur, wenn man beginnt, daran zu glauben. Dann muss man zum Arzt. Und dass allgemein daran geglaubt wird, wurde wieder einmal in der Wirtschaftskrise deutlich, als die Prognosen plötzlich sichtbar dermaßen weit von der Realität weg lagen, dass offenbar wurde, wie gering ihr Realitätsgehalt in Wahrheit ist – und sich dann alle erst mal verwundert und völlig konsterniert die Augen rieben und die Welt nicht mehr verstanden. Wieso minus 6 Prozent? Die Weisen hatten doch noch vor kurzem minus 0,5 Prozent vorgegeben. Wie kommt die Welt nur dazu, sich nicht daran zu halten?

Ganz furchtbar sind auch Inflationsziele. Die Zentralbank setzt sich Ziele. Wenn man ein wenig darüber nachdenkt, wird schnell klar, dass das keine Ziele sind, sondern nur Wünsche sein können. Ob die gewünschte Zahl eintritt oder nicht, liegt absolut nicht im Einflussbereich einer Zentralbank. Wie kann man sich ein Ziel für etwas setzen, das außerhalb der eigenen Machtsphäre liegt? Was für ein Quatsch! Genauso gut können wir uns zum Ziel setzen, dass der Vesuv in den nächsten 50 Jahren nicht ausbricht oder dass es in den nächsten 30 Jahren kein großes Beben am San-Andreas-Graben in Kalifornien gibt.

Bitte beginnen Sie zu begreifen, dass es Zufall ist, wenn die Wirtschaftsweisen mit ihrer Prognose richtig lagen. Es gibt gute Sportwetten-Tippkönige, die die momentane Stärke dieser oder jener Mannschaft gut einschätzen können. Trotzdem ist es Zufall, wenn sie mal genau richtig liegen. Und es gibt gute Pokerspieler. Aber vier Asse auf der Hand sind Zufall. Auch beim Lotto gibt es jede Woche Gewinner. Und die Wetterprognosen (die in Wahrheit im Gegensatz zum Sprachgebrauch natürlich keine Vorhersagen sind, jedenfalls solange noch kein Nobelpreis für die Erfindung der Zeitmaschine vergeben wurde) für den jeweils nächsten und übernächsten Tag werden auch immer besser. Wenn Prognosen aber wahr werden, ist das entweder Zufall oder Manipulation. So einfach.

Bitte beginnen Sie zu begreifen,
dass es Zufall ist, wenn die Wirtschaftsweisen
mit ihrer Prognose richtig lagen.

Und wenn sie danebenliegen? Wenn die Wettervorhersage Regen vorausgesagt hat und die Sonne scheint, davon ganz unbeeindruckt, dann war die Prognose nicht falsch oder schlecht, sondern es war ja ohnehin nur eine Bewertung von Wahrscheinlichkeit. Eine Prognose ist prinzipiell unsicher. Eine Annahme über die Zukunft mit einer gewissen Wahrscheinlichkeit.

Eine Prognose befolgt man nicht, sondern man schlussfolgert daraus. Oder tut etwas Sinnvolles. Zum Beispiel nimmt man einen Regenschirm mit. Wenn man sich allerdings zum Ziel setzt, am Wochenende Sonnenschein zu haben, ist man verrückt. Die meisten Ziele gaukeln vor, dass wir Dinge festlegen können, die in Wahrheit außerhalb unseres Einflussbereichs liegen. Dass wir die Zukunft quasi magisch durch Ziele im Griff haben.

Aber genau das ist gängig in Unternehmen: Es wird überhaupt nicht unterschieden zwischen Prognosen und Zielen. Und viel zu oft machen wir aus Prognosen Ziele oder umgekehrt. In der Ideologie der Zielfetischisten sollen Ziele immer eine Herausforderung sein, die Anstrengung erfordert. Deshalb werden zum Beispiel Quartalsergebnisprognosen zu Zielen erklärt, die dann übertroffen werden müssen. Das ist bei Lichte betrachtet Irrsinn, denn die Prognose ist ja nur eine Annahme über die Zukunft, die prinzipiell nicht sicher ist. Die auch völlig danebenliegen kann. Niemand weiß etwas Genaues über die Zukunft. Auch Wirtschaftsweise, Sportwettentipper und Manager wissen nur etwas über die Vergangenheit. Die Aussagen über die Zukunft sind Prognosen, keine Vorhersagen. Sie sind Wetten auf die Zukunft, keine wissenschaftlichen Forschungsergebnisse, kein Geheimwissen. Zukunft lässt sich nicht errechnen.

Und wenn diese Wetten auf die Zukunft mit vorgezogener Realität verwechselt werden (»Die Exporte werden in den kommenden zwölf Monaten um 10 Prozent einbrechen!«), dann hat das unangenehme bis verrückte Konsequenzen: Der Kapitalmarkt bestraft zum Beispiel Unternehmen, wenn die Ziele, die eigentlich ursprünglich nur mehr oder weniger wahrscheinliche Prognosen waren, nicht übertroffen werden. Aber eine Prognose, liebe Leute, ist eben nur eine Prognose und nichts, was man erreichen muss.

Das Ergebnis ist das gleiche wie beim Vertriebler, der unter Zieldruck in die Kriminalität abdriftet: Massive Manipulation von Quartalsergebnissen und anderen Kennzahlen, was in der Regel früher oder später zu Skandalen führt. Alle großen Konzerne hatten da schon ihre Skandale. Die jüngsten: Alle Banken, die in der Finanzkrise halb oder ganz verstaatlicht werden, sind große Manager von Zielen. Die Finanzdienstleister, die vor der Krise am aggressivsten gewachsen sind, waren UBS, Citibank, AIG, Bank of America, Royal Bank of Scotland. Das waren die Wachstumskönige, angetrieben von ihren eigenen, hoch gesteckten Zielen. Was passiert in solchen Firmen, wenn die Ziele in den blauen Himmel abheben? Sie finden Mittel und Wege, die geforderten Zahlen wahr werden zu lassen. Man fälscht die Buchhaltung. Man verkauft verdeckte Kreditrisiken weiter. Man löst Kapital auf im Tausch gegen größere Renditen. Man manipuliert die Zahlen, um sich gute Ratings zu sichern. Man erfindet immer neue Finanzprodukte. Man gibt Vollgas, bis man vor die Wand knallt.

Eine Bank wie Handelsbanken dagegen hat weder in Island noch in amerikanischen Hypotheken investiert. Die Bank hat mitten in der Krise kein Problem. Ja, auch sie wurde im Boom ziemlich unter Druck gesetzt, und zwar von den Kapitalgebern. Da muss doch mehr gehen – mehr Wachstum bitte! Aber Handelsbanken hat eine starke Kultur mit festen Prinzipien. Die Bank hat dem Druck widerstanden. Die Banker sagten: Sorry, aber wir sind eine Niedrigrisikobank. Wild spekulieren sollen die anderen.

Interessanterweise ist der oft kolportierte Zusammenhang zwischen Risiko und Rendite ein Märchen: Handelsbanken ist gleichzeitig Niedrigrisiko- und Hochmargenbank. Denn das eine hat mit dem anderen langfristig gesehen nichts zu tun. Bei der risikoreichen UBS beispielsweise ist es so, dass die Ergebnisse sehr stark schwanken von Quartal zu Quartal, von Jahr zu Jahr. Einerseits sind die im Boom scheinbar extrem gut, andererseits haben sie in der Krise brutale Ausfälle und Abschreibungen. Den eigenen Leistungsträumen folgend reitet das Unternehmen über hohe Gewinnberge und durch tiefe Verlusttäler. Über Jahrzehnte betrachtet sind die Leistungen jedenfalls nicht besser als bei einer Niedrigrisikobank. Was aber ganz offensichtlich deutlich schlechter ist bei der UBS ist die Resilienz, also die Widerstandskraft gegen widrige Bedingungen.

Die andere Sorte Ziele

Ziele als Leistungssteuerungsinstrumente versagen. Immer. Sie können, wenn sie zur Steuerung verwendet werden, Leistungen nicht verbessern, nur verschlechtern. Aber Ziele, richtig angewendet, haben durchaus ihre Berechtigung, wenn man sie zur Selbstführung einsetzt: Sie können Orientierung geben und Herausforderungen deutlich machen. Und das ist doch schon viel.

Beispielsweise kann man nach einer Analyse der Geschäftslage darauf kommen zu sagen: Wir wollen Kosten reduzieren. Wichtig sind uns derzeit die Kosten. Das ist durchaus ein sinnvolles Ziel. Das lenkt den Blick in eine ganz bestimmte Richtung. Aber nicht, um auf bestimmte Zahlenwerte hinzusteuern.

Ziele sind vor allem auch wichtig, um Leistungen vergleichbar und einschätzbar zu machen. Menschen sind so, sie wollen möglichst frei entscheiden, wie sie Dinge tun, aber sie wollen auch die Möglichkeit bekommen, ihre Leistung einschätzen zu können. Selber einschätzen. Die eigene Leistung. War das, was ich geschafft habe, gut? Da können Ziele helfen. Aber diese Sorte Ziele ist anderer Art. Es sind relative Ziele.

Wenn man sich vornimmt, den nächsten Gegner zu schlagen im Mannschaftssport, dann ist das ein Ziel. Ein gutes Ziel. Aber es ist eigentlich auch trivial. Es ist doch logisch, dass man gewinnen möchte. Relative Ziele sind ganz natürliche Ziele. Sie sind einfach und ganz offensichtlich. Ihr Trick: Sie setzen Akzente. Ich will besser sein als die anderen. Wir wollen den Wettbewerber schlagen. Ich will nachhaltig rentabler sein als der andere. Wir wollen die Größten sein. Oder die Besten. Oder die Innovativsten – im Vergleich mit den anderen. Das sind Akzentsetzungen. Das kann man mit Zielen verdeutlichen. Aber dazu braucht man nicht viele Ziele. Und schon gar kein umfangreiches Zielsystem. Und man braucht sie auch nicht vorzugeben. Denn sie sind eigentlich sowieso klar, sie entstehen automatisch als kollektiver Wille. Als Ausdruck dessen, worauf es ankommt. Zahlen sind dabei nicht Bestandteil des Ziels, sondern lediglich Messgröße zur Einschätzung des Grades an Zielerreichung relativ zum intelligent gewählten Vergleich.

Ein qualitatives Ziel könnte lauten, der Beste zu sein. Die Zahlen geben Auskunft: Werde ich gerade besser relativ zum Wettbewerb? Komme ich näher? Oder entferne ich mich? Wenn zum Beispiel ein Ziel von Borussia Dortmund lautet: Wir wollen die Besten im Ruhrpott sein, dann ist es sinnvoll, auf die Tabelle oder das Punktekonto zu schauen: Nach 17 Spieltagen sind wir drei Punkte hinter Schalke 04 und zehn Punkte vor dem VfL Bochum: Das Ziel ist in greifbarer Nähe, wir müssen in den restlichen Spieltagen nur vier Punkte mehr als Schalke holen. Zahlen geben Auskunft: Werde ich gerade besser oder komme ich näher oder entferne ich mich?

Wenn eine Firma sich zum Ziel setzt, der rentabelste Zahnpastahersteller zu sein, dann kann man den Grad der Zielerreichung messen. Um dann aus dem Zahlenvergleich Schlussfolgerungen zu ziehen. Das war's. Mehr braucht man nicht. Mehr geht auch nicht. Man kann jedenfalls keine Ziele sinnvoll direkt miteinander verknüpfen. Kaskadenartiges Überziehen der Umsatzmaschine mit Zielen – das ist ein Irrweg. Der Glaube, dass alles besser wird, wenn sich jedes einzelne Zahnrädchen in der Maschine verbessert, ist ein Irrglaube. Es gibt vermutete, indirekte Zusammenhänge, aber man kann die Ziele nicht auseinander ableiten. Kaskaden sind tayloristisch. Utopisch. Dogmatisch. Sie basieren auf der Annahme, Menschen seien Roboter und Unternehmen seien Maschinen und Ursache-Wirkungsketten verliefen linear.

> *Wir müssen in den restlichen Spieltagen*
> *nur vier Punkte mehr als Schalke holen.*

Ab einem gewissen Komplexitätsgrad verhalten sich Systeme aber chaotisch. Und jedes Unternehmen erfüllt diese Bedingung spielend. Chaotische Zusammenhänge kann man nicht messen oder vorhersagen oder direkt beeinflussen. Das Gesamtergebnis unterliegt bei weitem zu vielen Einflüssen. Es ist prinzipiell möglich, dass ein Unternehmen bessere Ergebnisse erzielt, wenn es den intelligentesten und aufopferndsten Mitarbeiter entlässt. Und es kann sein, dass ein Unternehmen deutlich schwächer wird, wenn ein wichtiger Prozess optimiert wurde. Muss nicht. Aber kann.

Direkte Beeinflussung in komplexen Systemen funktioniert jedenfalls nicht. Das ist wie bei der Schädlingsbekämpfung: Der Einsatz von Insektenvertilgungsmitteln kann das genaue Gegenteil vom beabsichtigten Ziel auslösen: Im ersten Jahr des Ausbringens des Toxins sterben die Schädlinge massenhaft. Deshalb sterben auch deren Fressfeinde, denn sie verhungern oder werden beim Fressen vergifteter Beute selbst vergiftet. Im nächsten Jahr können sich die übrig gebliebenen Schädlinge, nämlich die wenigen Individuen, die sich gegenüber dem Insektizid als robust erwiesen haben, ungehemmt fortpflanzen, sie wurden von ihrem natürlichen Feind mit der chemischen Keule schließlich großzügig befreit. Die neue Population ist nicht nur resistent gegenüber dem Gift, sie ist auch zehnmal so groß wie die alte und frisst die Felder ratzekahl. Die tragische Fortsetzung: Der Bauer lernt nix dazu und probiert einfach eine andere Sorte Gift. Denn die Welt ist zu komplex, als dass er sie verstehen würde. Sind Manager schlauer?

Wenn sie fixierte Ziele und Unterziele von Unterzielen einsetzen jedenfalls nicht. Ergebnisse mit fixen Zielen zu vergleichen, also Soll-Ist-Vergleiche, sind prinzipiell Unfug. Der Vergleich lässt ja keinen vernünftigen Schluss zu: War jetzt die Leistung schlecht oder das Ziel zu weit von der Realität entfernt? Man weiß es nicht. Es ist wie Äpfel mit Birnen vergleichen.

Äpfel mit Äpfeln vergleichen

Die Alternative zum Soll-Ist-Vergleich ist: Reales mit Realem vergleichen. Ist-Ist-Relationen messen. Ziemlich schlicht, ziemlich wirkungsvoll. Also, ich sage zum Beispiel: Vergleiche die Zweigstelle Hamburg mit der Zweigstelle München. Oder Vertriebsteam West mit Vertriebsteam Ost. Oder die eigene Marge mit der des Wettbewerbs. Oder den Umsatz der letzten 36 Monate über den Zeitablauf hinweg. Und dann zieht man eine einfache Schlussfolgerung: Hamburg ist derzeit 10 Prozent besser als München. Team West ist in den letzten fünf Jahren immer näher an Team Ost herangekommen, wenn die so weitermachen, werden sie Ost überholen. Die eigene Marge liegt knapp über der durchschnittlichen in der Branche, aber gut 20 Prozent unter der des stärksten Wettbewerbers. Wir haben den Umsatz etwa auf dem gleichen Niveau gehalten wie im letzten Jahr, aber die Schwankungen im Absatz sind größer geworden. Das sind sportliche Wettkämpfe: Wer hat am Ende des Turniers mehr Matches als alle anderen gewonnen? Der ist der Wimbledon-Sieger. Es werden einfach erbrachte Ergebnisse verglichen, Leistung mit Leistung, nicht Ergebnisse mit Zielen.

Und es werden keine Ziele mehr verhandelt! Über Ziele verhandeln ist einfach Quatsch. Weil die Zukunft nicht vorhersehbar ist. Wir wollen den Pokal gewinnen. Wir wollen eine bessere Qualität als im letzten Jahr. Wir wollen die beste Rentabilität in der Branche. Das ist okay. Vorausgesetzt, das Umfeld ist sinnvoll vergleichbar. Die Interpretation muss das berücksichtigen. Denn vielleicht ist jetzt Rezession, davor war Boom? Vielleicht ist ein Wirtschaftswachstum von minus 3,5 Prozent im Rahmen der weltwirtschaftlichen Umstände eine gute Leistung, auf die ein Land stolz sein kann. Wenn das nächste Mal ein Nachrichtensprecher mit Grabesstimme verkündet, dass das Bruttoinlandsprodukt um 3 Prozent gegenüber dem Vorjahr gesunken sei, dann fragen Sie sich doch einfach mal: Ist das schlecht? Oder gut? Und warum ist das schlecht oder gut? Das Vergleichsergebnis sagt nämlich erst mal gar nichts, es muss erst noch interpretiert werden.

Der Automatismus in den Medien, dass sinkende Zahlen schlecht und steigende gut seien, ist, sorry – Volksverdummung. Wenn gerade ein Konjunkturtal durchlaufen wird, wie wäre es dann mal mit einem intelligenten Vergleich des Bruttoinlandsprodukts mit dem aus einem Jahr aus dem letzten oder vorletzten Konjunkturtal? Natürlich würde man dann sehen, dass alles nicht so schlecht ist, sondern dass es uns von Zyklus zu Zyklus offenbar insgesamt stetig besser geht. Stellen Sie sich einen Nachrichtensprecher vor, der voller kaum unterdrückter Freude verkündet: »Das deutsche Bruttoinlandsprodukt ist angesichts der kriselnden Weltwirtschaftslage und mitten in einem zyklischen Konjunkturtal nur um 1 Prozent geschrumpft. Damit liegt es gegenüber dem Bruttoinlandsprodukt von vor sieben Jahren, als ähnliche Verhältnisse herrschten, um 10 Prozent höher. Politiker aller Parteien drückten ihre helle Freude über diese Zahlen aus und verwiesen stolz auf ihren Beitrag zu diesem historischen Ergebnis. Guido Westerwelle sagte am Rande eines Treffens der FDP-Spitze auf Helgoland: ›In der Baisse sind wir einfach stärker als die meisten Länder!‹«

Zahlen sind schon sehr verwirrend.

Also: Man überlegt sich *nach* einem sinnvollen Ist-Ist-Vergleich, nicht vorher, wie man das Vergleichsergebnis bewertet. Dann kommt man auch endlich weg vom Zweckoptimismus oder Zweckpessimismus. Und man kommt auch ab von der Vorstellung, dass Zahlen schon alles erklären. Das tun sie nämlich nicht. Sie müssen immer erst nachträglich erklärt, beurteilt, gedeutet, in Kontext gesetzt werden.

Das Unternehmen XY hat das Ergebnis im Vergleich zum Vorjahr um 17 Prozent gesteigert. Oder: Die XY AG konnte ihr Ergebnis dramatisch um 73 Prozent verbessern gegenüber dem Vorjahr. Der Aktienkurs von XY ist heute um 3 Prozent gestiegen. *Ja, na und?* Liebe Wirtschaftspresse, was sagt euch das jetzt? Jemand, der mit dem Konzept der relativen Ziele vertraut ist, weiß, dass das noch nicht die Meldung ist. Die Arbeit geht dann erst los: Was bedeuten diese Zahlen? Was war zum Beispiel in der Periode davor? Wer weiß schon warum? Die meisten Journalisten geben uns dumme Informationen, die überhaupt nichts aussagen. Oder die Unternehmen gaukeln uns mit den Zahlen etwas vor. Diese absoluten Steigerungen sagen nichts aus. Nichts! Es fehlt das Relative, der Zusammenhang.

Oder die Börse: Es gilt in der Wirtschaftspresse offenbar die Ideologie, Hausse sei gut und Baisse sei schlecht. Warum eigentlich? Ich sage Ihnen: Gute Anleger profitieren immer, egal wie die Kurse laufen. Und schlechte Anleger haben an der Börse immer Gelegenheit, Geld zu verlieren. Beispielsweise, weil sie sich an der Wirtschaftspresse orientieren.

Vor allem: Wenn in der Rezession ein Unternehmen 20 Prozent weniger Umsatz hat, vielleicht ist das eine geniale Leistung, die dem Unternehmen locker das Überleben sichert? Während ein anderes mit schwarzer Null Pleite geht! Wir haben dumpf gelernt: *Fixierte Ziele, kurzfristiger Fokus. Objektive Wahrheit in den Zahlen. Plus ist gut, minus ist schlecht. Geben Sie's zu, auch Sie haben sich daran gewöhnt.* Aber es ist ein Denkfehler. Es ist zwar Volksglaube, aber falsch. 5 Prozent hin oder her können alles bedeuten. Wenn in einer Talkshow ein Unternehmer sagen würde, er wäre mit 30 Prozent minus derzeit sehr zufrieden, würden ihn alle für verrückt erklären.

Aber, wir wissen doch eigentlich: Alles ist relativ. Ich bin 1,82 Meter groß. Ist das groß oder klein? In Brasilien, wo ich lebe, ist das leidlich groß. In Deutschland normal. Im Vergleich mit den NBA-Basketballprofis sehr klein. Noch gravierender: 1,82 ist nur eine Momentaufnahme. Morgens bin ich größer, abends kleiner. Und wenn ich 70 Jahre alt bin, werde ich kleiner sein. Also wie steht es jetzt um die Bedeutung von 182 Zentimetern?

Zahlen sind schon sehr verwirrend.

Nebenbei: Mit all diesem Wissen um fixierte und relative Ziele dürfen Sie jetzt mal nachdenken über politische Quotas in Bezug auf Rasse, Geschlecht, Behinderung und andere Gerechtigkeitsinstrumente. Was glauben Sie, wird ein soziales System gerechter durch eine Frauenquote? Wird die Bildung der schwarzen Bevölkerung in den USA besser, wenn man Rassenquotas an den Universitäten festsetzt? Werden Behinderte mit weniger Herablassung behandelt, wenn man Behindertenquoten ins Gesetz schreibt? Oder verstärkt man damit vielleicht nur die Probleme zwischen Männern und Frauen und zwischen Weißen und Schwarzen und zwischen Rollstuhlfahrern und Fußgängern? Politik managt inzwischen eben auch mit fixierten Zielen. Gefährlich ist das!

Keiner leistet allein

Noch ein Kardinalfehler im Umgang mit Zielen: Manager glauben an individuelle Leistung. Aber diese Fata Morgana löst sich auf, sobald man sich umschaut: Leistung lässt sich in Wahrheit nicht zuordnen. Nicht wirklich. Nicht in Organisationen. Am ehesten noch bei Solo-Künstlern. Was Miles Davis mit der Trompete gemacht hat, kann man als Musikliebhaber ganz gut beurteilen. Auch wenn man dabei allzu gern den A & R-Manager, den Tontechniker usw. unberücksichtigt lässt. Schwieriger wird es schon bei Orchestern. Oder bei Mannschaftssportarten.

Da kann man Dirigenten oder Trainer bejubeln oder rausschmeißen. Aber das ist eigentlich nicht sehr scharfsinnig. Das individuelle Talent der Musiker oder Sportler bedeutet nicht, dass das Orchester oder die Mannschaft gut ist.

In Unternehmen wird das noch schwieriger: Vertriebler beispielsweise machen in Wahrheit nicht alleine den Verkauf. Sie nehmen nur die Bestellung auf. Absatz als Phänomen entsteht aber dadurch, dass es überhaupt ein Produkt gibt, dass es hergestellt, geliefert, bekannt gemacht wurde usw. – alles das ist auch Verkauf. Jedenfalls hängen die Verkaufsergebnisse davon ab. Der Verkäufer schießt nur das Tor. Aber das Spiel wird auch in der Abwehr gewonnen. Alle in einer Organisation verkaufen. Oder anders gesagt: Keiner verkauft, es gibt gar keinen Verkauf. Jedenfalls nicht als individuelle Leistung. Konsequenterweise müsste man es dann komplett sein lassen, Absatzzahlen zur Bewertung von Verkäuferleistung heranzuziehen, damit zu messen, zu bestrafen und zu belohnen. Sinnlos.

Leistung entsteht in Teams. Das ist verdammt komplex. Weil systemisch. Es gibt in Unternehmen keine Individualleistungen. Darum gibt es auch keinen triftigen Grund für vorfixierte Individualziele und Fremdkontrolle von Individualleistungen. Was noch geht: Teams, also Gruppen von Menschen, Ziele zu geben oder deren Leistung per sinnvollem Vergleich zu messen. Nicht mit dem Glauben an Objektivität, sondern nur zum Zweck der Orientierung und Herausforderung.

Auf der Ebene von Teams oder Gruppen gibt es ein anderes Problem: Abteilungen in funktional geteilten Organisationen können keine Ergebnisse erbringen. Ganz prinzipiell nicht. Weil sie immer nur einen Teil des Business machen, immer nur funktionale Teilleistungen erbringen. Nie ein ganzes Ergebnis komplett für einen Kunden. Ein Beta-Unternehmen mit Zellstruktur kann das schon eher. In Beta-Zellen gibt es Teamleistung. Aber das sind dann nicht Indikatoren wie Quote, Produktabsatz oder Lagerumschlag, die einzelne Personen managen, sondern global Gewinn oder Kundengewinnung, Profitabilität oder Kundenzufriedenheit, mit denen Teams sich selbst einschätzen können.

Niemand leistet allein. Sogenannte leistungsgerechte Bezahlung – Pay for Performance – ist darum eine große Augenwischerei. Man leistet immer miteinander und füreinander. Miteinander: Man wirkt mit in einem Prozess, ist Teil eines Wertschöpfungsflusses, der über Menschen und Teams hinweg fließt. Von Zelle zu Zelle und am Ende nach draußen. Am Ende hat man gemeinsam etwas geleistet. Füreinander: Man leistet immer für andere mit. Der Einzelne tut immer etwas für andere, nicht für sich selbst.

Das hat auch etwas mit der inneren Haltung zu tun. Wer für sich selbst einzelne individuelle Ziele steckt, macht etwas falsch. Die einzige sinnvolle innere Haltung im Unternehmen ist »Wir«. Jedes sinnvolle Teamziel hat etwas mit »draußen« zu tun, nie mit sich selbst. Sich in einem Unternehmen mit sich selbst zu beschäftigen, nur zu versuchen, sich selbst zum Höhepunkt zu bringen, ist so etwas wie Masturbation. Masturbation ist nicht fruchtbar. Selbstbezogene Ziele sind nicht wertschöpfend.

Aber gemeinschaftliche Ziele können dauerhaft fruchtbar sein. 30 bis 40 Jahre lang regelmäßig den Wettbewerb schlagen ist eine starke Leistung. Und dieses Ziel ist morgen im Prinzip noch genauso anspruchsvoll wie in der

Vergangenheit, auch wenn man im letzten Monat noch der Beste war. Die besten Ziele sind solche, die man nie aktualisieren und ändern muss. Nicht weil sie so hoch gesteckt wären, dass man sie 40 Jahre lang nicht erreicht, sondern weil sie zeitlos sind. Der Beste zu sein ist zeitlos. Das gilt immer. Der meistgeliebte Fußballclub zu sein ist zeitlos. Die profitabelste Fluggesellschaft zu sein kann man ständig und immer wieder versuchen.

Immer wieder neue Herausforderungen, die man ständig und immer wieder erreichen möchte. Das engt nicht ein, sondern bringt Klarheit über die eigenen Ambitionen. Toyota beispielsweise sagt einfach: Wir wollen immer die besten Kosten und die beste Qualität im Markt haben. Handelsbanken versucht jedes Jahr aufs Neue, die beste Kapitalrendite durch die besten Kosten und die beste Qualität zu erreichen. Das gilt seit 1971 unverändert. Das sind gute Ziele!

Solche Ziele klingen vielleicht langweilig, sie werden aber niemals langweilig, denn sie sind herausfordernd in jedem ökonomischen Zyklus. Solche Ziele bedeuten auch: Verzicht auf manch andere Ziele. Man ist gezwungen, sich zu entscheiden. Man muss sich klar werden, welche Ziele man nicht verfolgt. dm-drogerie markt beispielsweise verzichtet auf Ziele hinsichtlich Produktmargen. Renditeziele gibt es nur hinsichtlich Filialen, nicht für Produkte oder Produktgruppen.

Die Herausforderung besteht nicht darin, sich immer wieder neue Ziele zu setzen. Ziele sollen nicht faszinieren. Das Business und die Zusammenarbeit, neue Produkte und neue Kunden usw. – das ist faszinierend. Nicht die Ziele. Manager denken: Ziele sind faszinierend. Im Beta-Denken denken wir: Ziele sind so langweilig wie eine Kompassnadel. Aber eine Seereise oder der Marsch zum Nordpol kann spannend sein, und dabei hilft es, ab und zu auf den Kompass zu schauen.

Schlechte Ziele sind: Wachstum X Prozent, Umsatz X Euro, Marktanteil X Prozent, Absatz X Stück, Kosten X Euro, Gewinn X Euro, Headcount X Mitarbeiter, Personalkosten X Euro, Anzahl Filialen.

Gute Ziele: beste Qualität, beste Kosten, geringste Mitarbeiterfluktuation, beste Kosten über Umsatz, bester Arbeitgeber, größte Kundenzufriedenheit, bestes Design, Technologieführerschaft, beste Produktzuverlässigkeit.

Aber Achtung! Ziele sind nicht das Gleiche wie Sinn. Sie haben allerdings einen Zusammenhang mit dem Sinn und Zweck eines Unternehmens. Sie sollen konsistent mit dem Sinn sein. Ziele ohne Sinn sind sinnlos. Sie dürfen dem Sinn nicht widersprechen. Gewinn kann beispielsweise niemals Sinn sein. Aber ein Ziel kann Gewinn durchaus sein. Ziele werden zumeist gnadenlos überschätzt. Sie machen nur Erfolg sichtbar, nicht den Zweck. Ziele sagen nicht, was das Problem ist, wenn sie verfehlt werden. Das Problem muss man dann erst noch suchen.

Bewusstseinsarbeit

Das Standardargument gegen relative Ziele: Ich finde nichts Reales, um mich zu vergleichen. Wir finden keine Daten, wir kommen da nicht ran; wir haben keinen Wettbewerber, wir sind einzigartig. Das ist sind nur weitere Mythen. In Wahrheit ist das nicht so schwierig. Ja, man bekommt nicht so leicht Auskunft bei den Wettbewerbern selbst. Aber man kann die internationalen Anbieter von Businessinformationen oder Branchenexperten bemühen. Oder informierte Schätzungen vornehmen. Oder Medienveröffentlichungen heranziehen. Die Erfahrung zeigt: Man findet immer Vergleichszahlen, wenn man nur ernsthaft danach sucht. Wenn wir auf Zielvorgaben verzichten, dann brauchen wir etwas Reales. Wo gibt es reale Zahlen? Sie können aus der eigenen Organisation kommen oder aus anderen Unternehmen oder aus anderen Branchen. Es gibt immer einen Verband, einen Infodienstleister, eine Zeitschrift usw., die uns Daten liefern. Garantiert.

Als Nächstes kommt typischerweise der Einwand, dass die externen Daten nicht recht valide seien. Dann muss man sich einfach nur mal klarmachen, dass jede Soll-Zahl im üblichen Soll-Ist-Vergleich Futurologie und damit prinzipiell falsch ist. Die realen Zahlen, die man findet, sind vielleicht nicht exakt, aber sie sind allemal besser als die Fabelzahlen bei der Nabelschau.

Die Leute in der Zentrale behalten ihre Hände bei sich.

Machen Sie sich beispielsweise für einen Leistungsindikator eine Liste der sieben wichtigsten Wettbewerber und von ihnen. Einfach untereinanderschreiben. Nehmen wir Ergebnis über Umsatz. Sie wollen ein Ranking bilden. Dann versuchen Sie, die Werte alle halbe Jahre herauszufinden oder zu erheben. Oder einfach zu schätzen. Oder einfach zu erfragen.

Und wozu? Nicht, um sich gut oder schlecht zu fühlen oder zu feiern oder zu trauern. Sondern um sich zu fragen: Was lernen wir daraus? Was machen wir jetzt damit? Warum sind wir da, wo wir sind? Was können wir tun, um besser zu werden?

Findet ein Unternehmen heraus, dass es im Ranking in Bezug auf ein wichtiges Ziel die Nummer 37 im Markt ist, dann kann jetzt niemand einfach sagen, dass das Ziel falsch sei. Jetzt muss man sich stellen: Warum sind 36 andere besser als wir? Ist das ein Ausrutscher oder hat das eine tiefere Bewandtnis? Was können wir ändern, um an die erste Stelle zu kommen?

Traditionell gestrickte Alpha-Unternehmen schauen da meistens nicht richtig hin. Sie scheuen den Vergleich mit »Draußen«. Die Mitarbeiter werden geschont, denn wer weiß, wie die reagieren würden! Uh! Im »normalen« Unternehmen wird der Wettbewerb die meiste Zeit des Jahres verdrängt. Zahlen gibt es nur einmal im Jahr. Und dann oft ohne jeden ehrlichen Interpretationsversuch. Relative Ziele zeigen dagegen permanent, an wem wir uns orientieren, wie wir im Vergleich zu anderen dastehen. Unbarmherzig und schonungslos. Beta-Unternehmen sagen: Unsere Mitarbeiter brauchen und wollen und vertragen so viel Wahrheit. Wir brauchen die Wahrnehmung der Mitarbeiter nicht zu managen. Und es geht auch nicht um Objektivität. Die Genauigkeit der Daten ist gar nicht so wichtig.

Interne Vergleiche sind natürlich einfacher: Da ist vieles machbar. Wenn man eine gute Zellstruktur hat, kann man beispielsweise verschiedene Businesszellen miteinander vergleichen oder Produktionsstandorte usw. Da sind die Daten relativ einheitlich und genau. Noch mehr als bei den externen Vergleichen fühlt sich das bei den internen Vergleichen so an wie Sport. Wie ein sportlicher Wettbewerb. Man will schon der Beste sein, aber es geht nicht um Belohnung oder Bestrafung. Es werden keine Ellenbogen ausgefahren, das Gemeinschaftsgefühl ist viel zu stark, als dass das möglich wäre. Der Clou ist nämlich, dass es strikt verboten ist, an den Vergleich irgendwelche Vergütungen, Belohnungen oder Bestrafungen zu koppeln.

Das Team soll selber Schlussfolgerungen ziehen. Nicht ein Manager zieht Schlussfolgerungen. Relative Ziele sind dazu da, dass man sich selbst orientiert. Den CFO von Handelsbanken habe ich einmal gefragt, was die Zentrale mit den monatlichen Leistungsvergleichen zwischen den Filialen und Regionalbanken macht. Seine Antwort: gar nichts.

Die Leute in der Zentrale behalten ihre Hände bei sich. Die Mitarbeiter machen sich durch den Leistungsvergleich bewusst, was sie geleistet haben und was gerade los ist. Und diese Bewusstseinsarbeit ist so dringend nötig! Sie ist der eigentliche Gewinn bei der Beschäftigung mit Zielen und Leistungsindikatoren. Wie wichtig die Bewusstseinsarbeit ist, erlebte ich bei einem Stahlproduzenten. Das Management war sehr stolz: Sie hatten immerhin gerade das beste Jahresergebnis ihrer Unternehmensgeschichte eingefahren.

Pfläging: *Gratuliere. Was war das für ein Jahresergebnis?*
Manager: *EBIT.*

Pfläging: *Hm, aber Moment, ihr habt doch vor neun Monaten erst einen großen Wettbewerber übernommen, richtig?*

Manager (grinst): *Na klar!*

Pfläging: *Aber dann ist es doch logisch, dass ihr um 60 Prozent größer geworden seid. Ihr habt doch den Umsatz des Wettbewerbers eingekauft. Ist das dann aber wirklich das beste Ergebnis gewesen?*

Manager (grinst nicht mehr): *Na, sicher war es das beste, wir haben doch noch nie so viel Gewinn gemacht.*

Pfläging: *Bravo! Aber ist das unter diesen Umständen nicht ziemlich nichtssagend? »Wir haben den Gewinn gesteigert.« Das ist doch durch die Übernahme ohnehin klar. Wie war denn das Ergebnis über Umsatz?*

Manager (ernst): *Na, da haben wir gegenüber dem Vorjahr Einbußen gehabt.*

Pfläging: *Na, super!*

In diesem Unternehmen war man gewohnt, das Jahres-Betriebsergebnis zu feiern. Wie in den meisten Firmen. Ohne vorher die Großhirnrinde zu aktivieren. Es soll ja gute Stimmung herrschen. Aber langfristig musste das Unternehmen einfach lernen, was der Unterschied ist zwischen einer gesunden Herausforderung und Selbstbeweihräucherung. In der Produktivität war das Unternehmen im Vergleich zu einem wichtigen japanischen Konkurrenten deutlich zurückgefallen. Anstatt zu feiern wäre es eine Führungsaufgabe gewesen, der Organisation Klarheit zu verschaffen, was Erfolg in diesem spezifischen Unternehmen zu diesem Zeitpunkt eigentlich bedeutet. Das hat etwas mit dem Selbstverständnis des Unternehmens zu tun, mit Selbstbewusstsein. Alle Mitarbeiter sollen sich bewusst sein, inwiefern man besser geworden ist und was schlechter geworden ist.

In den Zellen beziehungsweise Teams gilt das Gleiche: Welchen Beitrag haben wir zum Gesamterfolg geleistet? Die Teams bilden durch sinnvolle Vergleiche ein Bewusstsein dafür aus, wie sie sich im Vergleich einordnen können und wie die Tendenz aussieht: Werden wir derzeit besser? Schlechter? Woran liegt das? Wie schaffen es die anderen, immer solche Spitzenleistungen hinzukriegen? Was machen die anders und besser? Vielleicht denken die ganz anders? Hinter diesen Fragen steckt alles: Verschwendung minimieren, Kundenzufriedenheit verbessern, Prozesse optimieren und so weiter. Da hängt keiner jemals in der Komfortzone. Leben ist Wettbewerb. Wettbewerb ist Leben.

Wenn ein Dorf mitmacht beim Wettbewerb um die schönste Gemeinde, dann kann es nur gewinnen, egal ob es am Ende einen Preis gewinnt oder nicht: Es gewinnt an Identität und Selbstbewusstsein, die Einwohner wissen hinterher, wo sie eigentlich wohnen.

Orientierung im Alpha-Kodex	Orientierung im Beta-Kodex
Alles ist messbar – viel zu messen ist gut und wichtig zur Kontrolle	Nur das wenigste ist messbar – viel zu messen schadet Denken und Handlungsfreiheit
Management by Numbers – Regeln und Normen leiten	Arbeiten an der Wertschöpfung – Prinzipien und Werte leiten
Objektivität durch Messung – what gets measured, gets done	Es gibt keine Objektivität im Zahlenwerk – die wichtigsten Dinge entziehen sich der Messung
Fixierte Ziele fordern heraus – Zielverhandlung/-vereinbarung und Management by Objectives machen's möglich	Fixierte Ziele fördern Mittelmaß – Verhandlung und -vereinbarung sind überflüssiger Unsinn, Symptom von Weisung und Kontrolle
Ziele »erzeugen« Leistung – ohne Ziele keine Leistung	Ziele schaffen Herausforderung und geben Richtung, sonst nichts – bessere Leistung kommt nur durch bessere Methoden zustande
Ziele sollen SMART sein – jedes Ziel ist quantifizierbar	Die einzig legitimen Ziele sind relative Ziele – zeitlich nicht fixierte Verbesserungsziele und Vergleiche von realer Leistung mit realer Leistung
Messung der Leistung gegen Soll – Plan-Ist-Vergleich und Abweichungsanalyse	Beurteilung von Leistung im Kontext und im Nachhinein – Ist-Ist-Vergleich und Dialog
Management ahndet Abweichungen – Eingriffe und Mikromanagement von oben	Teams sind für ihre Leistung verantwortlich, können Hilfe suchen – Zentrale behält Hände bei sich
Alles ist Ziel – von Verkaufsquotas, Umsatz und Ergebnis bis zu Krankenstand und Indikatoren	Wenige Ziele – nur für wenige relative Indikatoren (z. B. Kosten über Umsatz), nie für absolute Werte – Betrachtung von Leistung im Zeitablauf
Ziele werden von oben nach unten kaskadiert, heruntergebrochen, voneinander abgeleitet, verscorecardet	Unternehmen sind keine Maschinen – Zielkaskaden und Ursache-Wirkungs-Zusammenhänge sind reine Fiktion
Ranking und Vergleiche einzelner Mitarbeiter und Manager – Belohnung/ Bestrafung derjenigen oben/unten	Ranking und Vergleiche zwischen Teams für sportlichen Wettbewerb – ohne Belohnung/Bestrafung
Benchmarkdaten zu bekommen ist schwierig oder unmöglich – wir sind einzigartig	An Benchmarkdaten kommt man leicht, wenn man will – es gibt immer relevanten Wettbewerb
Vergleiche sind nicht genau genug – Genauigkeit ist für Personal-Systeme von Bedeutung	Genauigkeit spielt für Leistungsvergleichen keine Rolle, trennt man Ziele von Belohnung und Bestrafung

Paragraf 8

Anerkennung: Teilhabe statt Anreizung

Erfolg verdient Anerkennung. Nach dem Erfolg, hinterher, im Nachhinein. Erfolg ist immer gemeinsamer Erfolg, nie individueller Erfolg. Erfolg ist immer eine erbrachte Leistung, die in Relation zu sinnvoll vergleichbaren Leistungen anderer steht. Karotte-vor-die-Nase-halten, also der Versuch, mit Anreizen das Erreichen individueller, vorab fixierter Ziele zu stimulieren, ist ächtungswürdig und gehört unter Strafe gestellt.

22:30 Uhr, die Arbeit ist getan, die Sendung ist gelaufen. Der Moderator der Talkshow kabelt sich ab, schüttelt dem Aufnahmeleiter die Hand und lädt seine Gäste auf einen Umtrunk einen Stock tiefer unter dem Studio ein. Dort treffen sich Redaktion, Tontechniker, Kameraleute, Leute von der Maske und der Requisite, Aufnahmeassistenten, Beleuchter, Regisseur und Regieassistenten, außerdem die Gäste mit Anhang. Es gibt Schnittchen, Sekt und Bier. Entspannung macht sich breit. Man ist sich einig: Eine verdammt gute Sendung war das. Spannendes, hochbrisantes Thema, Gäste mit Rückgrat, reibungsloser Ablauf und ein Moderator in Höchstform. Der Redaktionsleiter grinst, er klatscht den Moderator ab. Händeschütteln, Schulterklopfen, lachende Gesichter. Hier wird ein Erfolg gefeiert.

Was bringt Spaß bei der Arbeit? Garantiert nicht das Geld. Kein Mensch wacht morgens auf, räkelt sich und streckt sich und sagt sich: Aaaah, heute hab ich so richtig Lust, Shareholder-Value zu generieren! Heute mache ich die Inhaber noch ein Stück reicher und sichere mir meinen fetten Anteil davon! – Nein, das ist es nicht, was einen aus dem Bett treibt.

Spaß macht es im Alltag, wenn du Teil eines guten Teams bist und gemeinsam etwas Herausragendes geleistet hast. Wenn die Teammitglieder stolz aufeinander sind. Man steht morgens auf und hofft, nette Leute zu treffen, spannende Projekte oder herausfordernde Aufgaben zu haben. Irgendeinen Durchbruch zu erzielen. Heute packen wir's!

Unternehmen handeln davon, etwas gemeinsam zu unternehmen. Unternehmen bieten Aufgaben, die man nur zusammen mit anderen lösen kann.

Das kitzelt unsere intrinsische Motivation heraus, entfesselt unseren Willen. Dieses Phänomen heißt Arbeit.

Wenn man für sich alleine etwas macht, dann ist das ein Hobby. Das Kenzeichen von Arbeit ist, dass die Ergebnisse nicht für sich selbst, sondern für andere erbracht werden. Wenn man ein Bild malt, ist das keine Arbeit, man macht es nur für sich. Sobald man es verkauft, gibt es einen Kunden. Dann hat man etwas für andere geleistet. Dann ist das Malen mehr als das Aufbringen von Farbe auf Leinwand, dann ist es Arbeit.

> *Aaaah, heute hab ich so richtig Lust,*
> *Shareholder-Value zu generieren!*

Nur wer etwas für andere leistet, verdient Geld. Hartz-IV-Empfänger bekommen auch Geld, aber sie verdienen es nicht. Deutschland ist eines der wenigen Länder auf der Welt, wo man legal Geld bekommt, ohne etwas für andere zu leisten. Man kann hier sogar vergleichsweise sehr gut leben, ohne zu arbeiten. De facto heißt das, dass die einen für die anderen mitarbeiten, denn die Transferleistungen müssen ja erst erwirtschaftet werden. Bemerkenswert ist, dass das in Deutschland ohne ernsthafte Störung des inneren Friedens funktioniert. Diejenigen, die Geld verdienen, und mittlerweile ist das die Minderheit aller Menschen in Deutschland, sind ohne weiteres bereit, die anderen, die aus den unterschiedlichsten Gründen nicht arbeiten, weil sie zu jung, zu alt, krank, behindert, mit Kindererziehung beschäftigt oder im Gefängnis sind, weil sie nicht arbeiten dürfen oder schlicht nicht arbeiten wollen, finanziell zu unterhalten, und zwar im Weltmaßstab auf hohem Niveau. Ja, auch die, die nicht wollen. Das heißt, niemand in Deutschland wird gezwungen, zu arbeiten. Wir können wählen. Das mag man begrüßen, das mag man beklagen.

Können Sie beantworten, warum dann heute hierzulande überhaupt noch irgendwer arbeitet? Das ist einfach: Wer arbeitet, der arbeitet nicht, weil er muss, sondern weil er will. Weil Arbeit einfach geil ist. Trotz Management, trotz verquerer Vorstellungen davon, was Arbeit ist, und all der Demotivation durch grottenschlechte Arbeitgeber. Arbeit ist Herausforderung: Sie gibt einem die Möglichkeit, gemeinsam mit anderen den Markt oder die Natur zu besiegen. Sie bietet ein Schaffenserlebnis. Das merken wir besonders im negativen Fall, wenn uns das Ergebnis unseres Schaffens vorenthalten wird, dann nämlich fehlt es uns, und wir fühlen uns mehr und mehr versklavt.

Viele Unternehmen hätten die Möglichkeit, ihren Mitarbeitern ein Schaffenserlebnis zu geben. Aber es fällt ihnen nichts Besseres ein als Geld. Sie halten ihnen Geld vor die Nase und wedeln gleichzeitig verstohlen und ungeduldig mit der Peitsche hinter dem Rücken herum. Sie verkleinern und verharmlosen damit das Ergebnis. Die typische Alpha-Organisation hat die Anmutung von Sklaverei. Sie versucht, Menschen darauf zu trimmen, Angst um ihre Existenz zu haben, was hierzulande keiner haben muss, und so nicht auf etwas zu, sondern von etwas weg zu arbeiten.

Managern fällt heute oft gar nicht ein, dass es auch was anderes gibt. Wahr ist aber, dass Schaffenserlebnisentzug gar nicht nötig ist, um Menschen bei der Stange zu halten. Statt mit Management by Karotte zu versuchen, die Mitarbeiter gefügig zu machen, können wir ihnen auch ermöglichen, sich freiwillig an den Sinn des Unternehmens und ihrer Arbeit zu koppeln. Aber dazu müssen wir anders umgehen mit dem Thema Vergütung.

Werte schöpfen

Unternehmen leisten für andere. Also schaffen sie einen Wert für andere. Insgesamt schafft die Wirtschaft Werte für die Gesellschaft. Unternehmen schaffen aber nicht einfach drauflos. Der Markt bestimmt, was gefragt ist, nämlich genau das, dem ein Wert zugeschrieben wird. Die meisten Werte können nicht alleine geschöpft werden. Man kann alleine einen Reifen wechseln, zumindest wenn gutes Werkzeug zur Hand ist, das natürlich andere produziert haben. Aber man kann alleine kein Auto bauen. Alleine kann man nicht viel.

Werte werden also gemeinsam geschaffen. Bei der Vergütung dieser Leistungen geht es genauso um die Gemeinschaft, nicht um den Einzelnen. Das ist der entscheidende Punkt, den viele Manager nicht verstehen wollen. Der Kunde bezahlt nicht den Verkäufer, sondern alle Mitarbeiter der Firma, von der er das Produkt erwirbt. Inklusive Putzkraft und Pförtner. Es geht bei Vergütung nicht um Geld für individuelle Leistungen, sondern um eine Honorierung der Leistung des Kollektivs. Darum ist es auch Unfug, die Vergütung der Mitarbeiter an die individuelle Leistung zu koppeln. Die Höhe der Vergütung für jeden Einzelnen hat andere Gründe als eine fiktive individuelle Leistung.

Gegen was verteidigen sich die eigentlich alle?
Gegen das Leben?

Es gibt ein Unternehmen in Deutschland, mit 27 000 Mitarbeitern, das fragt seine Mitarbeiter bei der Einstellung: »Was müssen wir Ihnen bezahlen, damit Sie es sich leisten können, bei uns zu arbeiten?« Das ist sehr intelligent.

Denn so entsteht ein transparenter, realistischer Marktpreis für jeden Mitarbeiter. Das ist mehr als fair. Und das stellt die Sache vom Kopf auf die Füße. Gehalt ist nicht zum Motivieren da, sondern um ein Kollektiv aus starken Individuen zu schaffen, das leistet, was keiner allein leisten kann. Und der Mitarbeiter bekommt den Raum, sein Bestes zu geben, ohne permanent bei jeder Handlung an den Gegenwert in Geld denken oder eine Anspruchshaltung entwickeln zu müssen. Und regt sich das Gefühl, dass das Gehalt zu gering ist, greift man zum Äußersten: Man redet miteinander. Eine solche leistungsunabhängige Bezahlung hat vor allem einen Vorteil: Sie entspannt alle Beteiligten ungemein. Das Unternehmen heißt dm-drogerie markt.

Wenn der vermeintliche Leistungsbezug wegfällt, wird klar: Mitarbeiter müssen nicht arbeiten, sondern sie wollen arbeiten. Dann muss auch keiner mehr trennen zwischen Arbeit – um leben zu können – und Leben – um möglichst wenig zu arbeiten (»Nur noch zwei Tage bis zum Wochenende!«). Wer arbeiten will, nicht muss, der lebt auch während der Arbeitszeit. Work-Life-Balance empfindet er dann als das, was es ist: Schwachsinn. Die Haltung, trotz Arbeit leben zu können oder im Leben der Arbeit trotzen zu können, macht nur unglücklich, Balance hin oder her.

Leben ist auch Arbeit und Arbeit ist auch Leben. Ein erfülltes Leben ohne Arbeit – gibt es nicht. Das war vielleicht im Garten Eden so (obwohl es Adam da offenbar ziemlich langweilig war und er lieber eine Herausforderung gesucht hat) und es wird vielleicht wieder so werden, wenn wir auf den Wolken sitzen und Harfe spielen. Ansonsten ist der abstruse Gedanke der Work-Life-Balance wohl eher geprägt von dem komischen Dogma, dass man Arbeit minimieren sollte. Das macht nur Sinn, wenn Arbeit Leid ist. Aber um Himmels willen, keiner zwingt mich doch, am Arbeitsplatz zu leiden. Arbeit ist Freude – oder man hat noch nicht die richtige gefunden.

Auch die Gewerkschaften haben die komische Haltung, dass Arbeit etwas furchtbar Schlimmes ist, das man so weit wie möglich reduzieren muss. Das mag daran liegen, dass Gewerkschaften ihren Ursprung im Industriezeitalter haben. Sie fühlen sich weiterhin dazu berufen, ständig die Arbeitnehmer gegen die Arbeit oder das Unternehmen oder die Arbeitgeber zu verteidigen, als ob die ihnen etwas Böses wollten. Aber heute könnten die meisten Arbeitnehmer problemlos selbst Eigentümer sein. Kapitalisten sein. Kein Problem. Aktien oder Anteil kaufen kann jeder. Gegen was verteidigen sich die eigentlich alle? Gegen das Leben?

Arbeit ist Leben. Darum ist beides nicht voneinander trennbar. Arbeit ist etwas Schönes. Arbeitsräume sind immer potenzielle Entfaltungsräume. Dabei muss nicht jede Arbeit großen Spaß machen. Nicht jeder Arbeitstag ist glorreich. Arbeit ist auch lästig. Und kann furchtbar anstrengend sein. Aber das steigert am Ende nur das Leistungserlebnis, das Erfolgserlebnis. Und egal, wie die Arbeit ist, man kann darin immer Erfüllung finden. Unsere Tristesse besteht doch darin, dass unser eigenes Alpha-Denken es in 90 Prozent der Fälle nicht zulässt, dass wir dieses Erlebnis haben: Das Schaffenserlebnis wird totgemanagt. Im Weg steht viel, beispielsweise auch Geld. Wenn man Erfolg mit Geld tauscht, hat man keinen Erfolg mehr, sondern Geld. Das ist doch verrückt: Jeden Monat Geld auf dem Konto, aber keine Erfolgserlebnisse.

Natürlich möchte jeder Mitarbeiter am Erfolg seines Unternehmens auch finanziell beteiligt werden. Das ist doch klar. Aber wenn man genauer fragt, geht es so gut wie niemandem darum, alleine für die individuelle Leistung bezahlt zu werden. Wünschenswert ist einfach die Gewissheit, dass wenn die Gemeinschaft erfolgreich ist, jeder daran finanziell teilhaben wird. Das sollte normal sein: Teilhabe. Aber was geteilt wird, muss erst gemeinsam erwirtschaftet werden.

Wer Geld wichtig nimmt, hat schon verloren

Ich war mal Controller. Da hat man täglich mit dem Zahlenwerk zu tun, und da sieht man natürlich auch genau die Vergütungen und Benefits der einzelnen Mitarbeiter. Man sieht zum Beispiel, dass viele Mitarbeiter jährlich den Wert mehrerer Monatsgehälter als variable Vergütung zusätzlich zum Grundgehalt ausgezahlt bekommen. Und dann macht man sich so seine Gedanken. Wie ist das beispielsweise mit einem niedrigen Grundgehalt und einem hohen Jahresbonus? Einmal hatte ich das Glück, zum Jahresende einen Bonus zu bekommen. Mein Chef sagte zu mir: Du bist zwar jetzt erst zehn Monate in der Firma, aber weißt du was? Du bekommst trotzdem den vollen Jahresbonus. Jawohl, ich habe beschlossen, dass ich jetzt nicht noch mal alles durch die einzelnen Monate teile, sondern dir einfach den Bonus fürs Gesamtjahr auszahle. Na, was sagst du?

Dann habe ich 300 Euro bekommen. Dann wusste ich, was das Jahr wert war. Was besonderer Einsatz wert ist. Und ich wusste, dass es zumindest dort, in meiner Abteilung, nicht weiter lohnt, sich über variable Vergütung und Boni Gedanken zu machen. Dass es sich nicht lohnt, sich überdurchschnittlich anzustrengen. Mein Fokus war durch das individuelle Leistungsvergütungssystem der übliche: Arbeit für Geld, wie im Rotlichtviertel. Meine Haltung war schnell ebenfalls die übliche: egozentrisch wie ein Dreijähriger. Und meine Motivation war nach kurzer Zeit auch die übliche: niedriger als Death Valley.

Jede Kopplung von individueller Leistung, individuellen Zielen oder Teamzielen an Vergütung (Boni, Incentives, Anreize) führt zu schädlichem Denken. Und schädliches Denken führt zu schädlichem Verhalten. Die Lösung: Eine konsequente Trennung von Zielen und Vergütung. Wenn man relative Ziele setzt und diese nicht mit der Bezahlung verknüpft, bietet man auch keinen Anreiz zu egoistischem, kurzfristigem und unethischem Verhalten. Relative Leistungsverträge bedeuten eine radikale Abkehr von Incentives und der Kultur der Anreizung, von Soll-Ist-Vergleichen und einem Management per Weisung und Kontrolle.

Es gibt also zwei unterschiedliche Grundverständnisse von Vergütung, basierend auf zwei unterschiedlichen Typen von Leistungsverträgen: Fixierte und relative Leistungsverträge. Ersteres entspringt tayloristischem Alpha-Denken, zweiteres entspringt dem Beta-Kodex.

Zur Alpha-Vergütung gehört ein passendes Universum aus Weisung und Kontrolle, Anreizung, Verhaltenssteuerung von oben, Fremdkontrolle, Trennung zwischen Denken und Handeln, Trennung zwischen Tätigkeit und Verantwortung, Koppeln individueller Ziele an Vergütung (Boni, Incentives, Anreize), Bürokratie, Hierarchie.

Meine Haltung war schnell die übliche:
egozentrisch wie ein Dreijähriger.

Zur Beta-Vergütung gehört das Universum, das dieses Buch beschreibt: relative Ziele, Philosophie des Empowerments, unternehmerisches Denken und Handeln, Humanismus, konsequente Trennung von Zielen und Vergütung, keinerlei Anreiz zu egoistischem, kurzfristigem und unethischem Verhalten, radikale Abkehr von Incentives und Soll-Ist-Vergleichen, Blick auf den externen Wettbewerb, Transparenz und Gruppendruck, Herausforderung gegenüber Ist-Maßstäben, Teamverantwortung, Führen ohne Management, Netzwerkunternehmen.

Gute Unternehmen bezahlen fair, tun aber ansonsten nichts, was die Gedanken der Mitarbeiter ständig ums Geld kreisen ließe. In einem traditionell gemanagten Unternehmen wird permanent Druck ausgeübt und Macht ausgespielt mit Geld. Es wird ständig versucht, die Rangniedrigeren mit Geld unter Kontrolle zu halten. Meistens durch die implizite Drohung, ihnen etwas wegzunehmen. Die Chefs zeigen ihren Untergebenen die Geldbündel, lassen sie kurz daran riechen und deuten dann die Wegziehbewegung an: Schau, so schnell ist es futsch, wenn du nicht tust, was ich dir sage! Man sagt auch variable Vergütung dazu.

Normalerweise wird Vergütung so eingesetzt: Ein neuer Mitarbeiter wird eingestellt. Der künftige Chef sagt: Schau her, bei uns läuft es so: In deiner

Position sind 60 Prozent fix, 40 Prozent variabel. Der Chef denkt natürlich, dass das motivieren soll. Klar, sehr motivierend: Von deinem Gesamtgehalt können wir dir jederzeit 40 Prozent wegnehmen. Tu lieber das Richtige, sonst geht's dir schlecht. Denn das Fixgehalt für sich genommen ist miserabel. Zusätzlich kann man dann noch mit Statussymbolen wie Auto, Büro, Sekretärin usw. den Anreiz differenzieren und verstärken, und gleichzeitig natürlich auch andeuten, wie schnell das alles auch wieder weg sein kann, wenn …

Einen Hund können Sie mit dem Stock in der Hand sehr gut dressieren. Es ist zwar eine gefährliche Sache, besonders, wenn kleine Kinder in der Nachbarschaft leben, aber es geht ganz gut. Bei Katzen funktioniert es nicht, die sind einfach über alle Berge, wenn man versucht, ihnen einen Willen aufzuzwingen. Menschen sind wie Hund und Katz, sie können beides. Aber »katzische« Menschen arbeiten nicht in Alpha-Unternehmen.

Dafür in Beta-Unternehmen. Wenn da Geld ausgeschüttet wird, hat man vorher gesehen, wie es entstanden ist. Man kann sich vorher nie sicher sein, wie der Wettkampf mit den Wettbewerbern ausgeht, wie viel wert die Leistung des eigenen Unternehmens sein wird, wie viel genau zum Schluss zum Verteilen übrig bleibt. Waren wir die Besten, haben wir unser einfaches, langweiliges Ziel wieder erreicht? Was wird ausgeschüttet und was wird reinvestiert?

Im Beta-Unternehmen kommt das Geld am Ende immer in drei Töpfe: Investieren, Rücklagen bilden, Ausschütten. Da gibt es natürlich legitime Interessenskonflikte. Entscheidungen müssen getroffen werden. Der Clou dabei ist, dass es bei variabler Vergütung hier nur ums Sahnehäubchen geht, nicht ums Existenzielle. Die Vergütung ist so fair gestaltet, dass das Grundgehalt ausreicht. Wenn die Ergebnisse gut sind, hat jeder außerdem noch was davon. Das ist aber nicht der Grund, den es braucht, um zur Arbeit zu gehen.

Anders als in Alpha-Unternehmen, wo die Entscheidung, wie hoch der Bonus bei Zielerreichung ausfallen wird, schon bei Fixierung des individuellen Leistungsvertrags fällt, weiß man beim Beta-Bonus vorher nie, ob es einen gibt, und wenn ja, wie hoch.

Dabei ist es egal, wer darüber entscheidet oder wie viel das am Ende ist. Egal, wie das Verfahren im jeweiligen Unternehmen gestaltet wird, es ist letztendlich sowieso immer eine Eigentümerentscheidung. Das ideale Vergütungssystem folgt einem einfachen, für alle durchschaubaren, dauerhaft gültigen und für alle transparenten Verfahren. Es verwirklicht das Prinzip der Teilhabe und verzichtet auf jede Anreizung.

Nehmen wir an, ein Unternehmen hätte Geschäftsstellen in München und Hannover. München erzielt ein um 30 Prozent höheres Ergebnis als die Geschäftstelle Hannover. Ist es richtig, dass die Mitarbeiter in Hannover deshalb auch weniger Gewinnbeteiligung bekommen? Was würden Sie sagen? – Die Antwort ist: Sie können es nicht wissen, solange Sie nicht genauer hinschauen. Eine Zahl sagt erst mal gar nichts. In diesem Fall ist es so: Die Geschäftsstelle Hannover ist neu, und die Mitarbeiter geben Vollgas, um etwas aufzubauen – was dann allen im Unternehmen zugute kommt, egal wo sie arbeiten. München findet es darum völlig legitim, wenn die Erfolgsbeteiligung für Hannover am Jahresende exakt gleich hoch ist. Man kann es nicht oft genug wiederholen: Individuelle Zahlen alleine sagen nichts aus, man muss sie immer erst noch interpretieren.

Bei Semco in Brasilien steht es jeder Geschäfteinheit frei, wie sie die zusätzliche Vergütung verwenden will: Ausschüttung, Spende oder Rückstellung? Was aber feststeht: Über 20 Prozent des Ergebnisses jeder Geschäftseinheit können die Mitarbeiter verfügen. Zuverlässig. Wenn Handelsbanken in Schweden in einem Jahr wieder den Wettbewerb geschlagen hat, wird der Gesamttopf – ein bestimmter Teil des Überschusses, der über die Aktionärsvergütung hinausgeht – aufgeteilt: Das Geld geht in eine betriebliche Altersversorgung: Es wird durch die Anzahl der Köpfe geteilt und für jeden Einzelnen in eine Stiftung eingezahlt, die wiederum Anteilseigner der Bank ist. Da ist absichtlich wenig Flexibilität drin. Einfach soll es sein. Und jedes Jahr gleich. Das gewählte Verfahren kann so oder so aussehen, es muss einfach zur Identität der Organisation passen.

Ein solches System wird am Ende aber immer darauf hinauslaufen, dass die variable Vergütung von Mitarbeitern durch eine Beteiligung am Erfolg des Unternehmens geschieht, oder auch durch Teilhabe am Kapital des Unternehmens, oder beides.

Alpha-Unternehmen entwickeln eine erstaunliche Energie bei der Ausgestaltung von Anreizsystemen. Beim Schraubenhersteller Würth werden zum Beispiel unter den besten Vertriebsleuten Autos verlost. Wer gute Zahlen vorweisen kann, bekommt das Privileg, was Tolles gewinnen zu können. Wohin das auf Dauer führen wird, können Sie sich leicht denken.

Anreizsysteme machen Menschen zu Eseln. Wenn die Karotte vor der Nase (»Lauf, Eselchen, lauf!«) nicht genügt, um den Esel anzutreiben, dann gibt es immer eine zweite Karotte – und die kommt dann hinten rein (»Jetzt läufst du aber!«).

Wer sagt, dass variables Gehalt mit Leistung zu tun haben muss?

Bei einem internationalen Getränkekonzern bekam ich Einblicke, was leistungsorientierte Bezahlung anrichtet. Das System war so schlicht wie perfide: Die besten 80 Prozent der Mitarbeiter, gemessen an vorfixierten Individualzielen, bekommen einen Bonus, der Rest geht leer aus. Die Gehälter sind extrem niedrig, die Boni sehr hoch, bis zu 18 Monatsgehälter.

Ein echtes Pay-for-Performance-System also. Bezahlung nach Leistung. Jeder Manager bekommt feuchte Augen bei so einem schönen Anreizsystem. Da müssten die Eselchen doch nur so springen.

Was passiert? Krieg.

In Wirklichkeit wird bei einem solchen System ja nicht Leistung vergütet, sondern Zielerreichung. Nicht die Leistung selbst, sondern der Leistungsnachweis muss erbracht werden. Ich muss dafür kämpfen, auf gar keinen Fall unter den schwächsten 20 Prozent zu sein. Also fahre ich die Ellenbogen aus. Jeder versucht, alles daranzusetzen, dass andere schlecht dastehen. Das sind harte Kämpfe. Jeder, den ich in die Pfanne hauen kann, vergrößert meine Chance, am Ende oberhalb des Todesstrichs zu rangieren. Mehr Mobbing, mehr Politik, mehr Burnout, mehr Gerichtsprozesse, mehr Betrug usw. Die Arbeit besteht nur noch aus Imagekampagnen für sich selbst, jeder versucht ständig nachzuweisen, dass er besser ist und andere schlechter sind. Manager und Personalabteilungen haben in einem solchen System immense Macht. Hierarchie wird gestärkt. Bürokratie greift um sich. Gesamtperformance geht in den Keller.

Anreizung führt dazu, dass Menschen nicht wie Menschen behandelt werden. Regelmäßig. Wer Menschen nicht wie Menschen behandelt, behandelt sie unmenschlich. Handlungen gegen die Menschlichkeit sind unmoralisch. Und damit im Prinzip verbrecherisch.

Man kann Menschen nicht motivieren. Menschen *sind* motiviert. Man kann sie höchstens demotivieren. Das geht ganz einfach, es gibt tausend Wege, Menschen zu demotivieren, aber keinen einzigen, ihn zu motivieren. Anreizung dient weder dem Wohl des Systems noch dem des Einzelnen. Anreize und Anreizung führen *nicht* zu höherer Leistung. Wenn Sie Kindern für das, was sie sowieso ständig gerne machen, zum Beispiel spielen, eine Belohnung geben, dann gewöhnen Sie die Kinder an die Belohnung und entwöhnen sie der Freude am Spiel. Hören Sie dann auf mit der Belohnung, hören die Kinder auch auf zu spielen. Das ist ein bewiesenes Phänomen, dazu gibt es haufenweise Forschungsergebnisse. Und diese Erkenntnis deckt sich mit dem, was man tagtäglich, tausendfach, millionenfach in Unternehmen beobachten kann, die mit Anreizen operieren. Das natürliche Verhalten von Kindern ist spielen. Das natürliche Verhalten von Erwachsenen ist arbeiten.

Der Kuchen ist alle, wer will noch ein Stück?

Wenn Sie einem Mitarbeiter einen Bonus bieten, dann arbeitet er fortan für den Bonus. Dann haben Sie das Söldnerprinzip eingeführt. Und dann haben Sie einen Mitarbeiter mit Söldnermentalität. Das Potenzial dafür, egoistisch, profitorientiert, auf den kurzfristigen Vorteil schauend, rücksichtslos zu agieren, haben wir alle. In jedem von uns steckt diese Haltung als Option. Sie tritt genau dann zutage, wenn die Lebensumstände es erfordern. Menschen sind nicht ein für alle Mal so, wie sie in einem gegebenen Moment erscheinen. Menschen können so oder so sein, je nachdem, was ihnen abverlangt wird. Wenn Sie als Führender Einfluss auf die Lebensumstände in Ihrem Unternehmen haben, dann können Sie sich also entscheiden: Will ich Söldner haben oder will ich Leute, die freiwillig da sind, um ihr Bestes zu geben?

Wenn Sie einmal mit den Anreizen angefangen haben, ist das wie beim Zauberlehrling und den Geistern, die er rief. Bei den Banken beispielsweise würden die Mitarbeiter vermutlich tatsächlich massenweise kündigen, wenn man ihnen den Bonus wegnähme. Söldner arbeiten nur, solange es einen attraktiven Sold gibt. Der Bonus wird nach kürzester Zeit als fester Gehaltsbestandteil betrachtet, die Empfänger entwickeln rasch einen Anspruch darauf. In der Wahrnehmung wird das Variable immer fix. Das sieht man schön an den Managerboni in der Wirtschaftskrise. Die Manager bestehen darauf, dass sie ausgezahlt werden. Sie fühlen sich dabei im Recht. Denn sie fühlen einen berechtigten Anspruch darauf. Dass es für das Unternehmen völlig sinnlos ist, einen Bonus zu zahlen, wenn nichts erwirtschaftet wird, um verteilt zu werden, ficht sie nicht an. Es sind eben die Söldner, zu denen man sie gemacht hat.

Es ist auch ein furchtbar perverser UBS-Quatsch zu sagen: Wir brauchen auch in der Krise unser Anreizsystem, sonst haben wir die Mitarbeiter ja nicht mehr unter Kontrolle, und dann leisten die ja nichts mehr, gerade jetzt brauchen wir die Anreize. Der Kuchen ist alle, wer will noch ein Stück?

Die Multijahreskarotte und der Malus, der mit dem Bonus auf einem Karottenkonto verrechnet wird, sind zusätzliche Auswüchse einer Anreizbürokratie, die Mitarbeiter nicht nur demotiviert, sondern das auch noch mit ausgefeiltesten Mitteln tun will.

Warum muss man Mitarbeiter eigentlich zwingen? Die bekommen doch schon ein Gehalt. Die allermeisten identifizieren sich doch sowieso schon freiwillig mit ihren Organisationen. Wozu also Anreize? Die nachweislich egoistisches, schädliches und unethisches Verhalten hervorrufen, die aber gar nicht zu höherer Leistung führen?

Vermutlich liegt der emotionale Gewinn für die Vorgesetzen im Zwingen selbst.

Extrawurst für alle

Gehaltsgerechtigkeit ist eine wünschenswerte Sache, keine Frage. Die Lösung dafür im hierarchischen Unternehmen sieht so aus: Der Schweißer verdient so viel wie die anderen Schweißer. Der Projektmanager verdient so viel wie andere Projektmanager. Der Abteilungsleiter verdient so viel wie andere Abteilungsleiter. Es gibt also Gehaltsklassen, die sich an den Positionen und Rängen im Unternehmen orientieren. Je höher in der Hierarchie ein Pöstchen ist, desto mehr Gehalt wird gezahlt. Karriere machen ist gleichbedeutend mit steigendem Einkommen, und das ist gleichbedeutend mit Aufstieg in der Hierarchie.

Man sorgt also dafür, dass jeder Mitarbeiter eine Stelle, eine Stellenbeschreibung und ein Jobprofil hat. Mit der Stelle beziehungsweise dem daraus abgeleiteten Titel kann für jeden Mitarbeiter eine Gehaltsklasse festgelegt werden, und damit wird gewährleistet, dass ein möglichst mit allen seinen Kollegen in der gleichen Klasse vergleichbares Einkommen gezahlt wird. So kommt »Gehaltsgerechtigkeit« zustande. »Gehaltsbänder« sorgen im Stil von »Plus-minus-20-Prozent-Bandbreiten« dafür, dass ein gewisser Spielraum möglich ist.

Manchmal will oder muss ein Unternehmen einem Mitarbeiter aber mehr Gehalt zahlen. Also befördert man ihn zum Manager, obwohl er mehr ein Spezialistentyp ist, damit man ihm einen Firmenwagen geben kann. Oder man erfindet einen neuen Posten, einen neuen Titel mit dazugehöriger neuer Gehaltsklasse. Nicht selten haben Unternehmen Hunderte von Gehaltsklassen, Titeln und -bändern zu administrieren, einschließlich jährlicher Gehaltsanpassungen pro Kategorie. Karriere muss gemanagt werden. Ein administrativer Albtraum, wie jeder HRler und Manager weiß. Flexibilität wird durch solche Systeme systematisch unterbunden. Der Aufwand ist gewaltig. Manager und Mitarbeiter werden regelrecht entmündigt, weil sie nicht eigenständig und gemeinsam über Gehälter entscheiden können. Das kommt davon, wenn man Gehälter managt.

Eigentlich kann man aber Gehälter gar nicht managen. Basisgehälter sind nun mal marktabhängig. Da kann man sich Gedanken über Gehaltsklassen und -bänder machen, so viel man will. Wenn man jemanden einstellen will, muss man ihm den Marktpreis bezahlen, oder man bekommt den Mitarbeiter eben nicht. Es ist eine Art Versteigerung. Wie gut und wie gefragt ist der Mensch? Man kann nicht darüber bestimmen, wie hoch die Gebote der anderen Marktteilnehmer ausfallen. Es ist unrealistisch, sich einzubilden, man könnte Gehälter managen. Und noch unrealistischer ist die Vorstellung, man könnte dadurch Gerechtigkeit herstellen. Man erntet Bürokratie, nicht Gerechtigkeit.

Die Alternative ist so einfach: Man bezahlt einfach jede einzelne Person danach, was sie ist und wie sie ist. Guardian Industries mit seinen 19 000 Mitarbeitern sagt beispielsweise: Wir bezahlen die Person, nicht die Position.

Ein Gehaltsgespräch ist eine Verhandlungssache. Warum sollte man das nicht anerkennen? Ich biete, du verlangst, wir einigen uns. Dann kann es auch vorkommen, dass zwei Menschen mit gleichem Titel, gleicher Position und gleicher Rolle unterschiedlich verdienen. Es sind ja auch unterschiedliche Menschen, die unterschiedliche Eigenschaften haben und unterschiedlich leisten. Das ist fair und gerecht. Menschen individuell zu behandeln ist gerecht. Menschen über einen Kamm zu scheren ist ungerecht. Es gibt einfach zu viele Einflussfaktoren und Unterschiede: Seniorität, Betriebszugehörigkeit, Ausbildung, Bedeutung, Seltenheit, Ersetzbarkeit, Markteinflüsse. Frauen bekommen systematisch 20 bis 30 Prozent weniger Gehalt. Große Menschen bekommen mehr Gehalt als kleine. Es gibt 1 000 Faktoren, die alle nichts mit Positionen zu tun haben. Wir sollten Menschen als individuelle Menschen bezahlen, nicht als Funktionsträger.

Tut man das, dann können Menschen in einer Organisation auch viel freier neue Rollen annehmen. Jederzeit. Mitarbeiter können mit Rollen und Aufgaben jonglieren und ein ganzes Portfolio an Rollen übernehmen. Ganz ohne dass man ständig das Gehalt neu verhandeln müsste. Mitarbeiter können das machen in der Gewissheit, dass sie später, wenn sie in Rollen mit mehr Verantwortung hineingewachsen sind und sich dort behauptet haben, eine faire Vergütung dafür erhalten werden. W. L. Gore macht das so. Und das funktioniert. Gehalt hat dann nicht den Charakter einer Entschädigung, sondern wird zum Symbol von Teilhabe.

Wir bezahlen die Person, nicht die Position.

Weise ist es auch, nicht nach Stunden zu bezahlen. Denn bei Stundensätzen fängt es an, altertümlich zu werden: *Wir bezahlen dich nicht dafür, dass du leistest, sondern dafür, dass du da bist. Und wenn du langsam bist, bekommst du mehr ...* Völliger Nonsens.

Im Besprechungsraum eines brasilianischen Stahlkonzerns bin ich einmal beinahe vom Stuhl gefallen. Ein Manager eröffnete mir, dass dort die Controller Überstunden bezahlt bekommen. Schlagartig war mir klar, warum das Unternehmen kein Interesse daran hatte, überflüssige Prozesse abzuschaffen! Jeder Mitarbeiter, der über die normale Arbeitszeit hinaus noch unrentable Beschäftigung betreibt, verdient noch mehr. Das ist ja schon beinahe lustig. Da werden die Controller so bezahlt wie Arbeiter bei Ford am Band vor 110 Jahren. Wie Tagelöhner. Das ist schon ein starkes Stück an Industrialisierung!

Wer nach Stunden bezahlt, der will, dass die Leute kommen, um sich den Hintern platt zu sitzen. Und genau das bekommt man dann aber auch.

Wenn man das zu Ende denkt: Arbeitszeiten sollte man gar nicht mehr messen. Da sind Tarifverträge und die einschlägigen Gesetze hinsichtlich Arbeitszeit einfach schädlich. Unternehmen sollten fair und gerecht bezahlen, abgesehen davon ist jeder Erwachsene selbst in der Lage, sich die Zeit einzuteilen. Wenn es zu viel zu tun gibt, muss man sich gemeinsam Gedanken machen, wie man das löst. Wenn es zu wenig zu tun gibt, muss man sich ebenfalls gemeinsam Gedanken machen, wie man das löst.

Anreizung muss strafbar werden

Wenn man sich beim Thema Gehalt dem Markt unterwirft und anerkennt, dass auch da Zug vom Markt her herrscht, dann wird Gehaltsfindung etwas Einfaches. Man verhandelt einfach. Alles andere kann man vergessen, einstellen, aufhören.

Beispielsweise sollte man aufhören, Personalkosten zu kontrollieren. Das führt nur dazu, dass das Unternehmen immer möglichst wenig Gehalt zahlen will. Klug ist das nicht, denn dann bekommt man zum einen Mitarbeiter, die permanent Gehaltserhöhungen fordern oder für höhere Tarifverträge streiken und gleichzeitig für niedrigere Arbeitszeiten eintreten. Zum anderen bekommt man Mitarbeiter, die anderweitig hohe Kosten verursachen, weil sie demotiviert sind.

Hören Sie am besten auf, überhaupt an Personalkosten zu denken. Die individuellen Entscheidungen in den Verhandlungen mit jedem einzelnen Mitarbeiter bestimmen die Höhe der Personalaufwendungen. Das ist eine Größe, die ein Manager nicht beeinflussen kann, außer eben bei der Einstellung und in Gehaltsverhandlungen. Und außerhalb dieser Situationen sollte er es auch einfach lassen und seine Aufmerksamkeit anderen Dingen zuwenden.

Auch Budgets und Maximalgehälter oder das Modewort »Gehaltsgefüge« gehören auf die Abraumhalde. Manage nie Gehaltsgefüge! Ein Gehaltsgefüge ist doch ein Ergebnis von Verhandlung, nicht die Voraussetzung dafür! So wie Kultur ein Ergebnis von Verhalten ist und nicht die Voraussetzung dafür.

In der Konsequenz sind die Grundgehälter in Beta-Unternehmen in der Tat höher als die Alpha-Gehälter. Das zeigt sich generell. Das ist zwangsläufig so. Aber: Handelsbanken hat zum Beispiel trotzdem niedrigere Gehaltskosten in Relation zum Umsatz als andere Banken. Die Gehaltshöhe im Marktvergleich sagt wenig über die Personalkosteneffizienz aus. Die besten Mitarbeiter sind die rentabelsten, die schlechtesten sind die teuersten. Das hat nichts mit dem Gehalt zu tun.

> ### *Es ist eine Farce, beim Thema Managergehälter eine Leistungsdiskussion zu führen.*

Wenn Sie sagen, die Mitarbeiter sind das Wichtigste, was wir haben, dann kosten die Mitarbeiter eben das, was ihr Marktwert ist. Dann ist das Gehalt so, wie es ist. Es wird einfach bezahlt. Das sind keine Kosten, die man managen kann. Reduziere niemals Gehälter! Der Schaden wäre unübersehbar. Verhandle! Finde den Marktpreis! Und dann zahle ihn! Man kann sich sicher sein: Das Gehalt beeinflusst alles andere. Alles kann explodieren, wenn Manager an den Gehältern herummanipulieren. Gehälter sind ein Hotspot.

Wegweisend in Deutschland ist auch hier dm-drogerie markt. Dort gibt es keine Personalkosten. Dort gibt es Mitarbeitergehälter, und die sind als individuelle Verhandlungsergebnisse unveränderbar. So etwas ist kulturprägend. Wer so etwas macht, muss es aber auch durchziehen. Da muss dann auch die Software entsprechend eingestellt werden, damit nirgends mehr das Wort »Personalkosten« auftaucht. Und wenn der Banker sagt: Wie hoch sind Ihre Personalkosten? Dann sagt man: So was haben wir nicht, Personalkosten halten wir für obsolet. Null Euro. Aber dafür haben wir Mitarbeitergehälter. In Wörtern liegt Magie! Begriffe schaffen Realität.

Und so, wie ein Kassierer in Wahrheit nicht nach Leistung bezahlt wird, so wird auch ein Manager nicht nach Leistung bezahlt. Es ist eine Farce, beim Thema Managergehälter eine Leistungsdiskussion zu führen. Selbstverständlich wird ein Wendelin Wiedeking nicht nach Leistung bezahlt. Sondern nach Marktmacht. Es ist ein reiner Marktpreis, den Porsche bezahlt. Die Frage ist nicht: Wie viel mal mehr leistet ein Manager im Vergleich mit einem Fabrikarbeiter? Diese Frage ist Unfug. Das Gehalt hat damit nichts zu tun. Die Frage ist vielmehr: Wie viel müssen wir dem Manager bieten, damit er für uns arbeitet und nicht für eine andere Firma?

Gleichheit gleich Gerechtigkeit? Gilt nie! Auch nicht bei Gehältern. Beta-Unternehmen bezahlen ein völlig individuelles Grundgehalt. Je nach Marktpreis des Mitarbeiters. Beim variablen Teil dagegen bekommen alle das Gleiche. Denn da geht es nur um Teilhabe, nicht um mehr. Das ist exakt umgekehrt als beim traditionellen Denken in den Unternehmen. Und das ist ein glatter Bruch mit den Prinzipien, die alle Personalberater empfehlen!

Da gibt es dann immer einen im Saal, der aufsteht und zetert: *Das ist Kommunismus!* Beim Thema Vergütung werden eben tief liegende Ängste berührt. Es ist aber gerade nicht kommunistisch, Menschen am Erfolg zu beteiligen. Kommunismus wäre, Eigentum gleichmäßig zu verteilen, indem die alten Eigentümer enteignet werden und indem man kein Kapitaleinkommen mehr duldet. Das hat nichts damit zu tun, was den Beta-Kodex ausmacht. Aber: Ein Unternehmen, das Managern Boni zahlt, obwohl kein Gewinn erwirtschaftet wurde, ist eigentlich kommunistisch – oder präziser gesagt: Es nutzt Sowjet-Methoden. Denn da werden Kapitalgeber enteignet. Das ist zutiefst unkapitalistisch und unmarktwirtschaftlich!

Beim Thema Vergütung kann die Politik ansetzen, wenn sie die nächste Krise verhindern will. Ich rufe alle interessierten Politiker auf, sich bei mir zu melden: Anreizung gehört gesetzlich verboten! Genauso verboten wie Schneeballsysteme und Korruption. Anreizung ist eine Sonderform von Bestechung. Wer Pay-for-Performance-Systeme einführt, wer in Gehaltssystemen eine Verbindung herstellt zwischen Zielen und Vergütung, der muss bestraft werden!

Das würde gesellschaftlichen Fortschritt bringen. Das würde die Wirtschaft in Schwung bringen, weil Menschen dann wieder für einen Sinn arbeiten dürften statt fürs Geld. Und eine Wirtschaftskrise nach dem Strickmuster von 2008/2009 wäre dann kein Thema mehr.

Anerkennung im Alpha-Kodex	Anerkennung im Beta-Kodex
Geld muss für alle ein wichtiges Thema sein – Vergütung beeinflusst Leistung positiv	Keiner sollte ständig ans Geld denken müssen – Vergütung ist einzig ein Hygienefaktor
Zahle Gehälter entsprechend der Position – Personalabteilung managt Gehaltsbänder	Bezahle Menschen dafür, wer sie sind – der Markt managt Gehälter
Festgehalt möglichst niedrig halten – variable Vergütung als Druckmittel benutzen	Faires Festgehalt bezahlen – variable Vergütung soll bloß symbolisch Zugehörigkeit aufzeigen
Diverse Gehaltssysteme und Privilegien für verschiedene »Ebenen« – variable Vergütung für wenige	Ein durchgängiges Gehaltssystem – variable Vergütung für alle
Variables Gehalt dient der Anreizung – kopple stets Ziele und Vergütung	Variables Gehalt dient der Teilhabe – trenne stets Ziele und Vergütung
Motivation ist extrinsisch – man motiviert – Anreizung ist notwendig	Motivation ist intrinsisch – man ist motiviert – Anreizung ist langfristig immer schädlich
Karotte hinhalten und der Esel läuft – wenn das System stimmt, ist Verhalten steuerbar	Menschen sind intelligent, erkennen Drohung des Gehaltsentzugs – sie schlagen jedes Anreizsystem – Vergütung soll nicht Verhalten beeinflussen
Individualleistung muss man durch individuelle Boni und Incentives stimulieren	Es gibt keine individuelle Leistung – Team- oder Unternehmensleistung sollte durch Beteiligung am gemeinsamen Erfolg anerkannt werden
Anreizung und Incentivierung, Pay for Performance und Meritokratie	Erfolgs- und Gewinnbeteiligung und/oder Beteiligung am Kapital durch Anteile, Aktien
Es gibt Belohnungen für alles, was das Management für wichtig hält	Menschen bekommen für ihre Arbeit ein Gehalt – Belohnung bedeutet Manipulation und ist respektlos
Personalkosten werden gemanagt und minimiert – Gehälter möglichst gering halten	Mitarbeitereinkommen sind sozialer Beitrag – Stolz auf Mitarbeiter und deren Fähigkeiten
Menschen sind gierig, das macht sich das Management zunutze	Eigennutz ist menschlich, Gier entsteht durch Anreizung – langfristig hat jedes Unternehmen die Mitarbeiter, die es verdient
Bonussysteme sind unumgänglich, um Top-Mitarbeiter anzuziehen und zu halten	Mitarbeiter, die des Geldes wegen kommen, gehen auch des Geldes wegen

Geistesgegenwart:
Vorbereitung statt Planung

Hören Sie auf zu planen und bereiten Sie sich lieber auf die Eventualitäten vor. Es kommt immer anders, als im Plan steht. Zukunft kann man nicht managen, schon gar nicht in Form einer jährlichen, bürokratischen Top-Down-Veranstaltung namens Jahresplanung. Tun Sie alles dafür, dass Ihr Unternehmen stets geistesgegenwärtig ist, dass es bereit ist, komme, was da wolle. Zukunft entsteht im realen Handeln, planerische Zeitreisen sind reine Fiktion.

Unternehmen brauchen keine Planung. Planen sie dennoch, dann ist das entweder Verschwendung oder direkt schädlich. Planung ersetzt Zufall durch Irrtum. Ohne Planung empfinden wir ein unerwartet eintreffendes Ereignis als »Zufall« – wir lassen die Dinge auf uns zukommen, sie passieren einfach, und dann reagieren wir. Wir sind darauf gefasst, sind bereit.

Sobald man aber plant, gibt es »Irrtum« – weil man zum Planungszeitpunkt eine Wahl trifft, aufgrund fester Annahmen über die Zukunft, die später systematisch nicht mit der Realität übereinstimmen werden. Der Irrtum ist immer schon vorprogrammiert. Er ist jedes Mal aufs Neue eine lähmende Niederlage. Das Gefühl, sich in der Vergangenheit geirrt zu haben, verhindert den angemessenen Umgang mit der Gegenwart. Die Zukunft planende Menschen sind merkwürdigerweise immer rückwärtsgewandt. Schon beim Akt des Planens, und später auch beim Irrtum.

Am Ende der meisten Gespräche über Sinn und Unsinn zyklischer Planungsrituale stehen aber meistens dennoch verzweifelte Ausrufe wie »Aber man braucht doch Planung!« oder gar: »Bei uns bringt Planung aber trotzdem was!« Dann schüttelt man den Kopf und sagt: »Aber wir haben uns doch gerade darauf geeinigt, dass Planung nur Zufall durch Irrtum ersetzt.« – »Trotzdem«, heißt es dann.

Tief sitzt der Glaube. Der Irrglaube. Dass Planung in Unternehmen funktioniert. Irgendwie muss es gehen. Dabei greift hier ein weiteres, quasiphysikalisches Beta-Gesetz: Dass nämlich in dynamischen und komplexen Umgebungen Planung nicht funktionieren *kann*. Es ist einfach die falsche Technologie, um in heutiger Wirtschaft erfolgreich zu sein. Planung ist zwecklos.

Zukunft ist das schlechterdings Unbekannte. Unplanbar. Aber kein Grund zur Panik! Unternehmen haben schließlich Mitarbeiter, die fundiert denken können, aufnahmefähige Geister und Persönlichkeiten, die kritikfähig sind. Sie können zwar nicht die Zukunft gestalten. Aber sie können die Gegenwart so gestalten, dass die Zukunft unter einem guten Stern steht.

Gut geplant ist halb verloren

In einem Konzern findet wie jedes Jahr wieder ungefähr zur Jahresmitte die strategische Planungsrunde statt. Zuerst trifft sich das obere Management, um über Strategie zur reden. Die Herren – und selten mal eine Dame – überlegen sich, wo sie in fünf Jahren stehen wollen. Sie machen eine SWOT-Analyse, um die gegenwärtigen Stärken und Schwächen, Chancen und Risiken des Unternehmens zu untersuchen. Dann hat jemand eine fünfzigseitige Powerpoint-Show vorbereitet. Anschließend, nach erfolgreicher Reanimation, werden Workshopergebnisse diskutiert. Es kursieren immer noch verschiedene Meinungen, wie sich das Geschäft entwickeln wird. Ziemlich zähe Diskussionen folgen.

Dann sagt einer: »*Okay. Ehe wir Zeit verschwenden mit einer Endlosdebatte: Wie viel EBIT wollen wir nächstes Jahr haben?*«
Ein anderer: »*Wenn wir uns jetzt auf diese Debatte einlassen, ist das Thema Strategie doch schon durch. Wozu zerbrechen wir uns dann den Kopf? Dann sollten wir uns künftig nur noch über die Zahlen unterhalten.*«
Der eine: »*Na, aber darum geht's hier doch. Das war ja alles ganz interessant, aber irgendwann müssen wir mal zu Potte kommen. Lasst uns endlich Nägel mit Köpfen machen. Wir können doch nicht hier rausgehen ohne konkrete Planungswerte. Wir müssen schließlich irgendwas nach unten durchreichen. Wie soll das sonst funktionieren?!*«

Nach einigem Hin und Her einigen sich die Manager darauf, in den nächsten Jahren das Ergebnis jeweils um 10 Prozent zu steigern. Sitzung beendet, endlich kann die Budgetplanung losgehen.

Ein paar Wochen später und ein paar Stockwerke tiefer stürmt ein Topmanager ins Büro eines Kollegen aus dem mittleren Management.

Chef: »*Mensch, so kannst du das doch nicht machen! So geht das nicht! Die Zahlen, die du da geplant hast, sind zu schlecht! Wie sieht denn das aus,* wenn wir diese Planziele an den Finanzbereich melden? Wie steh ich denn dann da im Vergleich zu den anderen? Das müssen wir ja noch mal dringend von vorne planen ... Leg noch ein bisschen was drauf. Die Zahlen vom letzten Jahr müssen wir mindestens hinkriegen. Bisschen Wachstum muss auch noch drin sein. 3 bis 4 Prozent, das klingt doch gut, oder? Also, ich verlass mich auf dich!«

Manager: »Aber Chef, wie schaffen wir denn das? Bei der derzeitigen Lage!«

Chef: »Das ist doch jetzt egal. Das sehen wir dann immer noch, wenn es so weit ist. Jetzt geht's doch erst mal um die Planung.«

Manager: »Aber Chef, spätestens im Februar müssen wir das nach unten korrigieren. Und am Ende kriegen wir keinen Bonus, weil wir meilenweit danebenliegen!«

Chef: »Mann, lass das mal meine Sorge sein, da finden wir schon einen Weg. Außerdem sehen dann die anderen vermutlich noch wesentlich älter aus. Überlass das mal den alten Hasen. Das ist ein Spiel für Könner. Ich mach das ja auch nicht erst seit gestern.«

Gleichzeitig unterhalten sich drei Kollegen im Controlling, ein Gebäude weiter.

Controller 1: »Ist eben doch wichtig, dass man die Kollegen einmal im Jahr so richtig zum Nachdenken kriegt. Damit die ihr Business durchdenken. Guter Prozess. Wenigstens einmal im Jahr ein bisschen Strategie.«

Controller 2: »Ich frage mich aber, warum die trotz all der Workshops und Meetings am Ende immer so grottenschlecht danebenliegen mit ihrer Planung. Wir müssen die Zahlen ja doch immer dreimal im Jahr anpassen. Warum geht das eigentlich nicht genauer?«

Controller 3: »Manchmal frage ich mich, ob das überhaupt was bringt, was wir hier machen. In den Geschäftseinheiten machen sie doch am Ende sowieso, was sie wollen. Und die ganze Veranstaltung hier ist ein riesiger Kostenfaktor. Wir arbeiten am Wochenende und an Feiertagen, um das hinzubekommen, und am Ende ändern sich der Dollarkurs und der Ölpreis und wir fangen wieder von vorne an mit der Planerei.«

Controller 1: »Das ist aber genau das, was wir hier machen, dazu sind wir da. Auf welche Zahlen sollen die sich denn sonst stützen? Ohne Planung geht's halt nicht!«

Controller 2: »Hm, ich weiß nicht. Ich mach das jetzt seit 13 Jahren, und manchmal kommen mir schon so Zweifel. Meine Frau arbeitet bei Aldi, sie ist Regionalleiterin. Da geht's auch ohne Planung ...«

Planung ist als Mittel, die Zukunft zu gestalten, genauso schlecht wie Programmierung. Anstatt zu versuchen, bei einer Wanderung das Wetter zu programmieren, sollte man sich lieber darauf konzentrieren, gute Ausrüstung, feste Schuhe und einen Regenschutz mitzunehmen.

Aber Planung gibt uns das schöne Gefühl vordergründiger Sicherheit. Dass wir alle Parameter im Griff hätten ist zwar eine Illusion, aber immerhin eine sehr attraktive. Denn wir bilden uns Steuerbarkeit ein. Die Vorstellung, wir stünden am Ruder und könnten das große Schiff mit leichter Hand steuern, bietet ein Gefühl von Macht. Wenn wir nur die Sache gut genug durchdenken und alle Faktoren kennen und kontrollieren, dann können wir heute alles so steuern und entscheiden, dass wir in Zukunft erfolgreich sind. Wir tun so, als würden wir den Weg zu einem selbst gesteckten Ziel kennen und müssten nur den Kurs abfahren – dabei kann natürlich kein Mensch wissen, was unterwegs so alles passieren wird.

> *Mit Planung bekommt man einfach nichts in den Griff.*
> *Aber auch gar nichts.*

Die Bundesregierung setzt sich beispielsweise die Haushaltskonsolidierung zum Ziel, rechnet und plant, ab 2011 keine neuen Schulden mehr zu machen. Dumm nur, dass da ein heftiges Konjunkturtief dazwischenkam und man jetzt statt ausgeglichenem Haushalt Rekordschulden melden muss, aber der Plan war gut – ausgezeichnet sogar ... und dass die Welt sich nicht so verhält, wie der Finanzminister vorgegeben hatte, ist nun mal höchst ärgerlich.

Das ist ein schönes Beispiel dafür, wie es nicht funktioniert. Der ganz normale Wahnsinn besteht dabei nicht darin, dass die Zukunft in der Planung falsch vorhergesagt worden wäre, sondern er liegt darin, dass es überhaupt versucht wurde. Man kann sich zum Ziel setzen, stets mehr einzunehmen als auszugeben. Das ist legitim. Aber man kann nicht sinnvoll die Zahlen Jahre im Voraus planen. Das ist lächerlich naiv.

Genauso naiv wie die Vorstellung, wir könnten große, komplexe Organisationen steuern. Das alles ist ein Missverständnis in Bezug auf die chaotische Natur unserer Umwelt. Schon ein einziger sich verändernder Parameter, zum Beispiel ein Wechselkurs oder ein Rohstoffpreis oder ein neues gesetzliches Limit, genügt, und schon ist alle Planung obsolet. Das plötzliche Auftreten von neuen Technologien oder Konkurrenten, die das Geschäftsmodell variieren. Denken Sie daran, wie das Aufkommen von Wikipedia auf einen Schlag die Lexika-Verlage vor ein unlösbares Problem gestellt hat. Oder der Markt ändert sich radikal durch das Wegsterben von Konkurrenten. Oder durch ein neues Gesetz. Stellen Sie sich vor, das VW-Gesetz wäre gefallen, oder auf Diesel, Benzin und Kerosin würde eine einheitliche Steuer erhoben. Neue Fördermaßnahmen (Abwrackprämie), ein Änderung beim Kundenverhalten (Gammelfleischskandal), ein herausragendes Testergebnis (Stiftung Warentest), ein Produkttest läuft schief (Elchtest bei Daimlers A-Klasse), ein Krieg, Klimaänderung, eine neue Bundesregierung, der 11. September 2001, Lieferantenkonditionen ändern sich, Lieferengpässe bei Computerchips wegen Siliziummangel, Lieferanten gehen pleite (Schaeffler), neuer Großaktionär mit neuen Forderungen. Es ändert sich ständig was. Der Markt, die Umwelt, Organisationen, alles hoch chaotisch. Mit Planung bekommt man einfach nichts in den Griff. Aber auch gar nichts.

Unternehmensergebnisse sind wie Milchkaffee

Planung verselbstständigt sich und wird zum leeren Spiel. Oder sie bringt Planwirtschaft hervor, weil das Management kolossalen Zwang ausübt, um trotz des Chaos auf der Spur zu bleiben. Das ist im Kern dann sowjetisch. Das gilt für alle Sorten von Planung.

Nehmen wir Investitionsplanung. Einmal im Jahr gibt es einen Planungsprozess. Wie viel werden wir in den Folgejahren investieren? Ein Kuchen wird gebacken: soundso viele Millionen Euro. Dann wird es Herbst. Die Bereiche werden eingeladen anzumelden, was sie investieren wollen, Wünsche und Projekte. Dann wird gesammelt, dann wird priorisiert, dann wird festgestellt: Es sind natürlich viel zu viele Wünsche, das Budget reicht nicht aus für alle Vorhaben.

> *Wir reden hier von einem riesigen Leck im Geldspeicher*
> *des Unternehmens, wo die Taler nur so herauspurzeln.*

Also trifft das Management eine Auswahl und schreibt sie in den Plan. Jeder glaubt jetzt, der Plan würde umgesetzt und das Geld würde planmäßig ausgegeben werden, die Projekte würden planmäßig realisiert werden. Aber komisch: Wenn man dann ein paar Jahre später zurückblickt und sich den ursprünglichen Investitionsplan anschaut, stellt man fest: Kaum etwas wurde umgesetzt wie geplant. Ein paar Projekte nie, ein paar früher oder später als gedacht, und jede Menge neuer Dinge, die gar nicht im Plan standen. Manche Projekte wurden umgesetzt, weil sie im Plan standen – gebracht haben sie aber ganz offensichtlich niemandem was.

Trotzdem machen alle jedes Jahr aufs Neue eine Planung. Ja, wenn es wenigstens nicht so ein großer Aufwand wäre. Wir machen zwischen Aufstehen und Zubettgehen viele unsinnige Dinge, und das ist ja auch nicht weiter schlimm. Aber wir reden hier von einem extrem aufwändigen, ziemlich politischen, immens nervenaufreibenden Prozess, von einem riesigen Leck im Geldspeicher des Unternehmens, wo die Taler nur so herauspurzeln.

Eigentlich würde das alles ja auch ohne Planung gehen. Denn es werden ja offensichtlich auch immer wieder Investitionen durchgeführt, die nicht in der Planung enthalten sind, und andere, die im Plan stehen, werden weggelassen. Warum also macht man überhaupt den Plan?

Nein, das ist kein Argument für die Flexibilität der Planung, sondern ein Argument für die Überflüssigkeit der Planung. Und ja, selbstverständlich geht es auch ohne Planung. Es gibt hoch profitable Unternehmen, die sagen: Wenn es ein Projekt gibt, das heiß ist, schauen wir uns das an und entscheiden. Wenn mehrere anstehen, entscheiden wir über alle, die gerade heiß sind. Dann müssen wir priorisieren, verschieben, ablehnen. Aber wir tun das erst, wenn die Projekte dringend sind, wenn sie da sind, wenn sie entscheidungsreif sind, auf keinen Fall vorher. Das ist ein kluges Beta-Prinzip: So spät wie möglich entscheiden. Gerade dann, wenn es unsicher und unternehmerisch riskant wird.

Eine andere Planungssorte: Wie ist das bei einem Projektplan? Projektmanagement glaubt an Meilensteine. Der Projektleiter definiert die Reihenfolge und die Zeitpunkte von Arbeitsschritten und Zwischenzielen, und dann prüft er den Projektfortschritt anhand dieser Meilensteine. Der Glaube sagt: Plane das ganze Projekt komplett durch, bevor du anfängst, auf dass du die Verantwortung und die Ressourcen zuordnen kannst.

Die Realität: Die meisten Projekte sind so komplex, dass man gar nichts weiß. Die ersten paar Wochen des Vorhabens lassen sich vielleicht noch einigermaßen überblicken, dahinter verschwimmt alles im Nebel. Man kennt die realen Parameter nicht. Nicht die Kosten, nicht die Ressourcen, nicht wie lange was dauert, welche Projektschritte in welcher Reihenfolge auf welche Weise und ob überhaupt verwirklicht werden. Nehmen Sie ein beliebiges großes Projekt und vergleichen Sie den ursprünglichen Projektplan mit der Geschichte der Realisierung. Zum Beispiel Pharma-Projekte oder Change-Projekte oder Software-Projekte.

Entweder Projekte sind so trivial, dass man keine Planung braucht. Oder sie sind so komplex, dass keine Planung funktioniert.

Die Softwareentwickler sind in den letzten Jahren darangegangen, Projektmanagement zu revolutionieren. Sie sind durch leidvolle Erfahrung darauf gekommen, dass man besser nicht mit Meilensteinen arbeiten sollte, und auch nicht mit Projektplänen. Was daraus entsteht sind Spielarten des evolutionären Projektmanagements: Scrum oder agile Entwicklung oder Rapid

Prototyping. Das ist hoch spannend. Die Teammitglieder entscheiden nach dem Prinzip der Selbstorganisation jederzeit eigenständig, was sie auf welche Weise mit welchen Tools erledigen. Projektsteuerung von oben wird abgelehnt. Es entsteht ein chaotischer, höchst komplexer Entwicklungspfad, der nicht vorhersagbar ist – der aber hoch effizient ist und zum Ziel führt. Das übrigens ist das Wichtigste: Am Ziel ankommen – Pläne hin oder her. Vorbild für Scrum ist – mal wieder – Toyota.

Die Vorstellung, dass die Probleme auf die Meilensteine warten, ist ja auch reichlich naiv. Herkömmliches Projektmanagement denkt am Anfang und stellt sich dann im weiteren Verlauf dumm. Das ist tayloristisch, weil mal wieder denken und handeln voneinander getrennt werden, aber Projektteams berauben sich so ihrer wertvollsten Ressourcen: Intuition, Improvisation, Könnerschaft, Konsultation, Reaktion, Diskussion, ...

Setzt man statt auf Planung auf eine vernünftige Vorbereitung, um anschließend dem eigenen Team zu vertrauen, dann lassen alle Beteiligten den Kopf eingeschaltet. Sie wechseln nicht erst dann wieder vom Ausführungsmodus in den Denkmodus, wenn das Projekt lautstark gegen einen Meilenstein gedonnert ist, sondern bleiben die ganze Zeit über hellwach und sind geistesgegenwärtig, wenn ein Problem erst am Horizont auftaucht.

Die Teammitglieder schauen permanent auf die Rahmenbedingungen, nicht nur bei einer Umfeldanalyse ganz am Anfang. Sie achten ständig darauf, was der Kunde macht, nicht nur bei einer Stakeholderanalyse ganz zu Beginn des Projekts. In jedem gegebenen Moment fragt sich jeder: Was ist als Nächstes zu tun? Was hat Priorität? Wo sind die Probleme? Das Team zieht nie blind einen Plan durch, sondern überlegt die ganze Zeit, was richtig wäre.

Nehmen Sie einmal ein Latte-macchiato-Glas.

Was hat Intuition damit zu tun? Das ist die großartige menschliche Fähigkeit, die im herkömmlichen Projektmanagement vollständig ignoriert wird: die Fähigkeit, nicht nur anhand von rationalen Argumenten zu entscheiden. Rational kann man nur einen sehr kleinen Ausschnitt der Wirklichkeit erfassen, nur sehr wenige Informationen verarbeiten. Intuitiv können wir Erfahrungswissen und Millionen unbewusste Informationen gleichzeitig nutzen und weise Entscheidungen treffen – ohne hinterher rationalisieren zu können, wie der Entscheidungsweg verlief.

Intuition hat natürlich in der Unternehmensplanung nichts verloren. Diese Spezialdisziplin des Managements besteht in der Kunst, so lange Zahlen übereinanderzustellen, bis alles wieder herunterpurzelt. Auch die Unternehmensplanung unterstellt, dass Planung die Realität gestalten könnte.

Dass also bestimmte Ursachen und Wirkungen linear zusammenhängen. Kürzen wir hier, fallen die Kosten, investieren wir dort, steigen die Umsätze. Wirtschaft funktioniert aber gerade so nicht. Wenn-dann-Kausalketten gibt es so gut wie nicht, weil in der Wirtschaft prinzipiell zu viele Einflussfaktoren gleichzeitig und miteinander verkoppelt aufeinander einwirken.

Nehmen Sie einmal ein Latte-macchiato-Glas, lassen Sie die Maschine einen doppelten Espresso hineinfüllen, aber noch ohne Milch. Gehen Sie dann ganz nah ran und schauen Sie genau, was passiert, wenn Sie eine kleine Menge Milch vorsichtig aus niedriger Höhe in den Kaffee kippen. Es sieht faszinierend aus, all die Wirbel, Schlieren und Muster. Die Versuchsanordnung ist denkbar einfach, die Anzahl der physikalischen Parameter überschaubar. Und doch kann kein Wissenschaftler der Welt vorhersagen, wie genau sich die Milch verteilen wird. Welche Region im Glas wann von der Milch erreicht wird und welches Mischungsverhältnis an einem gegebenen Punkt zu einer gegebenen Zeit vorherrschen wird. Nicht mit einer Million der leistungsfähigsten Supercomputer der Welt, nicht in einer Million Jahren Rechenzeit. Es ist prinzipiell unmöglich, denn der Vorgang ist chaotisch, er verläuft nichtlinear.

Nun, das Verändern einer Organisation aus ein paar Hundert oder Tausend Menschen, die Einführung eines Produkts, das Einstellen neuer Mitarbeiter, die Reorganisation von Geschäftsbereichen, die Umstellung auf neue Technologien, jede Form von Projekten, das alles ist noch viel, viel komplexer als das Mischen von Kaffee und Milch. Wie es abläuft, können wir nicht wissen. Planen ist unter diesen Umständen lächerlich unrealistisch.

Was wir aber wissen: Am Ende wird sich die Milch mit dem Kaffee vermischt haben. Und es bleibt alles in der Kaffeetasse, wenn wir nicht zu viel Milch eingefüllt haben. Genauso wissen wir: Am Ende werden wir Unternehmensergebnisse haben. Aber wie lange das dauert und wie exakt was passiert, bis es so weit ist, das können wir nicht voraussagen.

Das Geheimnis des Erfolgs ist nicht, noch mehr Informationen zu haben, um zu versuchen, die Zukunft vorherzusehen, sondern einen Weg zu finden, in jeder denkbaren Zukunft relativ erfolgreich zu sein. Die Kunst, ein Unternehmen zu führen, ist zu wissen, wie der Kaffee am Ende schmecken soll. Und: Wo ist der Rand der Kaffeetasse?

Planen bedeutet plattmachen

Beispiel Internationalisierung: Wir haben sehr, sehr schöne Vorstellungen, wie das geht. Wir sagen: In den nächsten vier Jahren wollen wir unser Geschäft nach Spanien, USA, Australien und Singapur ausdehnen. Das ist ein strategisches Ziel ... Dabei tun wir so, als hätten wir das nicht vor drei Jahren schon genauso gesagt. Und was ist passiert? Nichts ist passiert. Nur weil wir ein Ziel als strategisch bezeichnen, setzt die Welt es noch lange nicht ins Werk.

Wie funktioniert es aber in den Firmen, die sich tatsächlich internationalisiert haben? Bei den meisten läuft das eher zufallsgesteuert. Wenn man einmal nachfragt, wie in Firmen die erfolgreichsten Niederlassungen zustande gekommen sind, dann hört man oft – sehr oft! – in etwa diese Geschichte: Ein Mitarbeiter hat eine ausländische Frau. Sie will zurück ins Heimatland. Er aber will bei der Firma bleiben. Also sagt er: Auf ins Ausland, und hey, ich könnte doch dort eine Niederlassung gründen. Gesagt, getan. Und siehe da, das Geschäft im neuen Markt floriert. So unstrategisch wie erfolgreich. Dies ist – wohlgemerkt: keine Ausnahme. Sondern eher die Regel, gerade bei Firmen, die keine Vermögen in Expansion stecken können und eher nicht dazu neigen, im Ausland durch Zukauf anderer Unternehmen zu wachsen.

Diese Art von Geschichte ist die Regel. Nicht die strategischen Pläne und hehren Fantasien lassen die Unternehmen expandieren. Sondern die merkwürdige, oft verwirrend triviale Realität, die bringt's. Bei Produktinnovationen läuft das genauso. Die Leute in der Firma mit ihren schrägen Träumen und Interessen, die verändern etwas. Die zufälligen Funde, die Nebenprodukte, die plötzlich die Hauptprodukte werden. Die marginalen Produktmerkmale, die plötzlich Alleinstellungsmerkmale auf dem Markt werden. Der Markt zeigt, was er will. Nicht wegen, sondern trotz Strategie. Trotz Planung. Geplant war Rechenzentrum, der Markt wollte Client-Server-Achitektur. Geplant war lokale, monolithische Software, der Markt wollte dezentrale Webware. Geplant waren mehr PS und Geländewagen, der Markt wollte niedrigen Verbrauch. Geplant waren CDs und DVDs, der Markt wollte Downloads und Live-Musik. Geplant waren hochauflösende Röhrenfernseher, der Markt wollte Flachbildschirme. Geplant war öffentlicher Personennahverkehr, der Markt wollte individuelle Mobilität. Geplant war Bildung, der Markt wollte Unterhaltung. Geplant war ... Schade nur, dass viele von uns nicht wahrhaben wollen, wie die Welt beschaffen ist ...

Wie ist die Welt denn beschaffen? Warum lohnt es sich nicht, heute über Entscheidungen nachzudenken, die wir in der Zukunft treffen wollen? Oder gar die Entscheidungen der Zukunft schon jetzt vorwegzunehmen? Das lohnt sich nicht, weil das so ist, wie wenn man sich entscheidet, nächste Woche über die Straße zu gehen. Also schaue ich schon jetzt mal, ob grün oder rot ist, oder ob ein Auto kommt. Macht wenig Sinn, oder? Stattdessen genügt es, immer nur jetzt zu entscheiden, was jetzt gerade anliegt. Henry

Mintzberg sagte: »Strategie bedeutet nicht, den gesamten Weg zu kennen. Strategie ist wie gehen. Du schaust dich um, entscheidest, einen Schritt in eine Richtung zu machen zu machen, machst den Schritt, schaust dich wieder um, und so weiter. Du kannst immer nur einen Schritt auf einmal machen.«

Mein Flugticket kaufe ich so früh wie nötig,
aber so spät wie möglich.

Es lohnt sich auch nicht zurückzuschauen. »Wie war es letzte Woche, als ich an dieser Straße stand? Kam da ein Auto von links oder nicht?« Sondern man schaut *jetzt* neu, macht einen neuen Schritt und dann überlegt man wieder. Strategie ist Unfug, wenn man Strategie so interpretiert wie die meisten. Nämlich dass es notwendig sei, sich zu überlegen, was man in den nächsten Jahren tun will, um ein selbst gestecktes, fixiertes Ziel zu erreichen. Stattdessen stellt man sich lieber die Frage: Was ist jetzt gerade richtig?

Man kann sich durchaus ab und zu ein Bild von der Zukunft ausmalen. Das kann nützlich sein. Aber den Weg dorthin zu planen ist schädlich! Denn das Leben lehrt: Es kommt immer anders, als man denkt. Das Bild von der Zukunft kann man immer wieder neu machen. Es ist nur ein Bild, das man auf- oder abhängen kann.

Das praktische Problem an strategischer Planung – und überhaupt an jeder Planung – ist die zeitliche Trennung zwischen Handeln und Entscheiden. Beim Führen nach dem Beta-Kodex versucht jeder, den Zeitabstand zwischen Entscheiden und Handeln möglichst zu eliminieren: Entscheiden Sie erst, wenn Sie unbedingt handeln müssen oder handeln wollen. Überlegen Sie beispielsweise nie schon am Vorabend, was Sie morgen anziehen wollen. Entscheiden Sie erst am Morgen, wenn die Frage konkret zu lösen ist. Natürlich wollen Sie gut angezogen sein. Und natürlich wollen Sie pünktlich sein. Wenn Sie einen Termin haben, dann planen Sie nie die Zeit, sondern bereiten Sie sich lieber vernünftig vor.

Wenn ich einen Termin habe, realisiere ich die nötigen Handlungen, die mich da hinführen. Mein Flugticket kaufe ich so früh wie nötig, aber so spät wie möglich. Genauso reserviere ich mein Hotelzimmer rechtzeitig. Nie frühzeitig, sondern immer rechtzeitig. Ich mache einfach das, was ich machen muss. Aber ich plane nicht. Das meiste, was unter der Flagge »Planung« segelt, ist gar keine Planung.

Halten wir die Begriffe auseinander. Planung wird eingesetzt, um das in der Zukunft Liegende einzuebnen, plan zu machen: Ich mache die Zukunft platt, indem ich einfach bestimme, wie es zu laufen hat. Die eigentlich erst später anstehende Entscheidung nehme ich per Plan schon jetzt vorweg, mit dem Ziel, so die Kontrolle zu haben, die Steuerung zu übernehmen. Das gibt mir das Gefühl der Sicherheit. Aber nur das Gefühl. Ich bin dadurch nicht wirklich sicher. Solange meine Macht begrenzt ist, und das ist sie prinzipiell immer, gehorcht die Welt meinem Plan von der Welt nicht. Ich wünsche es mir in dem Moment, in dem ich einen Plan anfertige. Aber ein Plan ist nur ein plattes Bild der Wirklichkeit. Das Bild verschafft mir einen Überblick, hilft mir, mich grob zu orientieren und mein Ziel zu finden. Aber der Plan ist nicht die Wirklichkeit selbst. Und indem ich Zahlen in ein Excel-Sheet eintrage, verändere ich nicht die Realitäten, die durch die Zeilen und Spalten des Excel-Sheets symbolisiert werden.

Die Versuchung ist groß, eine Zahl im Plan zu ändern und sich dann in Sicherheit zu wiegen, dass es so kommen wird. Vielleicht ist das ein Rest des kindlichen Glaubens an eine magische Welt, in der man selbst der Magier ist. Vielleicht wird deshalb mit so viel Inbrunst geplant. Vielen von uns erscheint es so, als wäre der Plan schon Realität, wenn man ihn aufgestellt hat. Als wäre die To-do-Liste schon erledigt, wenn man sie geschrieben hat. Als hätte man schon verkauft, wenn man nur das Angebot geschrieben hat (»50 Prozent unserer Angebote führen zum Vertragsabschluss!«). Jedenfalls: Wenn in einem Unternehmen fast alle an eine magische Welt glauben, in der die Realität und der Plan davon auf geheimnisvolle Weise miteinander in Verbindung stehen, dann wird aus der Planung ein zentraler Mechanismus, um Weisung und Kontrolle zu rechtfertigen und um die Hierarchie zusammenzuhalten. Pläne entspringen dem Bedürfnis, die Welt da draußen und die Organisation im Unternehmen unter Kontrolle zu haben. Offenbar haben wir Angst davor, die Kontrolle *nicht* zu haben. Denn da könnten ja furchtbare Sachen passieren … Wenn Sie mit einem Menschen zu tun haben, der andere mit seinen Plänen zwingt und kontrolliert, dann wissen Sie: Der Mensch hat Angst.

Alles zu seiner Zeit

Wenn man aufgibt zu planen, dann besteht die einzige verbleibende Sicherheit darin, dass die Dinge nicht so kommen werden, wie wir dachten, dass sie kommen würden. Deshalb bereitet man sich auf die ungewisse Zukunft vor. Man schätzt dafür unter Umständen Wahrscheinlichkeiten ab und geht bewusst das Risiko ein, auch mal danebenzuliegen. Dann wird man nass, weil man sich beim Betrachten des Himmels verschätzt hat und nicht gut vorbereitet war. Denkt und handelt man nach dem Prinzip der Vorbereitung anstatt der Planung, dann versucht man nicht, die Welt zu zwingen, sondern beugt sich den Notwendigkeiten. Änderungen sind jederzeit möglich. Bleiben wir flexibel. Aber bleiben wir wach.

Dieses Eingeständnis der prinzipiellen Unsicherheit ist großartig. Es macht frei. Genau das ist es, was Menschen besonders gut können. Es gibt nämlich nicht nur ein Grundbedürfnis nach Sicherheit, sondern auch ein Grundbedürfnis nach Unsicherheit. In einer gewissen Bandbreite brauchen wir beides.

Schlecht ist es, wenn Unternehmen und Gesellschaften nur noch Mitglieder haben, die risiko-avers sind. Da wird Planung gefährlich. Wenn zu viele Leute versuchen, die Pläne des Managements oder der Regime auszuführen und sich dem Zwang der Obrigkeit beugen, dann passieren schlimme Sachen. Gemanagte Unternehmen funktionieren nur, solange es der Zufall will, oder solange es noch genügend unkontrollierte Nischen gibt, in denen Menschen tun, was sie im Sinne des Ganzen für richtig erachten. Gehorcht jeder der Weisung der Obrigkeit, führt jeder blind aus, was der Chef anordnet, dann nennt man das System totalitär. Totalitäre Unternehmen und totalitäre Staaten haben einen fatalen Hang zum geräuschvollen Untergang. Kollektivistische Regierungen, die ihre Wirtschaft planen, müssen den Erfolg vorspielen, während sie den Mangel verwalten. Eine Zeit lang können sie überleben, weil in den Nischen die Findigkeit und Flexibilität der einzelnen Menschen und die Tragfähigkeit ihrer informellen Netzwerke das System überlisten und so das ganze Schiff eine Weile über Wasser halten können. Wir könnten diese Mechanismen heute studieren, denn noch leben die Zeugen der DDR. Unternehmen, deren Mitarbeiter den Plänen der Manager gehorchen, bauen Läger auf und produzieren auf Halde, während Wettbewerber neue Marktchancen mit neuen Produkten nutzen.

Die Bauern, die den Plänen der europäischen Bürokratie hinterherlaufen, betreiben Milchwirtschaft, obwohl der Markt ihre Milch nicht braucht. Der Preis sinkt und sinkt. *Wir Bauern haben aber mit einem Milchpreis von über 30 Cent geplant! Das könnt ihr Politiker doch nicht machen! Garantiert uns gefälligst, dass die Wirklichkeit so verläuft, wie wir geplant haben!* Es ist erstaunlich, mit welcher Sturheit die Milchbauern am Geschäftsmodell ihrer Eltern und Großeltern festhalten, anstatt zu überlegen, was der Markt heute stattdessen von ihrem Hof wollen könnte, was womöglich erstens lukrativer und zweitens weniger von Brüsseler Planspielen abhängig ist.

> **Wenn zu viele Leute versuchen, die Pläne des Managements auszuführen, dann passieren schlimme Sachen.**

In der Planwirtschaftsdenke ist Maschinenauslastung etwas, das immer optimiert werden muss. Die Maschine muss möglichst immer laufen. Es ist aber gefährlich, diesem Dogma zu folgen. Denn das führt zu Verzerrungen. Wenn beispielsweise eine Klinik ein Magnetresonanzdiagnosegerät für 7 Millionen Euro gekauft hat, dann können Sie Gift darauf nehmen, dass plötzlich doppelt so viele Leute in der umgebenden Bevölkerung so eine Diagnose brauchen wie vorher. Das nennt man Push-Verfahren. Die Folgen sind extreme Kosten für das System. Das ganze Gesundheitssystem hierzulande strotzt nur so vor Planwirtschaftsdefekten und -verzerrungen. Und es wird derzeit sukzessive unbezahlbar. Wie gesagt: Planwirtschaften tendieren zum Kollaps.

Aber man muss ja auch nicht planen. Es gibt Gegenmodelle. Wenn man den Beta-Kodex beispielsweise auf Produktion und Handel anwendet, dann kommt Just-in-time dabei heraus. Das ist das Prinzip, erst dann zu produzieren und zu liefern, wenn die Kundenorder reinkommt. Der Zeitraum zwischen Entscheidung und Handlung wird systematisch eliminiert.

Dazu braucht man gute Kontakte zu Lieferanten, um flotte, schlanke, unternehmensübergreifende, kollaborative Prozesse zu bekommen. Im Handel ist das gang und gäbe, aber zunehmend auch in der Produktion. Kaum zu glauben, dass es immer noch Menschen gibt, die behaupten, das ginge nicht. Sie sagen nein, Dell, dm-drogerie markt, Wal-Mart, euch gibt es gar nicht. Denn man muss schließlich planen. Und wenn ihr nicht plant, dann kann es euch auch nicht geben …

Bei Just-in-time-Prozessen steuert der Markt auf direkte Weise. Die Kundenbestellung macht alles: was eingekauft wird, was bestellt wird, Einkauf, Logistik, Produktion. Die Kundenorder zieht die Wertschöpfung von drinnen nach draußen, zieht die Rohstoffe herein und zieht ein Endprodukt heraus. Pull statt Push.

In dieser Weltsicht ist eine geringere Bestellmenge ein Systemzustand, keine Systemkrise. Wenn das Probleme macht, dann ist das System nicht flexibel genug gebaut. Dann entstehen Spannungen. Unternehmen müssen anerkennen, dass Mengen variieren. Die Wertschöpfungsketten müssen mit unterschiedlichen Quantitäten funktionieren, nicht nur mit einer idealen Menge an Ressourcen oder Orders. Deshalb ist eine wichtige Frage: Was tun wir, wenn es eine Zeit lang wenig Bestellungen gibt? Eine Antwort könnte zum Beispiel sein: Wartung, Optimierung, Updates, Entwicklung, Training, Weiterbildung, Projekte. Und wenn es sehr viele Bestellungen gibt, eigentlich zu viele, was dann? Dann geben wir Gas und kaufen Ressourcen temporär hinzu. Das ist aber durchaus schwierig. Wachstumsphasen sind oft problematischer als Durststrecken. Denn Durststrecken können Prozesse robuster machen, Teams zusammenschweißen und Gemeinschaften stärken. Andererseits werden in Durststrecken die Mittel knapper, die Vorräte werden aufgebraucht. Überfluss erzeugt dagegen Dekadenz, Fettleibigkeit und Trägheit. Ein Zuviel weicht Prinzipien auf. Andererseits bieten fette Jahre die Möglichkeit, Vorräte anzulegen und zu investieren. Das alles gilt für Individuen, Gruppen, Unternehmen und Staaten gleichermaßen.

Es ist nicht so, dass viel gut ist und wenig schlecht. Oder umgekehrt. Beides sind nur Systemzustände mit ihren jeweils eigenen Problemen.

Jahresplanung wäre fein, geht aber nicht

Budgetierung, Investitionsplanung, Produktionsplanung, Personalplanung, Nachfolgeplanung, Bilanzplanung, Langfrist- und Mittelfristplanung, operative Planung, Verkaufsplanung, strategische Planung. Was für eine Zeitverschwendung!

Vertriebsplanung ist besonders krass. Wozu ist die denn überhaupt da? Was will man damit? Die Nachfrage planen – absurder geht's nicht! Aber halt, da steckt natürlich etwas anderes dahinter: Man braucht die Vertriebsplanung als Basis, um darauf die gesamte Finanzplanung aufzubauen. Aus den willkürlich gesetzten Zielen werden Budgets. Die Budgets werden heruntergebrochen auf Produktebene. Daraus werden Verkaufsquotas gemacht, Absatzvolumina pro Produkt und Monat und Geografie. Sehr detailliert. Und so weiß jeder Verkäufer, wie viel er verkaufen muss. Völlig unabhängig davon, wie viel die Kunden kaufen möchten.

Ruck, zuck wird daraus eine Vorgabe, mit der Menschen fremdgesteuert werden, gezwungen und kontrolliert werden: »Du liegst 5 Prozent unter Plan! Verkauf mehr!« Damit unterstellt der Chef natürlich, dass der Verkäufer vorher absichtlich weniger verkauft hat. Eine Unverschämtheit eigentlich. Nur gut, dass auch der Verkäufer an Pläne glaubt und sich gerne unterordnet. Er akzeptiert das Ziel und sagt sich: »Da war ich wohl einfach nicht gut genug im Tricksen, da muss ich mich eben mehr anstrengen, einen Weg zu finden, die Zahlen zu liefern, obwohl der Markt sie nicht hergibt ...«

Natürlich versuchen die Manager, so viel Intelligenz wie möglich in die Planung hineinzustecken. Da werden Saisonzyklen eingebaut und so viel Marktforschung wie möglich in die Planung hineingeflickt. Für die Vertreter kommt heraus, wie viele Kunden pro Tag besucht werden müssen. Daraus ergibt sich die Routenplanung. Aufgesetzt wird darauf dann die Vertriebsmittelplanung. Der Planungs- und Steuerungswut sind keine Grenzen gesetzt. Diese Disziplin der hohen Kunst des Managements heißt Vertriebssteuerung oder Vertriebscontrolling. Und das Ganze funktioniert ja auch hervorragend, sofern die Vertriebler Roboter sind und die Kunden sich aus der Zentrale fernsteuern lassen.

Viele Pläne werden für ein Kalenderjahr gestrickt. Aber ein Jahr ist definitiv zu lang, um es einigermaßen zu überblicken. Und warum gerade ein Jahr? Welcher Vorgang braucht schon ein ganzes Jahr? Das Unternehmen weiß ja nicht einmal, wie hoch in zwei Monaten die Materialkosten sind, was in sechs Monaten der Wettbewerb macht und ob in neun Monaten gestreikt wird …

Deswegen bauen findige Planer ja auch gerne noch eine rollierende Planung. Gute Idee. Dann können sie nämlich von morgens bis abends und jeden Tag in der Woche nur noch planen, denn so muss ja noch mehr und noch öfter geplant werden. Besser wird die Leistung deshalb aber nicht.

»Du liegst 5 Prozent unter Plan! Verkauf mehr!«

Generell wird in der Wirtschaft immer aufs Monats- oder Quartals- oder Jahresende zu-gemanagt. Planung ist immer auf einen fixen Zeitpunkt ausgerichtet. Am Stichtag müssen die Zahlen stimmen. Das ist genau das Gegenteil von Nachhaltigkeit und Langfristigkeit. Und am Ende der Planungsperiode offenbart sich der Quatschgehalt der Planung ganz besonders schön: Am 31.12 endet das Leben und am 1.1. gibt es eine sensationelle Neuauferstehung mit einem neuem Jahresplan. Der sieht natürlich ganz anders aus als der alte. Da sich die Welt nicht vom einen auf den anderen Tag schlagartig verändert, muss also entweder der eine oder der andere Plan oder beide Pläne kolossal danebenliegen. Obwohl das ein schlagender Beweis dafür sein sollte, dass man Pläne eigentlich gar nicht befolgen darf, weil sie prinzipiell falsch sind, hält das kaum jemand davon zurück, am 31.12. daran zu glauben, dass der Umsatz um 13,5 Prozent gegenüber dem Vorjahreszeitpunkt gestiegen sein muss, um dann, nach Ausschlafen des Katers, mit frischem Glauben einen Tag später einen Umsatzrückgang von 5,5 Prozent verkraften zu können.

Wenn Sie eine planende Führungskraft auf diesen seltsamen Effekt aufmerksam machen, fällt dem aber nichts anderes ein, als vorzuschlagen, das Planungsritual künftig noch zu verbessern oder häufiger zu wiederholen, um die Differenzen zwischen den Plänen zu verringern. Das ist aber keine Lösung, sondern das ist nur noch ein blindes Verrennen. Kopf hoch! Augen auf! Die einzige Lösung ist: Abschaffen der großflächigen Planung, keine Gesamtschau mehr, kein Vorziehen von Entscheidungen mehr. Planen ist zu mutig! Planen ist übermütig! Werden wir realistischer! Werfen wir das ganze Dogma Planung über Bord!

Das geht nicht?

Doch, das geht.

Nur sieht das Unternehmen dann eben anders aus. Was macht ein Manager, wenn er keine Pläne mehr bastelt? In der frei gewordenen Zeit könnte er zum Beispiel Fragen stellen, mit den Mitarbeitern reden, moderieren, hinterfragen. Sich an der Meinungsbildung und der Entscheidungsfindung beteiligen, die Entscheidungen werden künftig von allen Beteiligten ad hoc getroffen. Oder der Manager könnte Kunden besuchen oder andere produktive Dinge tun, die er besonders gut kann.

Welche Ressourcen würde Ihr Unternehmen frei machen für produktive Arbeit, wenn es nicht mehr planen würde? Wie viel Energie könnte es sparen? Wahrscheinlich wären es im Durchschnitt 20 bis 30 Prozent der Managementkapazitäten. Schätzen Sie einfach mal selbst, wie viel es bei Ihnen ist. Wahrscheinlich mehr. Auf jeden Fall zu viel.

Strategie ist, wenn Menschen denken

Dass Motivation ein Mythos ist, wissen wir ja dank Reinhard K. Sprenger mittlerweile alle. Ich verlange noch mehr von Ihnen: Auch Strategie ist so ein moderner Mythos. Wo Menschen denken, ist Strategie genug. Wenn Menschen miteinander reden, was richtig und was falsch ist und was man tun und was man lassen sollte, dann ist das schon alles, was Unternehmen an Strategie benötigen.

Ein Phänomen unserer Zeit ist, dass alle glauben, ein Unternehmen brauche eine Strategie. In den letzten Jahren gab es noch dazu den großen Execution-Boom: Das große Problem des Managements sei nicht die Strategie selbst, sondern deren Umsetzung, die Ausführung der Strategie. Der Coup der Führung solle in der Umsetzung von Strategie liegen. In Wahrheit haben die meisten Unternehmen keine Strategie, die den Namen verdient. Sie haben nur Zahlen und Pläne. Oder sie haben eine formulierte Strategie, aber mit der wird nichts gemacht, sie hat nichts mit der Realität zu tun. Die Umsetzung folgt überhaupt keiner Strategie, sondern schlicht der täglichen Notwendigkeit. Strategie ist eine Schimäre.

Was man stattdessen tun kann: Geteilten Werten und Prinzipien folgen und, die Vision im Blick, koordiniert handeln. Das ist schon alles. Die meisten Unternehmen funktionieren nicht, weil sie eine Strategie hätten oder die Umsetzung derselben beherrschten, sondern weil sie glücklicherweise Menschen haben, die selber denken und verantwortlich handeln. Die trotz einer Strategie und trotz eines Plans das Richtige tun. Vor allem weil sie auch wissen, was auf keinen Fall zu ihrem Unternehmen, dessen Werten und Prinzipien passt.

Strategie ist eine Schimäre.

Strategie wird im Alpha-Denken als etwas gesehen, was »besonders bedeutsam« ist oder das wir mit »langfristiger Wirkung« in Zusammenhang bringen. Das Gegenteil also von »Operativem« und auch viel bedeutsamer als »Taktisches«. Hinter dieser Sicht auf Strategie steckt wieder die perfide tayloristische Idee der Teilung zwischen Denken und Handeln. In dieser Sichtweise ist »operativ« die Handlungsebene, »strategisch« ist das, was Gehirnschmalz verlangt. Die meisten Mitglieder einer Organisation sind dieser Logik zufolge natürlich »operativ« unterwegs. Sie sind hirnlose Roboter, die nicht an die Zukunft denken können oder wollen und es aufgrund dieses Generalverdachts auch nicht sollen oder dürfen.

Schaut man sich aber an, wie Arbeit wirklich funktioniert, dann sieht man, dass eigentlich alles immer einen operativen *und* einen strategischen Gehalt hat. Wenn sich ein Vertreter überlegt, welchen Kunden er nächste Woche aufsuchen wird, dann hat das strategischen Gehalt. Wenn er sich überlegt, zu welchen Konditionen er dem Kunden die Produkte anbietet – einschließlich Rabatt und Zahlungsfrist – dann ist das auch wieder operativ und strategisch zugleich. Die Trennung zwischen operativ und strategisch ist letztlich künstlich und weltfremd. Es gilt, beides wieder zusammenzubringen. In jedem Menschen. In jedem Augenblick. In jedem Team. In jeder Handlung.

Abgesehen von alledem passen Strategie und Planung eigentlich überhaupt nicht zusammen. Strategie beinhaltet, dass man den Geist öffnet und Szenarien geistig durchspielt, testet. Bei Planung legt man sich dagegen fest, macht zu. Strategische Planung ist damit schon in sich ein Widerspruch. Aber dass sich beide Haltungen eigentlich gegenseitig verhindern, ist insofern egal, als wir beide prinzipiell gar nicht brauchen, um ein Unternehmen zu führen.

Statt Strategie brauchen Unternehmen nur einen Daseinszweck und Werte und Prinzipien. Und jeder in der Organisation muss diese einklagen und sich und die anderen daran messen. Man redet miteinander, man testet Ideen. Sinngekoppelt, ohne Protokoll, es gibt keinen strategischen Prozess. Strategie ist immer, wenn man miteinander denkt.

Beispielsweise hat irgendjemand im Unternehmen eine Idee für eine Marketingkampagne. Weder ein Budget noch ein Plan existieren. Nur die Idee, für ein bestimmtes Produkt in Radio und TV zu werben. Und ein Dissens. Es geht los, Kollegen fragen:

»Warum diese Kampagne? Und warum jetzt?«

»Was willst du damit genau erreichen?«

»Warum ist das wichtig?«

»Das ist wichtig, weil unser Produkt und unsere Positionierung noch nicht
bekannt genug sind.«

»Ist das so? Woher weißt du das?«

»Warum sollte ausgerechnet Radio und Fernsehen dafür mehr bringen, als
es kostet?«

»Ich höre immer, dass Radio und TV gar nichts bringen.«

»Warum nicht Internet?«

»Und warum Internet?«

»Mag ja billiger sein, nur eine viertel Million. Warum ist es das Richtige?«

»Wir sollten überhaupt nicht werben, denn wir leben von Weiterempfehlungen.«

»Aber wenn das so ist, warum haben wir dann kein festes Prinzip, dass unsere Produkte durch Weiterempfehlungen vermarktet werden und dass
wir keine Werbung machen wollen?«

»Wir führen diese Diskussion alle sechs Monate. Immer das hin und her,
und immer das Gleiche. Wenn das so ist, dass wir offenbar ein Empfeh-
lungsmarketingunternehmen sind, warum ist das kein Prinzip, kein Wert
von uns?«

»Wir leben von Peer-to-peer-Empfehlungen und machen keine Werbung.«

… So entsteht ein neues Prinzip. Das ist kein Strategieprozess. Das ist nur
miteinander reden und Selbstorganisation. Da wird nichts vorgegeben, es
entsteht. Und zwar durch stetiges Fragen nach dem Sinn. Die Fragen kann
jeder stellen. Die Antworten kann jeder geben. Dazu braucht es kein Management.

Herb Kelleher von Southwest Airlines sagte einmal: »Unsere Strategie lautet: Wir tun Dinge.« Diese Strategie wird noch in Jahrhunderten gültig sein.

Geistesgegenwart im Alpha-Kodex	Geistesgegenwart im Beta-Kodex
Denken braucht Planung – Handeln ohne vorherige Planung ist fahrlässig	Planung kannibalisiert Denken und Dialog, sie ist je nach Situation entweder überflüssig oder schädlich – Plänen zu folgen ist fahrlässig
Möglichst viel planen – Planung ist ideal zum Umgang mit Zukunft	Unternehmen brauchen keine Planung – es ist die falsche Technologie zum Umgang mit ungewisser Zukunft
Planung ist dann besonders gut, wenn sie integriert, häufig und partizipativ ist	Beteiligung, Frequenz und Umfang ändern nichts am Problem, dass Planung bei komplexer Umwelt versagt
Planung, um mit der vorgestellten Zukunft umzugehen	Vorbereitung, um in jeder möglichen Zukunft handlungsfähig und überlegen zu sein
Strategische Planung als jährlicher, strukturierter Prozess	Strategie bedeutet ständiges Denken und Dinge tun – und wissen, was zur eigenen Organisation passt
Strategie und Planung sollten stets integriert sein	Strategie und Planung sind unterschiedliche, sich widersprechende Disziplinen
Strategie ist anspruchsvoll, analytisch, und langfristig – manche Dinge sind strategisch, andere operativ	Hat man sinngekoppelte, handlungsfähige und dialogbereite Mitarbeiter, dann ist jeder Strategieprozess überflüssig – alles ist strategisch
Prognose und Planung sind das Gleiche – Nachdenken über Zukunft und Definition von Absichten laufen zusammen	Prognose ist ein interessantes Gedankenspiel und manchmal notwendig, man braucht sehr wenig davon – Planung setzt eine Wahl voraus, Prognose nicht
Es lohnt sich, 20 Prozent der Zeit mit Planung und Forecasting zu verbringen	Besser wachsam bleiben – lieber aus dem Fenster schauen als in die Zukunft
Planung, Planung, Planung – Angst vor Fehlern	Testen, Ausprobieren, schnelles Prototyping, Scrum, evolutionäres Projektmanagement – Fehler sind normal
Projektmanagement und -planung, Meilensteinkontrollen	Je nach Komplexität der Aufgabe ist Projektmanagement überflüssig oder als Methode unzureichend
Probleme löst man mit Tools oder durch Bestrafung, oder man holt Berater	Um ein systemisches Problem zu lösen, muss man dessen systemische Wurzeln verstehen

Paragraf 10

Entscheidung:
Konsequenz statt Bürokratie

Treffen Sie Entscheidungen stets dort, wo das Problem residiert – so dezentral wie möglich. Wer Zuständigkeiten verhandelt, anstatt das Problem zu klären, wer Verantwortung zentralisiert oder delegiert, anstatt das Notwendige einfach zu tun, der trennt Denken und Handeln nach tayloristischem Muster und koppelt das Unternehmen vom Markt ab. Der schiebt Probleme auf und lässt sie in hierarchischer Verantwortungslosigkeit versanden. Der stärkt Hierarchie und Bürokratie und schwächt das Unternehmen und dessen Beziehungen zum Markt. Sorgen Sie für folgerichtiges Handeln und Klarheit in der Sache durch konsequente Anwendung der Werte und Prinzipien des Unternehmens, bei jeder einzelnen Entscheidung.

Der Schiedsrichter trat auf die Bühne. Und hielt einen blendenden Vortrag. Sein Thema: »So entscheiden Sie schnell und zuverlässig.« Ein paar Hundert Manager wollten Markus Merk, den ehemaligen Bundesliga- und Weltmeisterschafts-Schiedsrichter, in Nürnberg hören. Ich war überrascht. Erstens, wie populär offenbar Fußballschiedsrichter sein können. Markus Merk ist ja nicht der Einzige dieser Zunft, der auch als Redner erfolgreich unterwegs ist. Und zweitens über die Qualität seines Vortrags. Guter Mann, dachte ich, aber sein Vortrag hat doch einen Haken ... In der Schule hieß das früher: Thema verfehlt. Denn Schiedsrichter im Fußball entscheiden eigentlich gar nicht. Wie der Name schon sagt entscheiden sie nicht, sondern sie richten. Ein Schiedsspruch scheidet die korrekte Regelanwendung vom Regelbruch. Es geht ums Recht, ums Richten.

Entscheiden und Richten – zwei paar Stiefel. Wo ist der Unterschied? Richten heißt über vergangene Situationen und Vorgänge urteilen. Ein guter Schiedsrichter ist Spezialist darin, im Nachhinein sofort gerechte Urteile über ziemlich schnell und komplex ablaufende Vorgänge zu fällen. Oft sind die Informationen unvollständig. Denn selbst bei guter Zusammenarbeit mit seinen Schiedsrichter-Assistenten an den Seitenlinien sehen sie eben niemals alles und können nicht aus allen Winkeln das Geschehen beobachten. Öfter als man denkt, entscheiden sie intuitiv – und meistens richtig. Das ist die

Herausforderung für den Schiedsrichter. Das ist anspruchsvoll. Aber zu entscheiden hat er nichts.

Denn ein schiedsrichterliches Urteil hat keinen Zukunftsbezug. Er sagt nicht: »Okay, der Ball ist im Aus, was machen wir jetzt daraus für die Zukunft? Ich entscheide, wir nehmen künftig zwei Bälle, dann ist wenigstens einer immer noch im Spiel, wenn der andere mal draußen ist.« – Das wäre eine Entscheidung.

Aber entscheiden soll ein Schiedsrichter ja auch gar nicht, er soll die Regeleinhaltung überwachen und Regelübertretungen ahnden. Entscheidungen im Fußball treffen nicht die Schiedsrichter, sondern die Spieler und Trainer. Der Spieler: Wohin spiele ich den Pass? Auf welche Seite verlagere ich das Spiel? Nehme ich das Tempo raus oder beschleunige ich den Angriff? Gehe ich auf den ballführenden Spieler oder stelle ich den Passweg zu? Schieße ich aufs Tor oder lege ich den Ball quer? Der Trainer: Lasse ich den Stürmer noch im Spiel, obwohl er müde ist, oder wechsle ich ihn aus? Lasse ich Pressing spielen oder soll das Mittelfeld den Gegner kommen lassen? Stelle ich einen oder zwei oder drei Stürmer auf? Lasse ich auf Konter spielen oder versuchen wir, den Gegner zu dominieren? – Das sind echte Entscheidungen. Denn sie sind auf die Zukunft ausgerichtet, nicht auf die Vergangenheit.

Entscheidungen finden innerhalb des Raums statt, den die Regeln aufspannen. Der Richter tritt dann auf den Plan, wenn einzelne Entscheidungen der Akteure zu Regelübertritten führen oder regelkonforme Aktionen zu Ereignissen führen: Der Ball ist im Tor. Pfiff. Urteil: Tor ist gültig. Alle Spieler in ihre jeweilige Spielhälfte. Ball auf Anstoßpunkt. Pfiff. Anstoß.

Entscheidender Kontrollverlust, kontrollierter Entscheidungsverlust

Der Unterschied zwischen »Entscheiden« im unternehmerischen Sinn und »Urteilen« oder »Richten« ist wichtig. Unternehmerisches Entscheiden ist etwas anderes als Recht sprechen. Und man kann von Schiedsrichtern daher auch nur mäßig viel für das Unternehmensgeschehen lernen.

Manager glauben oft, sie würden entscheiden, dabei suchen sie nur Schuldige und verwalten und administrieren. Sie ähneln darin mehr einem Schiedsrichter als einem Spieler oder einem Trainer.

In einem Unternehmen braucht man Manager als Schiedsrichter nur dann, wenn es zum System gehört, dass die einen über die anderen richten. Im tayloristischen Alpha-Unternehmen urteilen die Manager über die Arbeiter: Das war falsch, du wirst bestraft. Das war richtig, du wirst belohnt. Der Manager richtet tagtäglich, fühlt sich aber als Entscheider. Dabei macht er sich etwas vor – was aber verständlich ist, denn Entscheidungen sind etwas Großartiges, davon kann man nicht genug bekommen. Sie sind die Würze des Arbeitens. Leider kommen waschechte unternehmerische Entscheidungen gar nicht so häufig vor. Sie sind eher knapp.

Wenn jeder Hans und Franz ganz unkontrolliert einfach drauflos entscheidet, da könnte der Laden ja implodieren!

Das Dumme bei hierarchischen Verantwortungsverschiebebahnhöfen ist, dass wenn doch mal eine echte unternehmerische Entscheidung ansteht, sie nicht an der richtigen Stelle getroffen wird. Die Entscheidung ist dann meistens irgendwie schon tot, schon Vergangenheit, wenn sie nach ihrem Ausflug in die dünne Höhenluft der Chefetagen wieder auf der untersten Hierarchieebene ankommt, wird sie nur noch als Anweisung exekutiert. Denn als sie noch hochaktuell war, wurde nicht entschieden, sondern sie wurde von einer Instanz zur nächsten geschoben, formalisiert, normalisiert, in die hierarchische Entscheidungslogik hineingepresst und weitergereicht an nicht von der Entscheidung unmittelbar Betroffene. Aus einer Entscheidungssituation wurde eine Entscheidungsvorlage abstrahiert, die richterlich abgeurteilt wurde. Vergangenheitsorientiert, administrativ, scheinobjektiv, schiedsrichterliche Routine. Und dann wurde der Richterspruch kaskadenartig heruntergebrochen und »umgesetzt«.

Das führt zu schlechten Ergebnissen. Preisgestaltung beispielsweise sollte in Wirklichkeit nicht etwa ein finanzieller Prozess sein, der von der Kostenrechnung her gedacht und gemanagt werden darf, sondern er ist eigentlich eine unternehmerische Kernaufgabe. Preise dürfen nicht durch die Managementmühlen gedreht werden, bis Einheitsauszugspreise Type 405 daraus gemahlen wurden. Am Ende dieses Bürokratisierungsprozesses hat man interne Preislisten, ausformulierte Rabatt- und Konditionspolitiken, zentral koordinierte Vertriebsaktionen, und die Produktmanager schwadronieren über den idealen Produktmix und aufwendig hergerechnete Produktmargen.

Die Mitarbeiter in den Businesszellen eines Beta-Unternehmens nehmen sich selbst der Sache an. Sie überlegen sich, wie viel die Leistung dem Kunden wert ist. Nur sie können das einschätzen. Das ist ein riesiger Unterschied zur Preiskalkulation, wie man sie heutzutage auf Berufsschulen oder Hochschulen lernt. Preise sind nämlich gestaltbare Produkteigenschaften, nicht Zahlen in der untersten Zeile eines Excel-Sheets. Sinnvolle Preise können eigentlich nur die Leute bestimmen, die nah an den Kunden dran sind. Die Entscheidung muss dicht am Problem gefällt werden. Dadurch wird sie unternehmerisch, lebendig, interessant, vital, gegenwartsorientiert. Und gut.

Alle unternehmerischen Entscheidungen sind per se unsicher und riskant. Manager in Alpha-Unternehmen, die generell ein Problem mit der Unsicherheit in der Welt haben, versuchen, das immanente Risiko »wegzumachen«, indem die Entscheidung in einen administrativen, hochrichterlichen Schiedsvorgang verwandelt wird. Was nichts anderes heißt als: Dadurch gibt es einen Schuldigen in den unteren Hierarchieebenen, falls es schiefläuft. Der Manager hat alles unter Kontrolle.

Deshalb ist echte Dezentralisierung von Entscheidung für den Manager ja auch eine furchtbare Vorstellung, denn für ihn wäre das gleichbedeutend mit Kontrollverlust. Was könnte da nicht alles passieren? Wenn jeder Hans und Franz ganz unkontrolliert einfach drauflos entscheidet, da könnte der Laden ja implodieren!

Dabei gibt es gerade auch in Beta-Unternehmen starke Kontrollmechanismen, sogar zwei: Marktkontrolle und Sozialkontrolle – das reicht! Eines außen, eines innen. Draußen der Markt, drinnen die Gemeinschaft. Man braucht keine interne Machtinstitution, sondern nur eine starke Marktkopplung und ein starkes Bewusstsein für Zusammengehörigkeit, um Fehlentscheidungen unwahrscheinlich zu machen.

Das heißt aber nicht Kuscheln oder Friedefreudeeierkuchenwirhamunsallelieb. So ein Laden steht unter Spannung: Dissens, Streit um die Sache, Frust, Enttäuschung, Freude, alle Emotionen haben da auch ihren Platz. Weil alles von außen unmittelbar durchschlägt auf die Organisation. Da ist nichts durchs Management abgepuffert. Der Marktzug und die interne Transparenz, gepaart mit Sinnkopplung, erzeugen heftigen Gruppendruck. Und das ist gut! Denn da ist man halbwegs ehrlich zueinander, man kann sich ins Gesicht sagen, wenn es ein Problem gibt. Das Team möchte gemeinsam etwas schaffen, will Ergebnisse erzielen. Wenn da einer nicht mitzieht, gibt es Zoff.

Gruppendruck ist für mich nicht negativ besetzt. Jeder, der davor Angst hat, sollte sich einmal fragen, was seine Angst eigentlich bedeutet. Gruppendruck ist nämlich ein ganz natürlicher Vorgang, so alt wie die Menschheit. Eine Gruppe entwickelt ganz automatisch gemeinsame Ziele, die Gemeinschaft sorgt selbst für Alignment, Motivation, Ausrichtung auf die gemeinsamen Ziele. Das ist keine Managementaufgabe, sondern das geht im Team von selbst, wenn man es geschehen lässt. Menschen können das, sie sind dazu geschaffen, gemeinsam zweckorientiert zu handeln.

Gruppendruck ist Teil des Phänomens Gruppe. Das Problem: Er verschwindet genau dann, wenn formale Macht und Hierarchie aufgebaut werden. Denn dann entsteht vertikale Macht zwischen Chef und Mitarbeiter, der Druck ist von oben nach unten gerichtet und wirkt sich in Kombination mit Macht als Zwang aus. Der Zwang ersetzt den Gruppendruck. Damit verschwindet aber auch die Gruppe als soziales Phänomen.

Eine echte Gruppe erkennt man an der Selbststeuerung, an der Sozialkontrolle. Eigentlich ist das das natürliche Pendant zur Marktsteuerung von außen. Beides steht in Wechselwirkung miteinander. Auf Anforderungen von außen als starke Gruppe gemeinsam und organisiert reagieren, das konnten schon die Steinzeitmenschen vor 40 000 Jahren. Und das können auch schon Kinder. Haben Sie mal eine Schnitzeljagd auf einem Kindergeburtstag miterlebt? Das ist faszinierend. Die Kinder organisieren sich unter Wettbewerbsbedingungen, Zeitdruck und angesichts einer zu lösenden Aufgabe automatisch zu einer wohlgeordneten, schlagkräftigen Jagdgemeinschaft. Die Selbstorganisation von guten Sportteams ist auch ein Beispiel. Wehe, es fehlt einem Teammitglied die leistungsorientierte Einstellung, da gibt's Zunder!

Sobald Sie beginnen, die informelle Struktur, die sich in einer selbstorganisierten Gruppe bildet, durch formale »Posten« zu verändern, verflüchtigt sich der Spirit in der Gruppe. Bestimmt die Gruppe selbst den Klassensprecher, Mannschaftskapitän, Teamleiter oder Vorsitzenden, dann ist alles gut. Wird er von oben bestimmt, kann die Obrigkeit entweder das Glück haben, ausgerechnet und zufällig den bestimmt zu haben, den die Gruppe auch selbst gewählt hätte, oder die Gruppe wird durch diese Fremdbestimmung nachhaltig gestört und in ihrer Leistungsfähigkeit gemindert.

Wird in einer Pöstchen-Bürokratie eine formelle Hierarchie über die informellen Gruppenstrukturen gestülpt, dann verstärken sich manche Eigenschaften des Systems, andere werden schwächer: Rauf gehen Fremdkontrolle, Aussitzen, Wegschieben, Verdrängen, Konsequenzlosigkeit, Schuldzuweisung, Unverbindlichkeit, Verantwortungslosigkeit, Befehlsstrukturen, Filz, Angst, obrigkeitlich-richterliche Schiedssprüche, Rumdoktern an Symptomen. Runter gehen Transparenz, Gruppendruck, natürliche Gruppenkontrolle, Werte, Sinnkopplung, Dialog, Selbstverantwortung, Autonomie, Geschwindigkeit, Leistungsfähigkeit, Selbstvertrauen, Entscheidungsfähigkeit, Lösungsorientierung.

Entscheidungsunkulturen

In einer hierarchischen Organisation gibt es immer jemanden, der zuständig sein muss. Wenn es ein Qualitätsproblem bei einem Produkt gibt, muss also irgendjemand schuld sein. Zuerst wird bei den eigenen Mitarbeitern gesucht.

Wenn sich da kein Schuldiger identifizieren lässt, und das ist meistens so, dann kann es nur der Kunde, der Markt, der Kapitalismus, die Politik, die Konjunktur, die Globalisierung sein. Eines ist implizit klar: Solange Schuld zugewiesen werden kann, braucht keiner Verantwortung tragen. Und wenn keiner Verantwortung trägt, entscheidet auch keiner.

Wer im Alpha-Unternehmen fragt »Wer trägt hier die Verantwortung?«, meint in Wahrheit »Wer ist hier schuld?«. Der Begriff wird gar nicht mehr richtig verstanden. Wenn dann beim Kunden die Schrauben nicht passen, werden erst mal die vertraglichen Fragen geklärt: Wer hat für was zu haften? Dann wird die Ausgangskontrolle verschärft (die hätten die falschen Schrauben nicht passieren lassen dürfen!), damit defekte oder falsche Teile zuverlässiger aussortiert werden. Es wird also versucht, das Symptom besser zu beherrschen, die Ursache spielt dabei keine Rolle. Die defekten Schrauben, die selbstverständlich auch künftig immer wieder vorkommen, werden jetzt zum Teil aussortiert. Aber eben nur zum Teil. Also wird weitergebohrt: Schuld muss der Zulieferer sein. Aber der sagt: »Wieso? Da ist doch eure Konstruktion oder euer Einkauf schuld. Ihr habt den Preis gedrückt, worauf wir die Materialqualität gesenkt haben. Ihr wart damit einverstanden!« So, jetzt kann man weitersuchen, wer schuld an der Preissenkung war. Über drei weitere Runden Reise nach Jerusalem wird man sich dann irgendwann darauf einigen, dass die Globalisierung an allem schuld ist. Dann geht man zur Globalisierung hin und sagt ihr mal so richtig die Meinung.

Statt solcher Spielchen sollten aber im Unternehmen Entscheidungen getroffen werden. Entscheidungen haben immer eine Handlungskonsequenz. Es ist etwas zu tun. Sonst sind sie keine Entscheidungen, sondern wieder nur Auswüchse von Bürokratie.

In den meisten Unternehmen sitzen die Manager jede Woche stundenlang in Meetings herum und »treffen Entscheidungen«. Aber dann passiert nichts. Keine Konsequenz. »Man müsste mal« statt »Ich tue«. Eine solche Handlungsvermeidungshandlung wie so ein Meeting ist ja auch ganz vernünftig, denn wenn sich einer aus der Deckung wagt und laut sagt »ich tue«, dann machen sich 13 andere Manager um ihn herum eine Notiz, um ihn vor die Wand laufen zu lassen und bei nächster Gelegenheit einen Kopf kürzer zu machen.

Viele Manager glauben auch, dass Entscheidungen schnell wirken. Das ist ein weiteres Symptom von Höhenkrankheit, eine Form von Schwindel. Beispielsweise beschließen sie, dass sie Kosten sparen wollen, also bestimmen sie Entlassungen. Und erwarten, dass die Wirkung sich schnell entfaltet. Aber angesichts von Kündigungsfristen, vielfältigen juristischen Ansprüchen wie Abfindungen, jede Menge Papierkram und Sonderaufwänden rund um eine Entlassung, Zusatzaufwänden für die Neuverteilung und Neuorganisation der Arbeit in neuer Konstellation und so weiter erzeugen Entlassungen erst mal höhere Kosten. Allerdings schwächen sie schon sehr rasch Umsätze und Kundenleistung. Entlassungen wirken also zunächst recht schnell negativ auf den Gewinn, nicht etwa positiv. Und langfristig drücken sie regelmäßig Kosten und Umsätze gleichermaßen.

> *Über drei weitere Runden Reise nach Jerusalem wird man sich dann irgendwann darauf einigen, dass die Globalisierung an allem schuld ist.*

Oder die Manager lassen IT-Projekte durchführen oder sie wollen Teile billiger einkaufen oder sie veranlassen Change-Projekte oder nehmen neue Anlagen in Betrieb – in der Erwartung dass die Wirkung jeweils schnell kommt und die Entscheidung in kurzer Zeit die gewünschten finanziellen Früchte trägt. Aber jemanden für eine ganz bestimmte Aufgabe einzustellen, das ist in der Regel ein Prozess, der nicht sechs Wochen, sondern sechs Monate dauert. Bis eine neue Produktionslinie Gewinne abwirft, das kann viele Monate dauern, auch wenn die Anlage läuft. Manager unterschätzen typischerweise die Zeit zwischen Entscheidung und Wirkung, denn sie unterliegen einer Illusion der Wirksamkeit ihrer selbst. Projekte sind viel komplexer, als man das aus der Vogelsperspektive sehen kann.

Management versucht immer wieder, fertige Lösungen zu schaffen. Sie glauben: Wir machen das jetzt, und dann läuft es so. Sie denken, ein Design am Anfang ist ausreichend. Aber es gibt immer Entwicklung. Alles ist evolutionär. Jede Entscheidung muss sich an der Realität messen lassen, und die ist dynamisch. Alles ist im Fluss. Evolution braucht Zeit. Ergebnisse brauchen Zeit. Designs müssen zigmal geändert werden, Lösungen müssen sich dynamisch anpassen können. Die Versuchung, monokausale, unmittelbare Zusammenhänge vorauszusetzen, ist für Manager groß. Aber mehr als einen Anstoß in eine bestimmte Entwicklungsrichtung zu geben können sie nicht ausrichten. Alle gewaltsamen Sofortmaßnahmen ernten in komplexen, dynamischen Systemen Widerstand, jeder Druck erzeugt Gegendruck.

Anstatt beharrlich und im Detail und miteinander für ein bestimmtes Ziel, zum Beispiel eine hohe Rentabilität, zu tüfteln, um es über Jahre hinweg nachhaltig zu erreichen, entscheiden Manager ungeduldig und grob und konfrontativ, mit kurzfristiger, oft entgegengesetzter Wirkung. Das ist ein Muster des Scheiterns.

Die Konsequenz aus Management ist die selbsterfüllende Prophezeiung des Scheiterns. Management braucht man nämlich nur, wenn man glaubt, dass es nicht von selbst geht. Wenn man glaubt, dass man den Mitarbeitern nicht trauen kann. Entscheidungen werden gegen diejenigen getroffen, die sie umsetzen müssen. Manager beziehen die Betroffenen nicht in die Entscheidung ein. Die Ausführenden bekommen die Entscheidung vorgesetzt. Und nach der Entscheidung erst überlegt man, wie es gehen kann. Daraus resultiert dann das Phänomen »Umsetzung«.

Im Beta-Unternehmen gibt es streng genommen keine »Umsetzung«. Hier tut man, handelt man. Und denkt gleichzeitig. Das Team setzt sich zuerst mit dem Problem auseinander und beginnt sofort, es zu lösen. Die Entscheidung ist ein symbolischer Akt, unmittelbar bevor das Team Geld ausgibt oder Ressourcen einsetzt. Wer dann die Entscheidung ausspricht, ist eigentlich egal. Entscheidung in der Beta-Welt ist einfach ein Element von Kommunikation. Es ist der Punkt, an dem kollektives Denken ins kollektive Handeln übergeht. Ein wesentlicher Punkt, weil Entscheiden Spaß macht und zur Übernahme von Verantwortung führt. Aber es ist der Kommunikations- und Handlungsprozess, der wirklich zählt.

Umsetzung als Phänomen entsteht nur dann, wenn auf tayloristische Art und Weise Entscheidung und Ausführung personell, zeitlich und räumlich voneinander getrennt werden. Legt man Entscheidung und Handeln zusammen, verschwindet Umsetzung. Stattdessen wird Verantwortung möglich.

Da hat man natürlich Unruhe, Ungewissheit, es scheint ewig zu dauern, es gibt viele Diskussionen, bevor es zur Sache geht. Früh entscheiden fühlt sich cooler an, ist gewohnter. Das ist aber nicht richtiger.

Erfahrungen aus Industriebetrieben zeigen, dass die Ausführungsgeschwindigkeit beinahe doppelt so schnell ist beziehungsweise die Projektdauer nur circa die Hälfte der Zeit, wenn man zuerst einen Konsens erarbeitet und danach erst entscheidet. Nur so kann ein Unternehmen sicherstellen, dass die Entscheidungen den Problemen folgen. Und nicht die Probleme auf die Entscheidungen folgen.

Gezähmtes Risiko

Zum Zeitpunkt einer Entscheidung kann man keinen Fehler begehen. Wenn man nicht fahrlässig handelt, sondern nach bestem Wissen und Gewissen verfährt, ist alles in Ordnung. Ob es insgesamt und unterm Strich ein Fehler war, stellt sich immer erst hinterher heraus. Die Zukunft ist immer unvorhersehbar. Entscheidungen sind immer riskant.

Welcher Zulieferer kann mir die beste Maschine liefern? Der aus China oder der aus Deutschland? Sie bieten unterschiedliche Preise, die Lebensdauer der Maschine ist unterschiedlich, die Leistungsfähigkeit im Detail ist verschieden und tausend andere Dinge auch. Beide werden funktionieren, aber welche ist die bessere Investition? An dieser Stelle gibt es meistens kein Richtig oder Falsch. Alles Würde-könnte-sollte ist müßig. Auch wenn sich Entscheider noch so viel vormachen und Informationen sammeln und vergleichen, letztlich muss die Entscheidung intuitiv getroffen werden. Erfahrungswissen entscheidet.

Ohne zu begründen, sagt einer: »Die chinesische Maschine finde ich besser, keine Ahnung warum, aber die Summe der Eigenschaften überzeugt mich. Ich kann nur nicht beweisen, dass es die bessere ist.« Er findet Unterstützer und am Ende gibt es mehr Befürworter als Zweifler, und die letzten Zweifler stimmen trotzdem zu, die chinesische Maschine anzuschaffen. Dann wird weißer Rauch durch den Kamin gesendet, und ein Sprecher des Projektteams verkündet die Entscheidung: habemus machinam.

Und wenn sich am Ende herausstellt, dass die Maschine viele Probleme macht und die andere vielleicht doch besser gewesen wäre? Das ist nicht schlimm. Das ist einfach unternehmerisch. Dann geht man von der neuen Situation aus und überlegt gemeinsam, wie man das Beste daraus macht.

30 Jahre Missmanagement sind eine Kette von
Fehlentscheidungen einzelner Berufsentscheider.

Entscheiden ist nicht die Voraussetzung für Arbeit, sondern Teil von Arbeit. Für viele der tollste Teil von Arbeit, derjenige, der am meisten Spaß macht. Schade nur, dass bedeutsame Entscheidungen eher selten sind. Darum ist jede Entscheidung so wertvoll. Darum sollte man Entscheidungen möglichst breit verteilen: Je mehr Menschen in einer Organisation die Möglichkeit haben, bedeutsame Entscheidungen zu treffen, desto mehr Spaß, Lust, Motivation, Nervenkitzel, Freude an der Arbeit, desto größer die Herausforderung. Menschen an der Grenze ihrer Fähigkeiten können lernen. Wer so viel Verantwortung tragen darf, dass auch Fehler in Kauf genommen werden müssen, der wächst an seiner Aufgabe. Das ist wunderbar, genau das wollen wir haben.

Ganz clevere Unternehmen feiern die Fehler ihrer Mitarbeiter, weil jeder bedeutsame Fehler auf unternehmerisches Denken und Handeln zurückgeht und so die Chance mitbringt, dazuzulernen und dadurch besser zu werden. Das funktioniert bestens, obwohl es völlig anders läuft als das, was wir in Schulen und Universitäten übers Lernen lernen. In der Schule wird der Schüler, der etwas nicht weiß, bestraft. Die falsche Antwort auf die Frage des Lehrers? Ein Grund, sich zu schämen. Hättest du mal besser aufgepasst! Schon in den ersten Schulklassen wird der Keim für die Schuldfrage gesät, die die meisten von uns durch unser ganzes Berufsleben verfolgt. In Unternehmen geht es aber nicht darum, Wissen abzufragen, sondern darum, neues Wissen zu schöpfen.

Unternehmen ist handeln in Unsicherheit: Man weiß nie, wie es ausgeht. Wenn man die Lösung im Voraus wüsste, wenn es von vornherein ein Richtig und ein Falsch gäbe, dann wäre die Entscheidung nur eine Trivialität, die auch eine Maschine erledigen könnte. Übrigens sollten solche Fragen dann auch tatsächlich automatisiert werden. Menschen sind für alle Arbeiten, die auch von Computern oder Robotern erledigt werden können, zu wertvoll. Unternehmerisch handeln heißt einfach: Neues schaffen, statt Altbewährtes abspulen. Das kann jeder in seinem angemessenen Rahmen. Dazu muss man kein Henry Ford sein.

Bei einer Entscheidung, die den Namen verdient, kennt man die Lösung prinzipiell nicht. Ohne menschliche Intuition geht es dann nicht weiter. Das ist ja das Tolle. Normal ist, dass sich Entscheidungen in vielen Fällen im Nachhinein als falsch erweisen. Aber wie ist das dann mit Fehlern, die die Existenz kosten können? Die Fehler, bei denen das Team dann nicht mehr feiert? Was ist mit existenzbedrohenden Entscheidungen?

Ja, solche Fragen gibt es bisweilen. Aber es ist eher unwahrscheinlich, dass diejenigen, die zufällig gerade Chef sind, die Entscheidung dann besser treffen als die anderen, die sich unmittelbar mit dem Problem befassen. Existenzbedrohende Entscheidungen gibt es im Beta-Unternehmen und im Alpha-Unternehmen. Siehe Schaeffler. Siehe Lehman Brothers. Siehe GM. 30 Jahre Missmanagement sind eine Kette von Fehlentscheidungen einzelner Berufsentscheider. Erfahrungsgemäß verhalten sich Beta-Unternehmen weniger risikoaffin und entscheiden nachhaltiger. Je mehr Leute an einem Problem beteiligt sind, bevor die Entscheidung ins Leben kommt, desto klüger und moderater fällt sie meistens aus. Beta-Unternehmen zähmen das Risiko durch Gemeinsamkeit.

Und die meisten krassen Fehlentscheidungen von Alpha-Unternehmen entstehen ja unter dem Erfolgsdruck von Anreizungen. Oder aus egozentrischen oder narzisstischen Motiven heraus. Nur wer hohe Wachstumsziele hat, kommt überhaupt auf die Idee, halsbrecherische Entscheidungen zu treffen. Aggressivität auf Entscheiderebene, das ist typisch alpha. Heroische Manager bilden sich ein, alleine alles stemmen zu können. Machos in Nadelstreifen riskieren nicht nur den eigenen Kopf und Kragen, sondern den ihrer Mitarbeiter, über deren Kopf hinweg sie entscheiden.

Sozialkontrolle ist demgegenüber sehr effektiv. In Beta-Unternehmen sind Entscheidungen immer ein sozialer Prozess. Jeder der Beteiligten erspürt, wann die Grenze zum Minenfeld überschritten ist, wo es beginnt, gefährlich zu werden. Tödliche Entscheidungen zu treffen wird mit kollektiver Intelligenz sehr unwahrscheinlich. Jedenfalls unwahrscheinlicher, als wenn Entscheidungen vom Hormonhaushalt einzelner Mächtiger abhängen.

Konsultation als Methode

Wie entschieden wird, das ist in jedem Unternehmen eine große Frage. Wenn nicht von oben herunter per Zuständigkeit entschieden werden soll, unter welchen Bedingungen, nach welchem Verfahren sollen dann stattdessen Entscheidungen getroffen werden? Jedes Unternehmen entwickelt da sein eigenes Verfahren, seine eigene Entscheidungskultur. Eine Konstante gibt es dabei: Jedes Beta-Unternehmen braucht zwingend eine Form von Konsultation.

Stellen Sie sich vor, Sie sitzen beim Kunden und verkaufen ein Software-Produkt. Der Kunde will ein ganz besonderes Feature. Sagen wir: die Echtzeitaktualisierung von Stammdaten zwischen Zentrale und Filialen und allen geschäftlich eingesetzten Mobilgeräten. Die Anwendung ist so komplex, dass es mit einer einfachen Exchange-Server-Lösung nicht getan ist. Sie sind als Verkäufer und Kundenberater auch Softwareingenieur und Sie wissen, was das bedeutet. Die Forderung des Kunden ist eine echte Herausforderung.

Was machen Sie, sobald Sie wieder in der Firma sind? Nein, Sie delegieren nicht und Sie reichen auch nichts weiter. Stattdessen holen Sie selbst die Betroffenen an einen Tisch und halten Rat. Sie besprechen die Aufgabe, und dabei vertreten Sie die Sicht des Kunden. Oder Sie bringen ihn gleich selbst mit. Außerdem dabei: Drei Entwickler, unterschiedlich spezialisiert, und ein Marketingspezialist, denn die Nachfrage nach einer solchen Lösung könnte ja noch größer sein, womöglich könnte das ein neues Standardfeature werden.

Sie stellen sich irgendwann die Frage: Wer soll das entscheiden? Und dann fällt Ihnen auf: Sie sind ja schon mittendrin im Entscheidungsprozess. Denn es war ja schon Teil der Entscheidung, die Anforderung des Kunden nicht gleich schon beim ersten Gespräch abzulehnen, sondern die Sache ernsthaft zu prüfen. Entscheider ist der, der die zu lösende Aufgabe ins Haus holt. Entscheider ist auch der, der interne und externe Experten konsultiert und Ressourcen organisiert. Sie tragen von Anfang an große Verantwortung: Sie müssen sich die richtigen Leute raussuchen, um das Ob und das Wie zu eruieren. Sie beziehen unterschiedliche Blickwinkel ein und versuchen ein paar Lösungsalternativen zu entwickeln. Sie treffen die Entscheidung zwischen den Optionen, und das Team trägt die Entscheidung mit. Es wird nicht abgestimmt! Sie haben ein Projekt an Land gezogen, und jetzt sind Sie der Initiator und so etwas wie der Sprecher des Projekts. Sie agieren eigenverantwortlich. Aber nicht im Alleingang, denn je größer die Tragweite, der Aufwand, die Wirkung, desto mehr Leute müssen konsultiert werden. Wen oder wie viele, das liegt in Ihrem Ermessen.

Stellen Sie sich vor, das wäre in Ihrer Firma möglich. Sie würden dann automatisch wie ein Unternehmer handeln, egal ob Sie ohnehin Eigentümer der Firma sind oder Angestellter. Obwohl Sie gegebenenfalls keine formelle Macht haben. Auch alle, die einbezogen werden, fühlen sich wertgeschätzt und spüren ein unternehmerisches Fieber. Es entsteht Verantwortung, alle Beteiligten fühlen sich verantwortlich, auch die Ratgeber. Es entsteht Gemeinschaftsgefühl, das Team handelt im Interesse aller, sie sind auf der Spur einer Geschäftschance, die die ganze Firma betrifft. Sie suchen die beste unternehmerische Entscheidung.

> *Jedes Beta-Unternehmen braucht zwingend*
> *eine Form von Konsultation.*

Dabei brauchen Sie das Projekt niemandem zu verkaufen. Es gibt kein Gremium, das hoheitlich über die Mittelvergabe entscheidet. Es geht nicht um Macht. Sondern darum, für das Unternehmen das Beste zu tun. Der Entscheider ist unabhängig, er versucht nicht, gegenüber dem Chef gut dazustehen. Es entsteht nicht der Druck, jemandem gefallen zu müssen. Im Konsultationsprozess kristallisiert sich die beste Lösung heraus. Sich dann auch noch für sie zu entscheiden und diese Entscheidung im Unternehmen bekanntzugeben ist dann keine große Sache mehr.

Durch die ausführliche Konsultation fließt die Intelligenz vieler in die Entscheidung ein. Im traditionellen Entscheidungsprozess gibt es das nicht. In einem Beta-Entscheidungsprozess kann jeder der Entscheider sein, die Hierarchie wird überflüssig. Im traditionellen Entscheidungsprozess entscheiden Vorgesetzte.

Die Entscheidung trifft im Beta-Unternehmen auch der Einzelne, der Initiator oder Projektsprecher oder Projekteigentümer. Aber im Konsultationsprozess findet Vernetzung statt. Die Entscheidung wird kollektiv verankert.

Und wenn das Geld kostet? Das liegt in der Hand des Projekteigentümers. Das muss er sich nur organisieren. Er muss also auch die in der Organisation ansprechen, die Ressourcen haben. Wenn kein Geld da ist, ist eben kein Geld da. Das kann das Projekt verhindern. Es gibt in einem solchen Unternehmen automatisch einen internen Markt um Ressourcen.

Konsultation hat unterschiedliche Namen in Beta-Unternehmen: Beratschlagungsprozess bei dm-drogerie markt. Nemawashi bei Toyota. Waterline bei W. L. Gore. Das Bewusstsein für diese Art von Entscheidungsprozess ist überall in Beta-Organisationen vorhanden. Die Entscheidungsmacht liegt immer bei einem Einzelnen, aber andere müssen immer gehört werden.

Das ist Teil der DNA von Unternehmen, die nach dem Beta-Kodex wirtschaften.

Demokratie nicht griechisch, sondern zeitgemäß

Wie Entscheidungen in Beta-Unternehmen zustande kommen, kann man mit Recht als demokratisch bezeichnen, denn jeder kann bei der unternehmerischen Willensbildung aktiv mitmachen. Es ist aber keine Basisdemokratie, kein Volksentscheid, denn das funktioniert im Alltag nicht richtig.

Warum? Viel zu zeitraubend. Man müsste ja immer alle zusammenholen, um handlungsfähig zu sein. Alle Argumente müssten durchexerziert werden, alles müsste allen erklärt werden, auch denen, die gar nicht nahe genug am Problem dran sind, um es auf Anhieb zu verstehen. Alle Erfahrungen von Kooperativen und basisdemokratisch geführten Organisationen zeigen: Es werden dort nicht die besten Entscheidungen getroffen, sondern immer Kompromisse ausgehandelt.

Auch eine Form unseres Staatssystems, die repräsentative Demokratie, wäre im Unternehmensalltag nicht praktikabel, weil die Wahlverfahren zu aufwändig wären.

Im Athen der Antike musste eine Entscheidung von der Allgemeinheit abgestimmt werden. In einer solchen direkten Demokratie hat jeder eine Stimme, aber das ist nur symbolisch eine »Stimme«, denn man hebt ja nur die Hand und redet nicht wirklich mit.

Das, was im Beta-Unternehmen an demokratischer Willensbildung praktiziert wird, ist also eine Demokratie ohne Wahlverfahren, eine Art kollektive Autokratie, bei der zwar ein Konsens hergestellt, aber trotzdem ein Einzelentscheid getroffen wird, sozusagen ein kollektiver Einzelentscheid. Auf jeden Fall handelt es sich um eine schnelle, praktikable Integration von Kollektiv und Individuum.

Dieser Prozess wirkt auf Außenstehende immer etwas vage, so als ob einfach jeder machen könnte, was er will. Dem ist aber nicht so. Wer einmal einen konsultativen Einzelentscheid miterlebt hat, wundert sich darüber, wie streng und diszipliniert die einmal gefällte Entscheidung durchgezogen wird. Es werden auch niemals nach dem Beta-Kodex getroffene Entscheidungen zurückgenommen. Es gibt kein Zurück. Es geht dann nur noch vorwärts.

Man kann in einer neuen Situation jederzeit neu konsultieren und neu entscheiden, aber Entscheidungen sind prinzipiell nicht aufhebbar.

Und nach getroffenen Entscheidungen wird generell nicht mehr darüber diskutiert. Entscheidungen werden nicht hinterfragt. Sondern durchgezogen. Diskutiert hat man vorher. Sich eingebracht auch. Zweifel geäußert und Rat erteilt. Nach der Entscheidung trägt man sie gemeinsam. Diese Entschiedenheit und Konsequenz finden Beta-Novizen oft sehr überraschend. Um es noch mal deutlich zu sagen: Es gibt kaum Unternehmen, wo weniger gekuschelt wird als in Beta-Unternehmen.

Hat ein Team einmal eine beispielhafte Entscheidung getroffen, sozusagen einen Präzedenzfall entschieden, eine Entscheidung, die in gleichen Situationen auch wieder genauso ausfallen kann, dann hat das Team einen Standard gefunden. Standards sind in dieser Denke keine Dogmen, sondern sie dienen nur dazu, allgemein im Unternehmen auf ein neues inhaltliches Niveau zu kommen und nicht mehr dahinter zurückzufallen. Ein Beispiel: Bei der Anschaffung von kleineren und größeren Dingen gibt es prinzipiell die Entscheidung zwischen Leasing und Finanzierung. Ein Standard könnte in einem Unternehmen sein: Wenn wir die Wahl haben, leasen wir. Das gründet auf einem Prinzip: Eigentum ist uns nicht wichtig. Dieser Standard kann jederzeit geändert werden, aber solange er gilt, muss das Diskussionsrad nicht immer wieder neu angeworfen werden. Denn das wäre uneffektiv.

Effektivität ist der große Unterschied zum Entscheiden per Management, wo viel bestimmt, aber vergleichsweise wenig getan beziehungsweise umgesetzt wird. Effektivität ist auch der Grund, warum in der Beta-Organisation nicht abgestimmt wird. Ganz selten, in wenigen Dingen, die wirklich alle gleichermaßen betreffen, kann auch einmal abgestimmt werden, zum Beispiel per Webtool, aber das sind eher exotische Spezialfälle des Entscheidens.

Jedes Abstimmen erfordert viel Aktivität von der Zentrale, was auch ein Grund dafür ist, es sein zu lassen, denn Beta-Unternehmen funktionieren dezentral. Der Weg von Alpha zu Beta ist ein Weg der Dezentralisierung. Man könnte auch sagen, es findet eine Devolution statt, ein gezieltes Wiederzurück-Entwickeln, also eine Art Wiederaufwickeln.

> *Es gibt kaum Unternehmen, wo weniger*
> *gekuschelt wird als in Beta-Unternehmen.*

Diesen Weg geht derzeit die Trisa AG, ein Schweizer Unternehmen, das jeden Tag rund eine Million Zahnbürsten produziert. Der von den Brüdern Pfenniger in vierter Generation geleitete Mittelständler dezentralisiert Entscheidungen radikal, um eine Unternehmensform zu finden, die die Vorteile des Start-ups in einer großen Organisation ermöglicht. Die bewusste und unbewusste Zentralisierung, die im Wachstum bei fast allen Unternehmen vorgenommen wurde, wird hier wieder zurückgenommen.

Die Organisation gibt die angemaßte Macht, die in der Zentrale gebündelt war, wieder an den Markt zurück. Damit geht einher, dass auch die Entscheidungen an die Peripherie des Unternehmens zurückgegeben werden, dorthin, wo die größte Marktnähe besteht. Es wird wieder so, wie es ganz am Anfang war, als das Unternehmen gegründet worden ist. Nur dass das Unternehmen jetzt viel größer ist.

Pessimisten fällt sofort das Argument ein, dass solchermaßen per kollektivem Einzelentscheid getroffene Entscheidungen ja zwangsläufig qualitativ schlechter sein müssen, weil ja Hinz und Kunz nicht so gut entscheiden können wie ein professioneller Entscheidungsspezialist – wie eben ein Manager. Das, lieber Pessimist, ist aller Erfahrung nach und gemäß der wissenschaftlichen Erkenntnis genau andersherum. Nach Einführung von Beta-Entscheidungsprozessen steigt die Qualität von Entscheidungen immer. Alpha-Unternehmen haben schwerwiegende Probleme mit schlechten Entscheidungen, die Arcandor in die Insolvenz, die Hypo Real Estate in den Staatsbesitz und Siemens-Manager vor Gericht getrieben haben.

Um es noch mal zu präzisieren: Es ist hier nicht die Rede von einer Dezentralisierung von Aufgaben oder Funktionen. Das wird oftmals auch als Dezentralisierung verstanden. Alpha-Unternehmen dezentralisieren ständig irgendetwas. Aber das ist etwas anderes. Hier geht es um Entscheidungen. Und das ist wirklich das Letzte, was sich so ein gestandener Manager wegnehmen lassen wollte! Für Beta-Unternehmen ist diese Dezentralisierung von Entscheidungen allerdings gar keine Option, sondern ein Gesetz. Ein Prinzip. Eine Lebensart. Es führt kein Weg daran vorbei.

Noch eine Abgrenzung: In Alpha-Organisationen ist Delegation ganz wichtig: »Du, Untergebener, hör zu, ich will, dass du dies oder jenes machst. Ich delegiere an dich, weil ich modern bin, zusammen mit der Aufgabe auch gleich die dafür nötige Verantwortung. Hopphopp! Ich will Ergebnisse sehen!« Dezentralisierung von Entscheidung ist aber nicht Delegation! Delegation setzt zentrale Entscheidungsmacht voraus. Beta sucht immer den dezentralsten Punkt in der Organisation, um zu Entscheidungen zu kommen.

Dezentralisierung von Entscheidungen verträgt sich auch nicht mit Abteilungen und Bereichen. Ein Unternehmen, das radikal dezentral entscheiden will, wird nicht ohne Zellstruktur auskommen. Wenn also jemand auf den Geschmack kommt und sagt: »Konsultieren, das gefällt mir! Das führe ich mal eben bei uns ein.« Der muss wissen, dass er seine funktionale Organisationsstruktur nicht beibehalten kann. Das geht schief. Denn dezentrale Entscheidungen höhlen die Hierarchie aus. Konsultieren durchlöchert das Oben und Unten. Die Zentrale wird sich wehren!

Nicht umsonst sagt Götz Werner von dm-drogerie markt: »Das Schwierigste an der Dezentralisierung ist es, der Zentrale die Arroganz auszutreiben.«

Entscheidung im Alpha-Kodex	Entscheidung im Beta-Kodex
Zentrale Entscheidung, oben wird entschieden – Manager werden bezahlt, um zu entscheiden	Dezentrale Entscheidung, außen wird entschieden – alle werden bezahlt, um zu entscheiden
Entscheidung ist von Arbeit getrennt – Demokratie im Unternehmen ist unmöglich	Entscheidung ist in Arbeit integriert – warum sollten ausgerechnet Unternehmen undemokratische Orte sein müssen?
Entscheiden ist eine Last – Entscheidung ist Chefsache	Entscheiden ist eine Lust und macht Spaß – jeder soll Gelegenheit haben, bedeutsame Entscheidungen zu treffen
Chefs entscheiden besser als andere – oben entscheiden ist effizient und sicher	Zentrale Entscheidung wäre langsam, teuer und schlecht – dezentral entscheiden per konsultativem Einzelentscheid ist effektiver und effizienter
Management kann sicher entscheiden – wenn es mit guten Informationen versorgt wird	Entscheiden in Unternehmen ist immer unternehmerisch – und damit risikobehaftet
So früh entscheiden wie möglich – möglichst anhand von Zahlen	So spät entscheiden wie möglich – wer zu früh entscheidet, den bestraft das Leben
Intuition ist verdächtig – faktengeleitet rational entscheiden ist am besten	Intuition (gefühltes Wissen) ist in Entscheidungen unvermeidbar und eine wichtige Ressource
Fehler sind schlecht – Six Sigma und Null-Fehler-Initiativen	Fehler sind nötig und bieten Lernchancen – kontinuierliche Verbesserung als Teil der Arbeit
Umsetzung (Execution) ist immer ganz schwierig – Frust durch Widerstand	Das Umsetzungsproblem entsteht durch zeitliche und personelle Trennung von Denken und Handeln, Entscheiden und Tun
Entscheiden soll der mit dem höchsten Rang und dem besten Gehalt	Entscheiden soll, wer nah am Problem ist und die Dringlichkeit hautnah spürt
Kritik ist unerwünscht – Dissens ist blöd	Kritikverzicht ist Sabotage – Dissens verhindert Verblödung
In Sitzungen fallen viele Entscheidungen – aber die bleiben oft folgenlos	Meetings dienen der gemeinsamen Meinungsbildung, nicht der Entscheidung

Paragraf 11

Ressourceneinsatz:
Zweckdienlichkeit statt Statusgehabe

Stellen Sie Ressourcen genau dann bereit, wenn sie benötigt werden, niemals vorher. Verzichten Sie also auf Budgets. Verzichten Sie auf Umlagen und Allokationen. Denn es darf keine periodisch festgelegten, an Zahlen aus der Vergangenheit, an Wunschvorstellungen oder an Prestigeüberlegungen orientierten Geldmittel geben. Wenn Geld nicht dem Zweck dient, dient es Egoismen. Entziehen Sie Statusspielen die Grundlage, so wie Sie einen Sumpf trockenlegen: durch den Entzug flüssiger Mittel.

Ich bin aufgestiegen! Ich bin wichtig, ich spiele jetzt eine wichtige Rolle. Ich habe Budgetverantwortung von 1,5 Millionen! Und ich habe Personalverantwortung: 30 Mitarbeiter!

Okay, dann mal los. Was brauche ich alles? Also, als Erstes: Business Class reisen statt Economy. Dann auf jeden Fall: Ich muss eine Assistentin haben. Eine Firmenkreditkarte mit 20 000 Euro Limit. Und natürlich ein größeres Büro. Und einen neuen Firmenwagen: einen 7er BMW, aber noch nicht den 750er, den kriege ich diesmal noch nicht. Und ich will einen neuen Blackberry, und zwar den gleichen, den Barack Obama hat.

Und jetzt kann ich auch endlich mein Projekt unterbringen: eine eigene B2B-Website für meine Abteilung, endlich! Ich muss jetzt auch nicht mehr bei dem blöden Jour fixe teilnehmen, da schicke ich jetzt einen Mitarbeiter hin.

Drei neue, zusätzliche Stellen brauche ich für meine Abteilung. Dann habe ich 33 Leute. Das sind dann zwei mehr, als der Gruber hat. Ich will einen ganz bestimmten Spezialisten von der Konkurrenz abwerben, auch wenn der schweineteuer ist. Egal, ich brauch den!

Was jetzt auch kein Problem mehr ist: Die Konferenzteilnahme in Kalifornien im März für mich. Und Schulungen für meine Leute. Ich könnte ja jetzt meinen MBA machen, den soll die Firma finanzieren. Und einen Coach will ich. Neulich habe ich einen im Fernsehen gesehen, der hat einen guten Eindruck gemacht.

Keine Frage: Der Mann fühlt sich gut, da geht was. So eine Beförderung muss ja auch was kosten. Zumal der Gehaltszuwachs ja läppisch war: nur 7,5 Prozent …

Alle Beteiligten sind zufrieden. Kurz danach kommt ein Unternehmensberater ins Haus. Sein Job: Cost-cutting. 20 Prozent Einsparungen sind versprochen. Das wird natürlich über Kostenkürzungen über alle Budgetpositionen hinweg realisiert, Prinzip Heckenschere. Außerdem gibt es einen Einstellungsstop. Wenn das nicht reicht, müssen ein paar Leute gehen.

So läuft das. So sieht der Entwicklungsstand der Wirtschaft aus, nach 100 Jahren Management. Seien wir ruhig mal ehrlich. In typischen Unternehmen nach dem Alpha-Strickmuster denken wir nicht darüber nach, wie Ressourcen möglichst sinnvoll eingesetzt werden, sondern darüber, was Status bringt oder was dazu dient, willkürlich gesetzte quantitative Ziele zu erreichen. Opportun ist, was dem Manager Sicherheit verschafft.

Ressourcen dienen nicht der Firma oder gar dem Kunden, sondern sie dienen dem einzelnen Manager. Demjenigen, der über die Geldmittel verfügen kann. Wer mehr hat, ist wichtiger, wer mehr ausgibt, hat ein höheres Prestige, wer mehr Leute unter sich hat, sitzt weiter oben auf dem Affenberg. Wenn am Jahresende etwas übrig bleibt vom Budget, dann wird es verbrannt mit scheinbar wichtigen Kurzfristprojekten, denn es ist schlauer, das Budget zu verbrauchen, als im nächsten Jahr eine Kürzung hinnehmen zu müssen. Wer Geld ausgibt zeigt, wie kompetent er ist. Wer Headcount unter sich hat, ist König.

Aber meine Leute machen das doch gut, höre ich da, *die haben kein Statusgehabe, die sind sparsam!* – Wenn die Leute sparsam wären, bräuchte man kein Budget, dann wäre Planung überflüssig. Die Tatsache, dass man überhaupt ein Budget aufstellt, ist schon der Beweis für Missmanagement, denn sonst könnte man die Leute ja einfach Geld ausgeben lassen, man könnte seinen Mitarbeitern vertrauen, dass sie Geldmittel ohne Blick auf Status und Eigennutz zum Wohle der Firma investieren. So ein gut geführtes Unternehmen könnte dann auch gar nichts mehr kürzen – egal in welcher Phase des Wirtschaftszyklus –, denn es gäbe ja keine Verschwendung. Es gäbe nur Effizienzpotenziale, an denen alle permanent mit langwieriger Arbeit am Detail arbeiten. Wer vertraut, hat kein Budget. Jedes Budget ist der Ausdruck von Misstrauen gegenüber den Mitarbeitern.

In Alpha-Unternehmen sind Ressourcen Spielball von Macht- und Prestigeüberlegungen und Politik. Beta-Unternehmen gehen mit Ressourcen nüchtern um, sie dienen der Sache und dem Zweck. Wenn man sie verbrauchen will, fragt man sich, warum, und stellt das auch zur Debatte. Wenn einer auf Firmenkosten seinen MBA machen möchte, dann ist das weder gut noch schlecht, zu prüfen wäre vielmehr, ob es zweckdienlich ist oder nicht.

Unternehmerisch gedacht muss jeder Euro, der im Unternehmen eingesetzt wird, früher oder später einen nachhaltigen Nutzen bringen. Jede Investition zieht ein Ergebnis nach sich. Wie genau die Investition wirkt, kann man aber nie wirklich direkt nachweisen. Es ist letztlich eine Glaubensfrage, so schrill das auch klingen mag für manche Ohren. Wer Geldmittel einsetzt, kann prinzipiell nicht wissen, ob und was dabei herauskommt. Die Welt ist eben: beta.

Nehmen wir noch mal den MBA. Der kostet circa 20 000 Euro. Was wird dabei herauskommen? Vielleicht nichts. Vielleicht aber auch ein besseres Beziehungsnetzwerk für den Menschen, neue wertvolle Kontakte. Vielleicht lernt er auch noch ein bisschen was dazu. Vielleicht wird er sofort abgeworben. Vielleicht tut er Dinge nach dem Studium besser als vorher. Vielleicht lernt er dort die Frau seines Lebens kennen und zieht in ein anderes Land und baut dort eine Niederlassung für die Firma auf, die in fünf Jahren zur wichtigsten Niederlassung der Firma wird.

Ressourcen sind keine Mangelware

Zu Zeiten der Stahl fressenden Industrie, als weltweit die Eisenbahnstrecken gebaut wurden, da konnten die Unternehmen noch Ressourcen steuern. Der Preis für Stahl war stabil, jeder wusste, was die Tonne Stahl kostete, es gab keine große Auswahl an unterschiedlichen Stahlqualitäten, man nahm immer den gleichen Zulieferer. Die meisten Märkte waren Oligopole. Die Ausgaben waren ziemlich stabil. Keine Dynamik auf den Märkten.

Das war die Steinzeit des Kapitalismus. Marx hatte damals Recht: Das Kapital hatte die Macht, die kritische Ressource war Geld. Eines der Geheimnisse des Unternehmertums damals: Maschinenauslastung optimieren. Wer das kapiert hatte, wurde reich. Personaleinsatz spielte als Kostenfaktor kaum eine Rolle. Denn es gab ja unausgebildete Arbeiterschaften en masse. Die Arbeitssuchenden drängten sich vor den Werkstoren. Die hatten keine Ahnung, brauchten keine Qualifikationen mitbringen, hatten schlichteste Arbeiten zu verrichten. Wer Kapital einsetzen konnte, wurde recht mühelos steinreich. Wer keines hatte, hatte Pech gehabt. Geld war der kritische Engpass.

Heute sieht das anders aus. Manager aus dem Finanzbereich sind felsenfest davon überzeugt, dass das Geld immer knapp ist. Das merkt man an den zyklischen Budgetanpassungen, die den Marktschwankungen folgen. Es wird immer versucht, Budgets herunterzuverhandeln und Ergebnisse hochzuverhandeln. Ängstlich wird der Cashflow beäugt, so als würde das etwas ändern. Man sieht es auch daran, dass um Investitionspläne und -projekte gefeilscht wird, als wären nicht die Qualität und der Sinn der Vorschläge das Thema, sondern die Frage, ob genug Geld da ist, um die Projekte zu realisieren. Das ganze Verhalten im Management zielt darauf ab, dass Kapital der Engpass sei. Wie noch vor 100 Jahren.

Ich bezweifle, dass Geld der Engpass ist. Noch nie war Geld so einfach zugänglich, noch nie war Kapital so breit gestreut und so verfügbar. Der eigentliche Engpass heute sind Ideen und Menschen, die Ideen haben und sie umsetzen können. Traditionelle Produktivfaktoren sind überbewertet. Die waren früher knapp und sie sind auch heute knapp. Rohstoffe und Boden. Glücklicherweise ist das aber inzwischen total egal.

Menschliches Talent war vor 100 Jahren kein Thema, heute ist es die einzige wichtige Ressource. Die einzige, die prinzipiell unbegrenzt ist. Aber Alpha-Unternehmen, die mit ihren grundsätzlichen Strukturen vor 100 Jahren zu den großen Gewinnern gehört hätten, schaffen es heute nicht, diese Ressource zu heben. Sie haben die falsche Suchstrategie.

Das Unternehmen schaltet eine Stellenanzeige in der *FAZ* – und kein Schwein meldet sich. Und es sucht auf Monster.de und auf Xing und bekommt einen Haufen völlig unsystematischer Bewerbungen mit Profilen, die überhaupt nicht passen. Schon merkwürdig. Vielleicht liegt es daran, dass es den Mitarbeiter, den man da gerne hätte, gar nicht gibt?

> *Noch nie war Geld so einfach zugänglich,*
> *noch nie war Kapital so breit gestreut und so verfügbar.*

Das ist so wie bei dem Großstädter, der schön wohnen will und deshalb einen Makler beauftragt: Gesucht wird eine 380 Quadratmeter große Wohnung über zwei Ebenen mit drei Balkonen, fünf Bädern, zentral gelegen in der Innenstadt, aber ruhig, nicht viel Verkehr, sonnig, nicht oberhalb des dritten Stockwerks, aber trotzdem unterm Dach, Fußweg zu einem Park 100 Meter, zum Hauptbahnhof 200 Meter, U-Bahn-Fahrt zum Flughafen in 10 Minuten, Altbau, aber nagelneu renoviert, Böden Räuchereiche-Parkett, schwarz geölt, mindestens 50 Jahre alt, aber in Top-Zustand, Tiefgarage mit Aufzug direkt vor die Wohnungstür. Ein paar schöne Geschäfte um die Ecke wären noch nett. Und ein paar nette Restaurants. Aber keine Asiaten, wegen dem unangenehmen Küchengeruch. Und goldene Türschilder. Und bitte keine Fahrradständer vor der Haustür. Und ach ja, mehr als 8 Euro den Quadratmeter will man dann doch nicht ausgeben.

Genau nach diesem Verfahren suchen Unternehmen Mitarbeiter. Sie suchen nicht nach dem existierenden und verfügbaren Talent, sondern sie versuchen eine Stelle zu besetzen. Eine ganz bestimmte Stelle. Eine Stelle, für die nur ein ganz bestimmter, mit ganz besonderen Voraussetzungen gesegneter, idealer Bewerber infrage kommt. Das Playmate des Monats sozusagen, die mit den perfekten Maßen, der makellosen Haut und dem willigen Blick.

Unter dieser Perspektive ist der vielbeklagte Facharbeitermangel allerdings eine schwachsinnige Behauptung. Wieso suchen alle Unternehmen nach einer ganz bestimmten Ausbildung, die es derzeit eben nicht in ausreichender Anzahl gibt? Warum suchen die Unternehmen nicht stattdessen Persönlichkeiten, die leisten können, was benötigt wird? Wenn die Unternehmen den Spieß umdrehten und dafür sorgten, ein attraktiver Arbeitgeber zu sein, dann würden die besten Leute mit beliebigen Qualifikationen ihnen die Bude einrennen.

Das Jammern wegen Facharbeitermangels ist ein Eingeständnis des Scheiterns. Ein Scheitern der Fantasie, eine Unfähigkeit, um die richtigen Ressourcen zu finden, die richtigen Leute, das richtige Talent anzuziehen.

Und wenn die Unternehmen dann mal das Glück haben, wirklich gute Leute einladen zu können, dann zwiebeln sie die Talente in formalisierten Recruitingprozessen und zwingen sie dazu, sich auszuziehen, sich zu entblößen, sich zu entblöden.

Aber zurück zum Geld. Finanzmittel sind für die meisten Organisationen heute keine wirklich knappe Ressource – denn sie sind beschaffbar. Warum? Weil die Marktwirtschaft sich so entwickelt hat, dass Geld heute beschaffbar ist, Geld ist vorhanden. Es gibt einen globalen Kapitalmarkt. Marx hatte vor 100 Jahren noch Recht. Aber heute können mittellose Studenten ein Weltunternehmen gründen. Jeder kann heute das notwendige Finanzkapital auftreiben, um ein Unternehmen aufzubauen, man muss nur etwas Attraktives dafür hochhalten. Das kann jeder.

Sie haben eine attraktive Idee, eine bahnbrechende Innovation, ein spannendes Projekt? Sie können das Geld dafür bekommen. Es muss nicht vom Firmeninhaber oder von der Bank kommen, es kann auch von Risikokapitalgebern oder Business Angels kommen oder aus dem Netzwerk, von Kunden, von Wettbewerbern, von Lieferanten. Oder von Mitarbeitern. Geldmittel aufzutreiben ist definitiv immer und für jeden möglich. Heute kann man mit null Euro Eigenkapital ein Unternehmen gründen oder ein Haus kaufen oder was auch immer.

Die Voraussetzung dafür ist natürlich Vertrauen, Reputation. Und ein attraktiver Geschäftsvorschlag. Und wenn es nicht klappen sollte, dann hat das vielleicht einen Grund, über den man nachdenken sollte. Vielleicht ist das Projekt nicht relevant. Möglicherweise ist das Unternehmen nicht gesund. In einer Marktwirtschaft darf es dann in Frieden sterben, dazu gibt es

Insolvenzverfahren. Das ist nichts Schlimmes, die Ressourcen werden einfach wieder frei für Neues. Die Mitarbeiter suchen sich den nächsten Hafen.

Bei einer weltbekannten Non-Profit-Organisation hatte ich neulich eine interessante Diskussion:

Sie: *Wir haben zu wenig Geld.*
Pfläging: *Nein, ihr habt genug Geld.*
Sie: *Es ist immer zu wenig Geld da für Projekte.*
Pfläging: *Das kann doch gar nicht sein. Euch mag es an guten Leuten fehlen und an richtig guten Ideen, aber dass ihr zu wenig Geld habt, kann ich nicht glauben.*
Sie: *Aber doch!*
Dann einer: *Aber erinnert euch an das Projekt letzten Herbst: Wir hatten kein Geld dafür, waren aber voll überzeugt von unserer Idee. Dann haben wir gesucht und den Sponsor gefunden für das Projekt. Und dann lief es. Vielleicht kann man das ja verallgemeinern.*
Pfläging: *Genau. Da, wo es kein Geld gibt, hat der Markt das Projekt abgelehnt. Stellt euch dem!*

Lieber Herr Marx, im 21. Jahrhundert hat nicht mehr das Kapital die Macht, sondern der Markt. Sie konnten das ja nicht vorhersehen. Aber jeder, der heute lebt, kann das beobachten. Die Chance liegt in der guten Idee. Zum Beispiel die Erfindung der Maus als Computer-Eingabegerät. Wenn die Idee ihren Markt nicht dort findet, wo sie geboren wird, bei PARC, dem Forschungsinstitut von Xerox, dann geht die Idee eben raus ins Freie und findet Apple, das die Idee dann in die Welt bringt. Wenn die Idee einer standardisierten Transaktionssoftware für Unternehmen bei IBM keinen Kapitalgeber, keinen Marktpartner findet, dann wird auf Grundlage von fünf Privatvermögen eben SAP gegründet.

Kosten kann man nicht managen

Kosten managen ist wie: Ich will abnehmen, also hacke ich mir den Arm ab. Das geht schnell, ist praktisch, man braucht nur eine Axt oder eine Säge oder eine Flex. Es geht jedenfalls viel schneller als Sport, gesunde Ernährung und dergleichen Rumgemurkse. Einmal ausgeholt, und schon ist man ein paar Kilo leichter. Allerdings muss man danach dann schon auch den Blutverlust in den Griff bekommen, sonst hat man nicht mehr viel von dem schönen neuen Gewicht. Und verbinden Sie mal so eine Wunde mit nur einer Hand!

Kosten managen ist wie: Ich schreibe mir ins Tagebuch, dass ich in vier Monaten zwölf Kilo weniger wiegen werde.

Kosten managen ist wie: Sams-Punkte managen. Kennen Sie das Sams? Das ist eine Figur aus einem Kinderbuch von Paul Maar, mittlerweile schon ein Klassiker der Kinderliteratur, der auch sehr hübsch verfilmt worden ist. In der Geschichte gibt es ein Wesen, das am Samstag kommt. Am Sonntag scheint die Sonne, am Montag scheint der Mond, am Dienstag hat Herr Taschenbier Dienst, am Mittwoch ist die Mitte der Woche, am Donnerstag ist schlechtes Wetter, am Freitag hat Herr Taschenbier frei und am Samstag kommt das Sams. Das kleine dicke Wesen bringt viele blaue Sams-Punkte mit, die wie Sommersprossen auf seinem Gesicht verteilt sind. Derjenige, der Besuch vom Sams bekommen hat, darf sich Wünsche wünschen. Und die gehen auch in Erfüllung. Nur wird bei jedem Wunsch ein Sams-Punkt verbraucht, der dadurch verschwindet. Das Sams bringt die Menschen also dazu, sich mit ihren Wünschen zu beschäftigen. So wie beim Kostenmanagement: Wünschen kann man sich vieles …

Kosten managen ist wie: Eine Abbildung der Vergangenheit als Wunschbild der Zukunft verwenden, einen Reflex für das Urbild halten, ein Echo der Wertschöpfung mit dessen Quelle verwechseln. Es gibt nun mal keine Kosten der Zukunft.

Es gibt genügend Leute, die sagen jetzt, wo sie sich bis zu dieser Stelle des Buches durchgekämpft haben: Es gibt doch so etwas wie Plankosten und Standardkosten! Kosten kann man also sehr wohl in die Zukunft projizieren. Wir machen Kosten in der Zukunft steuerbar.

Darauf sage ich: Das ist alles Schall und Rauch. Das ist wie die Deklaration des Abnehmens vor dem Weihnachtsessen. Man kann nichts damit tun. Man kann auf Kostenbasis keine sinnvollen Entscheidungen treffen. Wenn ein sinnvolles Projekt finanziell so attraktiv ist, dass es mehr als die Kosten wieder einspielen wird, dann wäre es unsinnig, es nicht durchzuführen, völlig unabhängig davon, ob es den Kostenrahmen aus dem letzten Jahr oder das Budget des nächsten Jahres sprengt oder nicht. Und wenn ein Projekt voraussichtlich mehr kostet, als es einspielen wird, dann sollte man es aus finanzieller Sicht auch dann nicht durchführen, wenn es innerhalb des Kostenrahmens des letzten Jahres liegt. Was soll man mit Plankosten anfangen?

Das Einzige, was ich in einem System tun kann, ist mir Gedanken zu machen: Wo wird wie Wert geschaffen, wo tun wir auf welche Weise Dinge, was können wir dabei verbessern, was sind die Methoden, wie können wir die optimieren? Wenn wir dann Konsequenzen aus den Überlegungen ziehen, können sich hinterher die Kosten im Verhältnis zum Umsatz verbessern, dann können wir wirtschaftlicher werden, dann können wir sparen.

Alles andere ist Einbildung. Kostenrechung ist wie koksen. Da fühlt man sich auch intelligenter, schöner, leistungsfähiger, brillanter, schlanker. Ist man aber nicht. Es löst sich höchstens die Nasenscheidewand auf.

Mythos Einkauf: Es gibt Unternehmen, da beschäftigen sich Spezialisten zentral mit nichts anderem als mit dem Einkaufen. Alle glauben dabei an einen Verhandlungsvorteil. Denn so ein Einkäufer kauft ja nicht einen Autositz ein, sondern 100 000 davon. Diese Überlegung ist früher bestimmt einmal berechtigt gewesen, in Märkten, die einfacher und intransparenter waren.

> *Man kann auf Kostenbasis keine*
> *sinnvollen Entscheidungen treffen.*

Das hat sich geändert. Je mehr Übersicht man heute durch das Internet über Preise und Qualitätsstandards hat, desto schädlicher ist der zentrale Einkauf. Denn die Einkäufer sind zu nichts anderem da als zum Drücken der Einkaufsmargen. Sie optimieren ihre eigenen Ziele auf Kosten der eigenen Organisation und auf Kosten der Zulieferer. Der Sinn von Einkauf wird auf Kostenoptimierung eingeengt. Wenn es dann Qualitätsunterschiede oder Unterschiede bei den Konditionen gibt, neigen die Einkäufer dazu, die Kosten zu drücken, anstatt für die gesamte Organisation die Wertschöpfung zu optimieren. Denn das sind zwei Paar Stiefel. Beispielsweise kann es Sinn machen, bestimmte Rohmaterialien wöchentlich geliefert zu bekommen, ein Einkäufer hat aber aufgrund seiner Ziele ein Interesse, monatliche Lieferungen zu veranlassen, weil das billiger kommt. Da sich die Lagerhaltungskosten nicht auf seine Leistungsziele niederschlagen, kann es ihm egal sein. Er suboptimiert die ganze Organisation eigennützig.

Außerdem ist das meiste, was die Einkäufer einkaufen, Standardware. Also warum dann nicht selber ordern? Warum nicht selbst den PC leasen, warum nicht selbst den Firmenwagen bestellen? Zentraler Einkauf ist nicht mehr zeitgemäß – vorausgesetzt, man traut den Mitarbeitern zu, vernünftig selbst einzukaufen, optimal für die Organisation, unternehmerisch, bewusst. Für schwierige Einkaufsthemen, die eher selten sind, können sich Teams zusammenfinden, eine Task Force, die gemeinsam das Problem löst – und sich danach wieder in alle Winde zerstreut.

Viele Einkaufsmanager glauben auch daran, dass weniger Lieferanten die Skaleneffekte erhöhen, weil dann durchschnittlich mehr pro Lieferant geordert werden kann. Vor kurzem hat Siemens stolz verkündet, einem großen Prozentsatz der Lieferanten die Verträge zu kündigen, um so den Einkauf zu optimieren und Kosten einzusparen. Aber solche Managementanweisungen entspringen einer nur sehr eingeschränkten Sichtweise auf Wertschöpfung. Denn auf diese Weise reduziert man ja auch Marktmechanismen. Habe ich drei Zulieferer, die miteinander im Wettbewerb stehen, dann versuchen sich alle gegenseitig zu überbieten durch bessere Konditionen und besseren Service und bessere Qualität. Habe ich nur noch einen Zulieferer, dann kann ich zwar mehr bei ihm bestellen und bekomme vielleicht kurzzeitig günstige Mengenkonditionen, aber der Wettbewerb unter den Zulieferern ist ausgeschaltet. Es ist nur eine Frage der Zeit, bis die Kosten höher sind als bei der alten Lösung.

Alles Herumdoktern bei den Kosten ist letztlich kontraproduktiv. Kostenmanagement ist unmöglich, ebenso Kostenkontrolle oder Kostensteuerung. Kostenrechnung ist prima geeignet für Dokumentationszwecke. Außerdem hilfreich, um die Vergangenheit zu verstehen. Aber überhaupt nicht nützlich für Entscheidungen, die die Zukunft betreffen. Und auch Fixkosten sind ein Mythos.

All das sind nutzlose Konzepte, weil sie nicht helfen, bessere Entscheidungen zu treffen. Sie verstärken letztlich den tayloristischen Reflex, die Zahlen managen zu wollen. Anstatt zu arbeiten, reale Leistungen zu erbringen, Arbeit wirklich besser und wirtschaftlicher zu machen. Zahlen managen sieht cool aus. Bringt aber nichts. Arbeit und Leistung verbessern ist uncool und Detailarbeit. Dafür aber funktioniert's. Man kann nur an der Arbeit arbeiten.

Wertschöpfung verbraucht immer Ressourcen – und verursacht damit immer Kosten. Hoffentlich genau die richtigen! Insofern sind Kosten für sich gesehen nichts Schlechtes. Sie sagen aber relativ wenig aus über Reputation, Leistungsfähigkeit, Innovationsfähigkeit usw. Damit muss man leben. Die Betrachtung von Finanzzahlen ist eine magere Abbildung der Wirklichkeit und meistens überbewertet. Eine Investitionsentscheidung davon abhängig zu machen ist genauso naiv wie ein Buch nicht zu kaufen, weil einem das Cover nicht gefällt, oder ein Auto zu kaufen, weil einem die Farbe gefällt, so nach dem Motto von Pfeiffers Lehrer aus der Feuerzangenbowle: »Jetz stelln mer ons mal janz domm.«

Niemand entscheidet darüber, ob die Kosten zu hoch oder zu niedrig sind. Und eine nackte Zahl sagt schon gleich gar nichts aus. Wenn ein Beta-Unternehmen eine Zahl diskutiert, dann geht es um deren Interpretation im Sinne des unternehmerischen Zwecks: Wir haben 5 Prozent vom Umsatz für Marketing ausgegeben, Tendenz in den letzten zwei Jahren: steigend. War das Geld vernünftig eingesetzt? Ist das genug? Reicht das, damit wir attraktiv für Entwickler sind, damit wir marktpräsent, attraktiv sind? Können wir da mehr leisten in Sachen Marktwirkung? Was wären zweckdienliche Investitionen in unsere Reputation, Image, Öffentlichkeitswirkung? Investieren wir genug in die Zukunft unserer Marke? Können wir Ressourcen im Marketing cleverer einsetzen? Welche Methoden stehen uns zur Verfügung, um mehr Wirkung zu erzielen?

Aber keine Rede von Planung, kein Plan-Ist-Vergleich, keine Plankürzungsdebatte. Nur Sinnfragen. Fragen nach dem Wozu. Diskussionen um Ressourcen sollten sich immer am Außen orientieren. Ist die Wirkung unserer Investition auf den Markt gerichtet – oder ist sie bürokratisch und dient sie Eitelkeiten?

Verantwortlich Ressourcen steuern

Ressourcenbindung ist gefährlich in einer dynamischen Welt … Warum? Weil die sich ändert. Jede Form der Allokation ist eine Fehlallokation. Es ist nur eine Frage der Zeit, wie schnell die gebundenen Mittel neben dem Bedarf liegen, und wie dramatisch. Das ist purer Zufall. Die Fehlallokation merkt man oft nur deshalb nicht, weil die Veränderung des Marktes nicht so schnell oder heftig war, dass es schmerzhaft oder offensichtlich gewesen wäre. Viele Deformationen passieren unterhalb der Schmerzgrenze. Aber Allokation ist prinzipiell falsch.

Ein Beispiel: Ein Unternehmen baut eine neue Fabrik, noch bevor die Kapazitäten in der alten Fabrik am Anschlag sind. Noch bevor das Unternehmen durch die Nachfrage de facto zum Bau der neuen Fabrik gezwungen ist. Grundlage für die Entscheidung sind Wachstums-, Kosten-, Investitionspläne und sonstige fiktionale Textsorten. Die Manager nennen das verantwortlich und vorausschauend wirtschaften. Ich nenne das Glücksspiel. Reine Spekulation. Roulette. Man setzt darauf, dass man die Kapazitäten *bräuchte*, wenn die Welt sich genau so entwickeln *würde*, wie es der Plan zugrunde legt. Und zwar genau an der Stelle, in genau der Größe usw.

Oder: Wie viele Mitarbeiter will ich in einem Jahr haben? Also das Thema Personalplanung. Das ist ein hoch spekulatives Feld, vergleichbar mit Sportwetten, bei denen man geliehenes Geld einsetzt. Eigentlich ist Personalplanung unverantwortlich. Man spielt mit menschlichen Existenzen rum. Entlassungen sind irgendwann die logische Folge.

Der Grundfehler beim managen von Ressourcen ist das zu frühe Entscheiden. Zu früh entschieden heißt falsch entschieden. Das ist nichts anders als ein Symptom von Management. Mit jedem Tag, der zu früh entschieden wird, steigt das Risiko, dass die Ressourcen in den Sand gesetzt werden. Warum kommen Manager dann immer so früh? Mit ihren Entscheidungen, meine ich! – Das ist ein Zeichen von Eitelkeit. Von heroischem Management. Es ist die Haltung: Ich weiß jetzt schon alles! Ich bin ein guter Manager, denn ich kann hellsehen!

Es geht auch ganz anders: Southwest Airlines nutzt gute Gelegenheiten. Wenn Wettbewerber pleitegehen, was ja unter Fluglinien immer wieder vorkommt, kauft Southwest billig aus den Notverkäufen der anderen ihre Flotte zusammen. Die Mitarbeiter planen das nicht, sie sind aber achtsam, aufmerksam, sie nehmen ungewöhnliche Chancen wahr. Wenn es Schnäppchen gibt, wenn drei zu verscherbelnde Flugzeuge gerade passen, kauft man sie sich. Diese Schnäppchen haben keine Lieferzeit von zwei Jahren wie ein neuer Airbus. Der Bedarf ist jetzt, gerechnet wird jetzt, gekauft wird jetzt, eingesetzt wird jetzt. Das Risiko ist dann oft gleich null. Der Markt der Gebrauchtflugzeuge ist eben auch ein relevanter Markt.

> *Die Manager nennen das verantwortlich und*
> *vorausschauend wirtschaften. Ich nenne das Glücksspiel.*

Clever sind auch Semco, W. L. Gore oder Google: Bei diesen Unternehmen bekommt jede Idee eines Mitarbeiters eine Anschubfinanzierung, einige 1 000 Euro. Wenn die notwendigen Beträge größer werden, muss man mal zusammensitzen und reden. Das geht so weit, dass Google dann zum Beispiel sagt: Die Idee passt nicht zu uns, aber wir finanzieren das trotzdem, und zwar als Ausgründung. Wenn du willst, geh und mach das, wir machen mit. Das Prinzip ist also: Zuerst ist die Idee da, dann kommt das Geld dazu. Es gibt kein Budget und keinen Plan, das Geld kommt erst dann, wenn der Markt zieht, genau in dem Moment, nicht vorher.

Oder: Ein Unternehmen bemerkt, dass im konjunkturellen Abschwung die Wettbewerber weniger Werbung schalten. Das ist eine Gelegenheit für eine Offensive, denn erstens sinken die Preise für Anzeigen und zweitens wird die Wahrnehmung bei weniger Konkurrenz besser. Jetzt können wir für weniger Geld Werbung mit mehr Wirkung machen! Jetzt ist der richtige Augenblick, um zu investieren. Geplant war das nicht, aber was heißt das schon!

Woran merkt man, wann der richtige Zeitpunkt für Ressourcenentscheidungen ist? Wer sagt das? Der Markt. Man muss nur zuhören. Dann hört man zum Beispiel, wenn ein ausgewiesener Experte frei wird. Wollen wir ihn rekrutieren? Sind wir demütig oder sind wir steuerungsfixiert und arrogant? Es ist eine Frage von Intuition, Feinfühligkeit und Expertentum zu wissen, wann der richtige Zeitpunkt ist. Wir sagen ja auch nicht: »Och, wir haben geplant, im August Pilze zu suchen, denn da haben wir Ferien.« Das ist zwar fantasievoll, aber unwirksam. Ich sage lieber: »Ich gehe dann Pilze suchen, wenn es Pilze gibt.«

Um Ressourcen sinnvoll einzusetzen verzichten Sie auch besser auf Marktforschung. Marktforschung stellt nur Fragen, aber antwortet nie. So wie jedes andere Zahlenwerk auch. Daten sagen nichts. Sie kitzeln vielleicht am Kopf, aber denken muss man dann selbst. Fatal ist es, wenn Manager die Marktforschung fragen und das, was sie liefert, als Antworten verstehen.

Marktforschung ist wie künstliche Beatmung in frischer Waldluft. Nehmen Sie die Beatmungsmaske herunter und atmen Sie echte Luft! Marktforschung sagt nichts über den relevanten Markt. Sie fragt nur rückwirkend. Und sie fragt nur Dinge, auf die man Antworten geben kann. Fragen Sie mal den Markt, ob ein Gyrocopter ein interessantes Produkt wäre. Nein, natürlich nicht, sagt die Marktforschung, weil sich heute kein Mensch vorstellen kann, so ein Ding zu fliegen. Aber vielleicht ist es das Vehikel schlechthin für den Individualverkehr in 30 Jahren. Die Marktforschung hat auch Nein zum Elektroauto gesagt. Mehrfach. Und sie hätte Nein zum iPod gesagt, wenn Apple sie gefragt hätte.

Marktforschung ist fast immer auf der Suche nach der Bestätigung der eigenen Modelle. Marktforschung ist nicht intuitiv. Die Muster, die ich in der Datenbank habe, kann ich auch aus Erfahrungswissen schließen.

Eine Einschränkung: Um etwas über neue Märkte zu lernen, kann Marktforschung sinnvoll sein. Ein Unternehmen kann jemanden in den neuen Markt vorausschicken, einen Kundschafter aussenden. Das kann funktionieren. Die Ergebnisse haben dann den Zweck, die Intelligenz und die Inspiration der Mitarbeiter anzuregen.

Wenn Ihr Unternehmen eine große Oberfläche zum Markt hin hat, dann haben Sie mehr intuitives Erfahrungswissen im Unternehmen, als jede Befragung der Welt liefern kann. Man kann ja schon im Internet mehr über seine Firma erfahren als in einer Datenbank. Weil der Markt sich äußert, hat der Markt eine Stimme: Kann man die Stimme hören? Dann ist Marktforschung überflüssig. Aldi sagt: Wir machen keine Marktforschung. Wenn du etwas lernen willst, dann stell dich in die Filiale und schau den Kunden zu.

Leistungen und Kosten, entmanagt

Jeder Manager kennt das: Im Monatsrhythmus kommt eine Tabelle auf den Schirm, in der Plan und Ist verglichen werden, inklusive der Abweichung in

Prozent. Rot eingefärbt, wenn die Abweichung negativ ist: Achtung! Gefahr! Dann werden viele Gespräche geführt, denn ein Manager muss jetzt Maßnahmen ergreifen, dazu ist er ja da. Außerdem tritt wegen der Abweichung die Rechnungswesenpolizei auf den Plan und stellt bohrende Fragen: Warum sind eure Reisekosten so hoch? Warum habt ihr nicht so viel verkauft wie geplant? Warum ist die Produktion so niedrig? Warum habt ihr so hohe Lagerbestände? Die Absicht dahinter ist eindeutig: Der Schuldige muss aufgetrieben und dingfest gemacht werden. Das Verbrechen an der Wirtschaftlichkeit muss aufgespürt und aufgeklärt werden. Und mit jedem gelösten Fall wird die eigene Daseinsberechtigung untermauert.

Die Glaskugel hatte vielleicht schon einen kleinen Sprung …

Die Folge: Misstrauen. Als Verdächtiger erzählt man Lügengeschichten, schwindelt Sachverhalte zurecht, verteidigt sich. Das nächste Mal allerdings wird man schon schlauer sein und die Zahlen von vorneherein frisieren. Und am besten nicht nur die Ist-Zahlen, sondern schon vorab die Planzahlen.

Dabei ist mit der Plan-Ist-Abweichung in Wahrheit nichts zu holen, weil darin kein Zukunftsbezug, ja nicht einmal ein Gegenwartsbezug liegt. Und die Vergangenheit ist nun einmal vergangen, da beißt die Maus keinen Faden ab. Der Vergleich mit einer Planzahl führt ganz und gar nicht dazu, dass man die Realität im Kontext der real existierenden Probleme versteht. Wenn die erzielten Verkäufe 13 Prozent unter der Planzahl liegen, dann ist das Einzige, was man daraus ziehen kann, die Erkenntnis, dass die Prognose, die der Plan darstellt, um 13 Prozent zu hoch angesetzt war. Die Glaskugel hatte vielleicht schon einen kleinen Sprung …

Aussagen über die Leistung des Vertriebs sind darin jedenfalls nicht enthalten. Und auch keine Aussage über den Markt. Kein Mensch kann aufgrund dieser Abweichung wissen, ob mehr möglich gewesen wäre. Die blanke Wahrheit ist: Plan-Ist-Vergleiche sind die schlechteste Art und Weise, Leistungen zu beurteilen, die man sich vorstellen kann.

Aber Leistungen müssen ja irgendwie beurteilt werden. Also, wie machen Sie sich's leichter? Eigentlich ganz einfach: Sie schauen sich nur Reales an. Sie lassen alle Pläne und Prognosen und Glaskugelschnappschüsse weg und betrachten nur die Fakten, die Fakten, die Fakten. Anstatt also den erzielten Umsatz mit Planumsatz zu vergleichen oder mit dem Umsatz von vor einem Jahr, schauen Sie doch mal durch diese Brille: *Wie bewegt sich der Umsatz über die letzten 36 Monate? – Ganz schlecht. Die Kurve geht schwankend runter. Eher keine ganz klare Tendenz, aber eher sinkend.* – Gut, auch das gibt noch keine abschließenden Antworten, aber jetzt kann man die richtigen Fragen stellen: Löst sich der Markt vielleicht gerade schleichend in Luft auf und wird unser Produkt obsolet? Oder werden die wichtigsten Wettbewerber gerade immer stärker? Oder ändert sich das Kundenverhalten? Sind die Schwankungen von uns selbst verursacht oder vom Markt? Veraltet unser Produkt? Liegt es am Wechselkurs? Und so weiter. An dieser Stelle kommt Erfahrung, Sachkenntnis, Marktwissen zum Zug, nicht Zahlenmystik! Und interessanterweise können immer die Leute an der Peripherie die interessantesten und besten Fragen stellen, also in diesem Falle die Vertriebler.

Noch interessanter wird das, wenn Sie die Umsatzkurve in Beziehung setzen mit den Zahlen von Wettbewerbern oder mit den bekannten Zahlen über den Markt insgesamt. Auch das wird dann aber nicht schon direkt Antworten liefern, sondern nur weitere Fragen. Ganz allgemein kann man sagen, dass Sie bei der Leistungsbeurteilung gar keine Zahlen suchen, und schon gar nicht nach dem Muster: Minuszahl ist schlecht, Pluszahl ist gut! Letztendlich ist der Versuch, Leistung quantitativ zu messen, vergeblich: Nicht alles, was zählt, kann gezählt werden, und das wenigste, was gezählt werden kann, zählt.

Leistungsindikatoren sind deshalb generell fragwürdig – im besten Sinne des Wortes, sie sind frag-würdig, man muss auf ihrer Basis Fragen stellen! Indikatoren indizieren, sie sind ein Index, der auf etwas hinweist. Aber die Interpretation – tut mir leid! – wird nicht mitgeliefert. Die müssen Sie schon selbst gemeinsam erbringen. Leistungsmessung ist nicht dazu da, damit Manager über Mitarbeiter richten können, sondern sie ist dazu da, dass Mitarbeiter ihre eigene Leistung besser einschätzen können.

Um es noch praktischer zu machen: Was messen Sie? Absolute Kosten? Hm, dazu kann man nur wenige sinnvolle Fragen stellen. Oder das Verhältnis Ihrer Kosten zur Leistung? Schon besser, Verhältnisindikatoren sagen immer mehr als absolute Zahlen. Hier bekommen Sie ein kleines Rezept:

Eine Anleitung zur sinnvollen Leistungsmessung – sechs plus fünf

Sechs Dinge zum Aufhören:

1. Werfen Sie alle Planzahlen über Bord! Sie sind nutzlos.
2. Lassen Sie alle absoluten Größen unberücksichtigt! Sie sind nichtssagend.
3. Streichen Sie alle Indikatoren, die nicht jeder unmittelbar versteht! Sie sind wirkungslos.

4. Verwerfen Sie alle Indikatoren, bei denen es nur um Größe geht, also Marktanteil, Umsatzwachstum usw.! Sie sind sinnlos.
5. Tilgen Sie den festen Kalenderjahresbezug! Er ist willkürlich.
6. Werfen Sie alle Zielvorgaben hochkant raus! Sie sind schädlich.

Fünf Dinge zum Anfangen:

1. Betrachten Sie je nach Bedarf möglichst lange Zahlenreihen, beispielsweise 36 Monate rückwärts, ausgehend vom jeweils aktuellen Monat.
2. Suchen Sie ein paar sinnvolle externe Vergleiche: vergleichbare Marktzahlen, Zahlen von Wettbewerbern.
3. Bilden Sie viele sinnvolle interne Vergleiche: Vergleich nach Regionen beispielsweise.
4. Zeigen Sie die Zahlen allen, restlos allen – nicht nur dem Chef, denn der kann am wenigsten damit anfangen.
5. Beginnen Sie, über die Zahlen zu sprechen, sie zu interpretieren, Fragen zu stellen. Das ist die wesentliche Arbeit der Leistungsbeurteilung.

Leistungsindikatoren werden ja meistens in Berichten verarbeitet, die dann in der Hierarchie nach oben überreicht werden. Für manch einen Manager ist das Berichtswesen das, was für einen Betrunkenen der Laternenmast ist. Er sucht diesen nicht auf, um sich am Licht zu erfreuen, sondern um irgendwie den eigenen Standpunkt zu halten. Um es also ganz klar zu sagen: Das Berichtswesen ist für den Machterhalt innerhalb der Firmenhierarchie da. Ein Bericht hilft nicht dabei, Leistungen und Ergebnisse zu verbessern, er hilft zu richten. Beta-Organisationen be-richten nicht. Sie stellen Leistungstransparenz sicher als Mittel zur Selbststeuerung. Und liefern so eine Wahrnehmungsoberfläche als Ausgangspunkt für Dialog und Lernen.

Wer will schon ein Verschwender sein?

Ergebnisse zu verbessern ist eine Sisyphos-Arbeit. Man ist nie damit fertig. Das gilt auch für den Kampf gegen die Verschwendung. Einen Feind, den man niemals besiegt. Um weiterhin ganz praktisch zu bleiben: Wo können Sie als Erstes anpacken im Kampf gegen die Verschwendung? Bei der Doppelarbeit, der Nacharbeit. Jede Form von Nachbearbeitung ist Verschwendung. Demzufolge ist auch eine Ausgangskontrolle Verschwendung, denn sie ist ja nichts anderes als Nacharbeit.

Wer heute noch eine Ausgangskontrolle und ähnliche institutionalisierte Doppelarbeit hat, sollte anfangen sich zu fragen: Warum nehmen wir jedes Werkstück noch mal in die Hand? Warum haben wir Läger? Warum haben wir ein Qualitätsmanagement?

Kostenreduktion ist täglich Brot, hartes Brot.

Der Grund für Nacharbeit ist immer ein Mangel an praktischer Intelligenz in der Organisation, gepaart mit einem Mangel an Verantwortung. Die Institutionalisierung von Nacharbeit ist eine unbewusste Vermeidungsstrategie. Damit umgeht man nur, an die Wurzel des Problems zu gehen. Nacharbeit ist eine Ersatzhandlung für sich wiederholende Fehler, die keiner beseitigen möchte. Prothese statt Heilung.

Nehmen wir ein ganz alltägliches Beispiel: Wenn der Paketdienstbote dreimal klingelt, geht der Mitarbeiter eines Beratungsunternehmens an die Tür und nimmt das Paket entgegen. Der Bote kassiert die Unterschrift, dreht sich um und ist schon wieder verschwunden. Der Mitarbeiter schließt die Tür und wirft erstmalig einen Blick auf den Absender. *Oh, komisch ... warum schickt uns dieser Geschäftspartner ein so großes Paket? Haben die schon wieder die Adressen verwechselt und alles an uns statt an unseren Kunden geschickt?* Der Mitarbeiter wundert sich zu Recht. Nur leider zu spät. Er war nicht achtsam und hat keine Verantwortung übernommen, sondern nur eine Tätigkeit ausgeführt, denn sonst hätte er zuerst auf den Absender geschaut, hätte sofort gemerkt, dass der Lieferant schon wieder den gleichen Fehler gemacht hat, und hätte dann die Annahme des Pakets verweigert. Als Nächstes hätte er den Telefonhörer in die Hand genommen und hätte beim Lieferanten angerufen, der dann umgehend ein weiteres Paket direkt an den wahren Empfänger, den Kunden des Beratungsunternehmens, losgeschickt hätte, während der Rückläufer unterwegs ist. Der Schaden für den Kunden wäre begrenzt geblieben, die zusätzlichen Kosten wären beim Verursacher hängen geblieben, wo sie hingehören, der daraufhin die Chance gehabt hätte, seinerseits solche Fehler in den Fokus zu nehmen und die Verschwendung zu vermeiden.

So aber kamen die Kosten des Fehlers zusammen mit dem Paket zur Tür des Beratungsunternehmens herein. Der Mitarbeiter schaut zur Sicherheit ins Paket hinein, zuckt mit den Achseln, überlässt das Paket der Sekretärin und geht in sein Büro. Nach ihm die Sintflut. Die Kosten brauchen ihn nicht zu interessieren, denn sie fließen nicht in die Zahlen ein, die seinen Bonus bestimmen. Die Sekretärin ärgert sich über das lästige Paket, das nur im Weg herumsteht, und fragt in den umliegenden Büros, wem das Zeug gehöre. Als sie erfährt, dass es ein Irrläufer ist, verschickt sie das Paket an den Kunden,

den eigentlichen Empfänger, übernimmt die erneute Verpackung, Adressierung, Paketversand, alles auf Kosten des Unternehmens.

Fehlende praktische Intelligenz, Verantwortungslosigkeit, Verschwendung. So funktioniert Kostensteigerung. Alltäglich, überall, an 1 000 kleinen Stellen. Hier im Kleinen. Genauso aber auch im Großen. Das Problem ist dabei nicht der einzelne Fehler, sondern die Regelmäßigkeit, die Wiederholung der Fehler. Die Herausforderung ist, an die Wurzel des Problems zu gehen. Und dabei kommt man immer ganz schnell auf sehr große, grundlegende Dinge. In diesem konkreten Fall ist es das Thema Verantwortung. Um die Verschwendung einzudämmen, könnte man sich fragen: Warum übernimmt der Mitarbeiter keine Verantwortung? Liegt es am Vergütungssystem? Fehlt es an Sinnkopplung? Ist der Mitarbeiter an der richtigen Stelle eingesetzt? Passt er überhaupt zum Unternehmen? Kosten zu minimieren wird unweigerlich zu einer immerwährenden Klein- und Kleinstarbeit am Detail, mit oft tiefgreifenden, harten Diskussionen. Kostenreduktion ist täglich Brot, hartes Brot, und der Mensch lebt auch nicht vom Brot allein. Aber trotzdem: Radikale, also die Wurzel der Probleme anpackende Kostenminimierung kann ein Unternehmen ernähren.

Was darf es kosten?

Wenn die Kosten zu hoch sind, kann das aber auch noch an einer betriebswirtschaftlichen Standarddisziplin liegen: Kostenrechnung. Die Kostenrechnung ist eine Cousine der Planung, auch bei ihr ist der Blick stur in die Vergangenheit gerichtet. Mit ihr kann man die Kosten immer nur im Nachhinein beurteilen. Das liegt auf der Hand.

Der Boss soll das Luxusmodell haben, das er wünscht!

Aber es geht auch anders: Die Beta-Variante der rückwirkenden Kalkulation gibt es schon – sie heißt Target Costing. Das Konzept wurde in den Sechzigerjahren in Japan entwickelt und erstmalig Anfang der Siebziger formuliert und vorgestellt. Mit ihm wird die Kostenrechnung vom Kopf auf die Füße gestellt. Die Frage: »Was *wird* das Produkt kosten?« ist nämlich genau die falsche Frage. Denn das ist nichts anderes als der unter Managern so beliebte Blick in die Glaskugel. Stattdessen fragt man beim Target Costing handlungsorientiert: »Was *darf* das Produkt kosten?«

Schon vor der Produktentwicklung steht fest: Wie hoch ist der Preis? Wie hoch ist die Marge? Und daraus folgend: Wie hoch sind die möglichen Kosten? Der Markt erfordert einen ganz bestimmten Preis, die Peripherie meldet bis ins Detail, welche Produktmerkmale gebraucht werden. Produkte werden von vorneherein so entwickelt, dass sie die passenden Kosten haben, sodass die passenden Gewinne ermöglicht werden. Die ganze Wertschöpfungskette wird von Anfang an so gestaltet, dass sie zu genau dem Preis passt, der am Markt erzielt werden kann.

Kosten verstehen heißt im Beta-Kodex also auch: Produkte konsequent vom Markt her entwickeln. Die Produktentwicklung unterwirft sich dem Markt und richtet den Blick schon von vorneherein auf die Finanzen und alle Ressourcen.

Die Produktentwicklungszelle hat als Ausgangspunkt ihres Projekts als Allererstes eine Zahl: den Preis. Ein Beispiel: Ein Produkt kann im Moment für 20 000 Euro sehr gut verkauft werden. Das Unternehmen will eine Marge von 20 Prozent erzielen. Es bleiben 16 000 Euro für Logistik, Material, Zukauf, Montage, Vertrieb, Entwicklung, Instandhaltung usw. Bevor die Ingenieure Ihr CAD-System auch nur gestartet haben, gar noch bevor das Team überhaupt die Entscheidung für die Produktentwicklung getroffen hat, werden alle Posten schon komplett durchgespielt. Das Unternehmen denkt, bevor es entscheidet. Alle Alternativen, alle Konsequenzen in Bezug auf die Kosten und das Ergebnis werden bedacht, bevor die Produktentwicklung grünes Licht bekommt. Das Beta-Prinzip, immer so spät wie möglich zu entscheiden, wird hier konsequent auf den Innovationsprozess angewendet. Auf diese Weise kann man überhaupt keine Entscheidung treffen, die unrentable Produkte nach sich zieht!

Mein Lieblingsbeispiel für das Gegenteil von marktorientierter Produktentwicklung ist der Phaeton von Volkswagen. Es zeigt, wie man ein tolles Produkt und gleichzeitig ein katastrophales finanzielles Ergebnis fabriziert, und das geht so: Ein Manager will Prestige in Presse und Markt. Also ordnet er ein Luxusauto an. Das wirtschaftliche Ergebnis liegt zum Zeitpunkt der Entscheidung völlig im Nebel, denn die Entscheidung wurde in diesem Projekt nicht so spät wie möglich, sondern so früh wie möglich getroffen, nämlich als Allererstes. Also entwickelt man drauflos, nach den Vorgaben des Managements. Der Ehrgeiz packt die Entwickler, es wird alles reingepackt, was der Eifer an Innovationen so hervorbringt. *Der Boss soll das Luxusmodell haben, das er wünscht! Endlich können wir mal richtig ranklotzen.* Das Auto bekommt einen permanenten Allradantrieb verpasst, ein selbstleuchtendes Nummernschild, eine zugfrei arbeitende, für jeden Passagier einzeln einstellbare Klimaautomatik, die zum damaligen Zeitpunkt beste Torsionssteifigkeit einer PKW-Karosserie aller Zeiten, das erste Bluetooth-Autotelefon, einen Abstandsregeltempomat mit »Umfeldbeobachtung«, einen Spurwechselassistenten, elektrische Heckklappenbetätigung, ein LED-Tagfahrlicht etc. Es wird ein Meisterstück deutscher Ingenieurskunst daraus, ganz so, wie es sich der Topmanager gewünscht hatte. 1999 wird ein früher Prototyp des Autos auf der Internationalen Automobil-Ausstellung vorgestellt. Das Auto wird in der gläsernen Manufaktur in Dresden in Handarbeit gebaut. Eines Tages merkt man dann plötzlich: Oh, hoppla, das war jetzt aber ganz schön teuer, damit kann man ja gar kein Geld verdienen. Wie machen wir denn jetzt Gewinn? Mit Target Costing ist so ein Anschlag auf die unternehmerische Existenz, so ein Terrorismus wider die Wirtschaftlichkeit unmöglich. Aber wenn das so ist, warum macht das dann nicht jeder so? Na ja, Target Costing hat einen ganz entscheidenden Nachteil: Da kann kein Einzelner mehr Entscheidungen treffen. Das ist blöd, denn dann gibt es auch keine Helden mehr im Management.

Ressourceneinsatz im Alpha-Kodex	Ressourceneinsatz im Beta-Kodex
Ressourcen sind immer knapp und müssen darum gemanagt werden	Boden ist bedeutungslos, Kapitel und Geldmittel sind nicht knapp – menschliches Talent ist unbegrenzte Ressource, die es zu heben gilt
Die Peripherie unter Kontrolle halten – Zentrale an der Macht	Der Zentrale die Arroganz austreiben – Peripherie (z.B. Filialen) an die Macht
Es gibt Profit Center und Kostenstellen (overhead) – der muss gemanagt werden, sonst laufen Fixkosten aus dem Ruder	Jede Netzwerkzelle hat eine Gewinn- und Verlustrechnung, weil sie Leistungen intern oder extern verkauft – es gibt keine Fixkosten
Planwirtschaftliches Ressourcenmanagement im Sowjet-Stil – Ressourcen folgen Organigramm	So marktwirtschaftlich organisierter Ressourcen-Fluss wie möglich – Ressourcen folgen guten Ideen/Projekten
Ressourcen werden periodisch zentral zugeteilt, wer Ressourcen braucht ist Bittsteller – Zuteilung wird Jahr für Jahr optimiert	Ressourcen sind dann verfügbar, wenn man sie braucht – Zuteilung, Allokation, Budgets jeder Art sind immer suboptimal
Intensives Kostenmanagement und Kostenrechnung	Man kann Kosten nicht managen – nur Wertschöpfung verbessern und Verschwendung bekämpfen – Kostenrechnung ist meist wertlos
Cost cutting, Budgetkürzungen und Stellenstreichungen als Managementaufgabe	Target Costing, kontinuierliche Verbesserung der Wertschöpfung und Kampf gegen Verschwendung als Aufgabe Aller
Enorme Mengen von Leistungsindikatoren – Glaube an Antworten in den Zahlen	Indikatoren geben Menschen Impulse für gute Fragen, Nachdenken, Lernen – aber keine Antworten
Rechnungswesen dient Management, Eigentümern und Externen – Schnelligkeit ist Kür	Rechnungswesen dient vorrangig Organisationsmitgliedern – Schnelligkeit ist darum Pflicht – externe Berichterstattung ist Formsache
Investitionen bedürfen einer jährlichen Gesamtplanung	Über Investitionen erst entscheiden, wenn sie dringend sind – von Fall zu Fall, nicht jährlich
Intensiver Verhandlungsprozess über Investitionen – starke Zahlenorientierung	Offener Dialog über Investitionsalternativen, wenn nötig Alternativen im Wettbewerb miteinander beurteilen
Vorschlagswesen und Ideenmanagement, für Innovation ist eine Abteilung zuständig	Jede Idee verdient eine Anschubfinanzierung – Innovationen können von überall her kommen

Paragraf 12

Koordination:
Marktdynamik statt Anweisung

Zusammenarbeit innerhalb der Organisation soll marktlich-dynamisch ko-
ordiniert werden. Wer die Zusammenarbeit anhand von Planungszyklen,
Prozessen oder Standards organisiert, der managt. Und managen zerstört
effektive Zusammenarbeit.

Säe Ab/teilungen, und du wirst Schnittstellen ernten. Ein Unternehmen hielt
das für eine glorreiche Idee. Es war in Bereiche gegliedert. Jetzt wollte das
Management Shared Services einrichten, vordergründig, um die Effizienz zu
erhöhen. Service Level Agreements wurden festgelegt, alles schön professio-
nell und von Beratern begleitet, so wie man das heutzutage eben macht.

Die zentrale Service-Einheit ist zwar eine weitere Abteilung, normalerweise gar ein Machtzentrum, aber Shared Services klingt einfach gut. Das
klingt nach Teilen, Uneigennützigkeit, Gemeinsamkeit, Dienst an der Gemeinschaft. So ein Name liegt heute voll im Trend. Die Human Ressources
werden ein Shared Service, die IT wird ein Shared Service. Und ziehen weg,
in ein eigenes Gebäude. Denn eine Abteilung muss schließlich auch richtig
vom Rest abgeteilt werden.

Zwei Mitarbeiter unterhalten sich:

Der eine: *Wieso denn Shared Services? Was soll denn das jetzt sein? Ist doch*
nur die IT-Abteilung. Wie bisher auch. Warum heißt die jetzt anders?
Der andere: *Wir schaffen damit einen Dienstleistungscharakter in der IT,*
alles wird intern kundenorienter.
Der eine: *Aber eigentlich wollen wir doch nur, dass die IT mal zur Abwechs-*
lung das tut, was wir brauchen, und nicht das, was dem CIO gefällt, oder?
Der andere: *Wird sie ja auch. Alles wird besser, denn ihr bekommt Service*
Level Agreements, wo genau festgelegt wird, zu welchen Bedingungen
und Preisen die Dienste erbracht werden. Die IT kann dann viel kostenef-
fizienter arbeiten.
Der eine: *Na gut, aber was haben wir davon? Zumal ich gehört habe, dass*
die IT dann einen Kostenaufschlag von uns verlangen kann! Da frage ich

mich: Machen die das Business oder wir? Ich sehe nur die gleichen Mitarbeiter, die gleichen Tools, die gleichen Konzepte. Oder wird die IT davon besser, dass die Leute in einem anderen Gebäude arbeiten?

Der andere: *Die einzelnen IT-Produkte sind standardisiert, es gibt feste Abläufe, die fortlaufend optimiert werden. So garantieren wir die Zufriedenheit der verschiedenen Business Divisions. An diesen Prozessen arbeiten gerade unsere Berater.*

Der eine: *Au, Mann! Das Ergebnis ist doch nur, dass die IT uns noch strikter aufdrückt, wie wir arbeiten sollen, dass wir nicht Skype auf unseren Computern haben dürfen, welchen Browser wir verwenden und welchen Computer wir nutzen müssen. Weiterhin kein Mac, kein iPhone, kein Firefox. Wo soll da der Mehrwert sein?*

Der andere: *Aber das dient doch der Sicherheit. Und den Skaleneffekten!*

Der eine: *Das müsste dann ja schon funktionieren mit den heutigen Standards. Dann wundert es mich aber, dass wir immer noch so viele Virenprobleme haben in den letzten Monaten. Und die explodierenden IT-Kosten? Toller Skaleneffekt!*

Prozesse, Standards und andere Holzwege

Einkauf, Qualitätsmanagement, Rechnungswesen, Berichtswesen, Controlling, Finanzplanung, Risikomanagement, HR, IT, Eingangslogistik, Ausgangslogistik, Marketing, Customer Relationship Management, Kommunikation/PR, Key Account Management, Vertriebsinnendienst, Außendienst, Schulung und Training, Entwicklung, Forschung, Strategieplanung, Produktion, Operations, Instandhaltung, Business Development ... Neulich begegnete mir ein ganz besonderes Highlight der Abteilungswut: Eine Chemiefirma, die eine Abteilung »Normen und Standards« hat. Die Mitarbeiter dort machten tagaus, tagein nichts anderes, als alle vorhandenen Normen und Standards zu bündeln und zentral zur Verfügung zu stellen.

So etwas klappt natürlich nicht. Die Abteilungen nutzen konzernweit völlig unterschiedliche Systeme, sowohl inhaltlich als auch technisch. Keiner will wirklich seine Standards herausrücken. Logisch, wozu auch? Es gibt keine Zuständigkeiten für die Schnittstellen. Und so weiter, jede Menge Probleme.

Die Abteilungen sind taube Einzelgänger,
die sich von der Welt abgewendet haben.

Letztlich ist das ein Versuch des Managements, das Management zu managen. Was ich in diesem Zusammenhang noch gut fände, wäre eine Abteilung »Abteilungsmanagement«. Und eine Ebene drüber noch eine Abteilung »Managementmanagement«. Das ist dann genau die Art Metamasturbation, an der sich nicht nur die Unternehmen, sondern eine ganze Kaste von Managern deutschlandweit abarbeiten kann.

Im Ernst gefragt: Warum gibt es diese Flut von Abteilungen, wo doch jede Abteilung wieder neue Schnittstellen mit sich bringt? Und die Schnittstellen addieren sich nicht, sie potenzieren sich mit jeder neuen Abteilung. Das wird schnell extrem kompliziert, unüberbrückbar und unbeherrschbar. Wer auf diese gefühlte Unbeherrschbarkeit mit dem Abteilen von neuen Metaabteilungen reagiert, handelt so verzweifelt wie der Unglückliche, der im Moor versinkt und seinen Untergang noch beschleunigt, indem er strampelt, um sich zu befreien.

Warum gibt es die Schnittstellen? Weil die Abteilungen einer fiktiven, funktionalen Logik folgen und nicht dem realen Wertschöpfungsfluss zum Markt hin. Sie widersprechen sogar dem Wertschöpfungsfluss, sie bilden Dämme und Staumauern und Schleusen. Überall zwischen den Abteilungen muss der Wert neu geteilt oder zusammengeführt werden. Die Schnittstellen müssen informativ und kommunikativ mühsam überwunden werden. Jeden Tag aufs Neue. Und es gibt Brüche in der Verantwortung. Abteilungsdenke entsteht, der Tellerrand jedes Einzelnen wird zur unüberwindlichen Grenze des Denkens. Zuständigkeiten enden. Das ist vielleicht das Schlimmste am Konzept der Abteilung.

Die Schnittstellen sind täglich spürbar, gerade für die Manager: Immer mehr Meetings, immer mehr Widerstand, immer größere Stäbe, immer mehr Konflikte zwischen den Bereichen, immer mehr Leute, die immer mehr Informationen hin und her schieben, das Berichtswesen explodiert.

In funktional gegliederten Abteilungen bekommt auch kein Mensch den Zug des Marktes mit. Die Abteilungen sind taube Einzelgänger, die sich von der Welt abgewendet haben. Sie reagieren nur auf Befehle von oben, die Marktorientierung muss simuliert werden, indem das Management die Abteilungen steuert. Indem es ihnen Vorgaben macht. Indem es planwirtschaftlich festlegt, welche Ziele bis wann von den Abteilungen zu erreichen sind. Indem es ihnen direkte Weisungen erteilt.

Dass die funktionale Zerteilung der Arbeit dysfunktional ist, wissen die Manager. Deshalb betreiben sie Prozessmanagement. Sie versuchen mit dem Steuern von Prozessen die Barrieren zu überwinden, die sie selbst errichtet haben. Hier angekommen, im letzten Kapitel dieses Buches, müsste Ihnen klar sein: Prozessmanagement kann nicht funktionieren. Es macht alles nur noch schlimmer.

Prozessmanagement legt über die funktionale Teilung eine Prozessdimension und versucht, das Zerschnittene irgendwie zu kitten. Aber die zusätzliche Koordination verstärkt die Hierarchie noch weiter, weil es nicht die Arbeit selbst ist, die koordiniert wird, sondern weil mit Prozessen bestimmte Abbildungen der Arbeit fixiert werden. Man bildet Abstraktionen der Realität und standardisiert sie. Man bildet Prozeduren und vereinheitlicht sie, damit man sie überhaupt befolgen kann und – na klar! – damit man die Befolgung nachkontrollieren kann. Koordination durch Vorschrift. Kontrolle durch Nachweis. Am Ende hat man auf der einen Hand die Wertschöpfungsflüsse in der Realität und auf der anderen Hand die gemanagten Standardprozesse. Wenn Sie diese beiden Dinge übereinanderlegen, haben Sie eine ungefähre Übereinstimmung, so wie der weitgehend naturbelassene Oberlauf des Rheins zwischen Bodensee und Basel ungefähr einer geraden Linie auf der Landkarte zwischen Konstanz und Basel entspricht. Wenn Sie einmal den Rheinfall bei Schaffhausen besucht haben, der zwischen Konstanz und Basel liegt, dann wissen Sie, wie dramatisch der Unterschied zwischen der Realität und der standardisierten Abstraktion in Wahrheit ist. Schlimm ist daran, dass die Mitarbeiter den Prozessen folgen müssen. Die Standards werden zum Gesetz, das Einhalten von Standards wird zur Pflicht. »Warum machen wir das so? – Weil wir es halt so machen, das ist ein Standard bei uns!«

Aber: Je komplexer das Geschäft, desto größer die Vielfalt der Wertschöpfungsflüsse, desto komplizierter die Prozesse, desto mehr Abweichung von der Realität, desto weniger machbar. Zu jedem Prozess braucht man Informationssysteme, die zu den Prozessen passen. Das ERP-System von SAP oder Oracle oder Peoplesoft ist so konfiguriert, dass keiner von der Norm abweichen kann. Und die Ziele sind so konstruiert, dass man am vorgegebenen Prozess festhalten muss, will man am Ende seinen Bonus erhalten.

Um die Arbeit trotzdem zu tun, müssen die Mitarbeiter das System überlisten. Und das tun sie, überall, jeden Tag. Sie müssen ihren Leistungsnachweis hindrechseln, sie müssen Work-arounds bauen, teilweise mit einfachsten Mitteln, also mit Papier und Stift oder mit Word und Excel. Sie müssen ihre Kunden manipulieren oder sie müssen gar betrügen, um neben der eigentlichen Arbeit her auch noch irgendwie ihren Leistungsnachweis auf der Prozessebene zu erbringen. Sie dürfen in diesem System von starren Regeln und festgelegten Prozeduren ja keine Verantwortung übernehmen. Sie sollen im System arbeiten, nicht am System.

Jedes Mal, wenn ein Mitarbeiter versucht, Realität und Fiktion zusammenzuführen, muss er sich eine Ausnahme vom Standard genehmigen lassen. Er will ja nur aufrichtig sein. Aber das macht ihn abhängig vom Management und gibt dem Management jenes wohlige Gefühl, das mit

Machtausübung einhergeht. Prozessmanagement wirkt letztlich immer nur hierarchieverstärkend. In den meisten Unternehmen ist der Standard ein Instrument für das Management, um die Mitarbeiter unter Kontrolle zu haben. Standards sind meistens Symptome des Misstrauens.

Aber auch hier ist das gleiche Muster erkennbar wie zum Beispiel bei den Zielen: Standards an sich sind keineswegs Teufelszeug, sondern können sehr sinnvoll verwendet werden. Man kann nämlich bewusst einen Standard setzen, um den aktuellen Innovationsgrad von Wertschöpfungsflüssen und praktischen Verfahren festzuhalten. Man bildet so eine Basis, man schlägt einen Pflock ein und sagt: »Diesen Standard haben wir uns erarbeitet. Hinter den wollen wir künftig nicht mehr zurückfallen. Von hier aus sehen wir weiter.« So bildet der Standard die Grundlage für weitere Verbesserungen, die jeder Einzelne jederzeit durchführen kann. Das Rad muss nicht neu erfunden werden, gelernt ist gelernt. Ein Standard kann auf diese Weise ein Tool sein für diejenigen, die die Arbeit machen. Damit sie aus der Moderne nicht in die Steinzeit zurückfallen. Damit sie ein gewisses Qualitätslevel halten und garantieren können. Eine Hilfe, ein Leitfaden. Auf diese Weise hat der Mitarbeiter den Prozess fest im Griff – anstatt selbst im festen Griff des Managements zu zappeln. Standards können, wenn sie auf diese Weise verwendet werden, kulturbildend wirken. In dieser Kultur kann sich die Kreativität entfalten. Standards, falsch verstanden, können Wüsten bilden. Standards, richtig verstanden, können nährstoffreicher Mutterboden sein.

Zertifizierte interne Selbst-Opferung: ISO

Braucht man Prozesse auch im Beta-Kodex? Ja, Prozesse gibt es immer. Nur werden sie in einer organisatorischen Netzwerkstruktur, die kein anderes Primat kennt als das des Wertschöpfungsflusses hin zum Kunden, eher trivial. Fakt ist: Es gibt Prozesse. Man kann sie aber nicht managen. Prozesse sollten möglichst wenige oder gar keine Schnittstellen haben. Prozesse sollten höchst simpel sein. Und extrem robust gegenüber Vielfalt und Veränderung. Ein Ablauf, den Teams intuitiv für sich selbst entwickelt haben und den sie rein zur Dokumentation auch einmal aufschreiben, Teams können sich selbst Prozessbeschreibungen geben, wenn es ihnen bei der Arbeit hilft. Eine Prozessbeschreibung ist nichts Schädliches, solange sie nur dazu dient, sich die Arbeit selbst zu organisieren. Das kippt aber sofort, sobald die Standardprozesse von oben vorgegeben werden. Manche brauchen Listen zum Abarbeiten. Das ist nur eine Methode, um die Arbeit zu tun und um sich selbst zu optimieren. Bestens. So ist das auch mit den Prozessen. Prozessbeschreibungen können ein Kommunikationswerkzeug zur Abstimmung innerhalb von Teams sein. Wie erbringen wir die Leistung? Wie machen wir's auf unsere Weise? Man darf nur keine funktionale Teilung daraus ableiten. Keine getrennten Teams bilden, mit Übergaben zwischen getrennten Prozessabschnitten. Sondern nur Arbeitsteilung innerhalb des Teams gemäß den Präferenzen und Neigungen der Mitglieder. Aus Prozessschritten und -phasen darf keine Verantwortungsteilung erwachsen, es darf keine »Zuständigkeiten« geben. Arbeitsteilung ist gut, Arbeitszerteilung ist schlecht. Prozesse sind natürlich. Prozessmanagement ist unnatürlich.

> *Dabei hatten die Politiker und Funktionäre nur nicht richtig hingeschaut, als sie das japanische Wunder bestaunten.*

An diesem Punkt stehen selbstverständlich drei Buchstaben im Raum: I, S und O. In den Siebzigern gab es das japanische Wirtschaftswunder: Hitachi, Sony, Toyota usw. überraschten die Welt mit in Massenprodukte gegossenen, unglaublich innovativen, präzisen und qualitativ hochwertigen Ingenieursleistungen. Englands Wirtschaft fiel zurück, viele westliche Firmen bekamen den Wettbewerbsdruck schmerzhaft zu spüren. Die Manager in Europa und USA rieben sich verwundert die Augen und wurden aktiv: Die Qualitätsbewegung wurde losgetreten, von England ausgehend schwappte die ISO-Zertifizierungswelle über die westliche Hemisphäre. Allerorten wurden Qualitätsstandards eingeführt. Das ist das übliche Muster: Wir haben ein Problem? Also gründen wir erst mal eine organisatorische Einheit mit der Aufgabe, das Problem zu lösen. Und dann sehen wir weiter.

Das ist so ähnlich wie beim Spielen im Hof: Da liegt ein Besen quer, weil er nicht aufgeräumt wurde, ein Kleinkind fällt darüber und schlägt sich die Knie auf. Was tut der Familienvater? Er beruft eine Familienkonferenz ein, bildet unter den Familienmitgliedern eine Lösungsfindungskommission, die das Gefahrenpotenzial von Besen in Höfen analysiert und konkrete Standards für den Umgang mit Besen vorschlägt. Beispielsweise der Vorschlag, dass Besen niemals so gelagert oder gebraucht werden dürfen, dass der Winkel, den der Stiel mit der Waagrechten bildet, weniger als 75 Grad beträgt. Dieser Vorschlag wird als Standard zertifiziert, alle Familienmitglieder werden geschult, und fortan wird stichprobenartig mit unangekündigten Kontrollen die Einhaltung des Standards überwacht. Das funktioniert prächtig, bis eines Tages der blutende und weinende Filius mit ausgestrecktem Arm auf den im Hof liegenden *Rechen* zeigt.

Eine Qualitätsoffensive wurde also gestartet, damals, in den Siebzigern. Und implizit lautete die Botschaft: Jeder *muss* jetzt an der Qualität arbeiten.

Explizit war das eine Anordnung der Politik, die Regierung Thatcher nämlich machte aus dem Qualitätsproblem eine Regierungsinitiative. ISO 9 000 verlangt nun, sich an »Prozeduren zu halten«, statt die Prozeduren zu verbessern und daraus zu lernen. Zudem liegt der Zertifizierung die Idee zugrunde, dass das Design der Arbeitsabläufe, die Einhaltungskontrolle und Zertifizierung von der Arbeit selbst getrennt sein sollten. Es wird streng vorgeschrieben: Abläufe, Standards, Ziele. Die Rolle von Standards ist bei der Qualitätsbewegung also ganz klar: Kontrolle von Prozeduren und Arbeit.

Dabei hatten die Politiker und Funktionäre nur nicht richtig hingeschaut, als sie das japanische Wunder bestaunten. Bei Toyota wurde nämlich keineswegs die Qualität am Ende der Produktionslinie durch Inspektion und Kontrolle sichergestellt, sondern das Qualitätsprimat war schon von vorneherein in die Wertschöpfungsflüsse der Produktion eingebaut. Dort kontrollierte man nicht den Arbeitsablauf, sondern hatte Kontrollmechanismen *in* den Arbeitsablauf eingefügt. Das verändert das System grundlegend. Der Mitarbeiter in der Produktion in Toyota City wurde nicht durch Weisung und Kontrolle ohnmächtig gemacht, sondern ihm wurden mächtige Kontrollwerkzeuge in die Hand gegeben, um selbst intelligent für Qualität zu sorgen. Qualität ist aus Sicht des Beta-Kodex eine Eigenschaft des Gesamtsystems, nicht Aufgabe einer Abteilung oder Ziel einer Maßnahme. Der Wertschöpfungsfluss zum Kunden hin steht vor allem anderen. Die Aufgabe jedes einzelnen Beteiligten ist das ständige Hinterfragen und Verbessern des Wertschöpfungsflusses. Dann entsteht auch Qualität. Ermächtigung, nicht Entmachtung war das Geheimnis. Und ist es bis heute.

Wenn das so ist: Warum nur überlebte diese ISO-Welle bis heute und wird sogar noch stärker? – Schlicht aus Angst. Inzwischen hat die Zertifizierungsbewegung ihre eigene Dynamik entwickelt. Ob Standards nun funktionieren oder nicht: Wer will schon den Eindruck erwecken, gegen Qualität zu sein oder gegen andere hehre ISO-Stoßrichtungen? Wer heute eine ISO-Zertifizierung ablehnt, gibt sich dem Verdacht preis, er wäre gegen Qualität. Dabei würde ich gerade aus Qualitätsgründen ISO-Zertifizierungen ablehnen.

Sie sind noch nicht ISO? Gratulation!

Denn Standards haben, wenn man sie so interpretiert, wie es dem heutigen Wissensstand der Systemtheorie entspricht, gar nichts mit der Qualität im System zu tun. Sie sollen nichts mit Qualität zu tun haben. Sie haben etwas mit *Lernen* zu tun. Zum Lernen aber trägt Zertifizierung wenig bei. Da gibt es weit bessere Methoden.

Der ISO-Irrglaube beinhaltet zwei grundsätzliche Missverständnisse: Erstens, dass das japanische Wunder durch Qualitätsmanagement geschehen ist. Und zweitens, dass Qualität durch Standards beherrscht werden könnte.

Wertfluss, Geldfluss, Markt

Wenn Wert in die eine Richtung und Geld in die Gegenrichtung fließt, dann ist das ein Marktgeschehen, ob innerhalb der Unternehmensgrenze oder außerhalb. Der typische Einwand ist, dass es einen Markt nur zwischen Organisationen geben kann, niemals innerhalb von Organisationen. Ja, da hat der Kritiker Recht. Trotzdem ist das marktliche Prinzip in der Organisation anwendbar. Mit gewissen Einschränkungen. Marktlich zu arbeiten ist auch innerhalb von Organisationen möglich. Das ist sogar eine grundlegende Eigenschaft von Beta-Organisationen: Es gibt Angebot und Nachfrage zwischen ihren Zellen.

Innerhalb von Organisationen gibt es aber keine perfekten Märkte, insofern macht die reine Lehre hier einen guten Punkt. Außerhalb von Unternehmen gibt es totale Wahlfreiheit. Ich kann als Nachfrager beliebig zwischen den Anbietern entscheiden. Bei internen Märkten habe ich als Nachfrager oft nicht wirklich Wahlfreiheit. Ein Businessteam in einer Versicherung kann nur von seiner internen IT Netzwerkdienste und Internetzugang kaufen. Das ist nicht wirklich unabhängig, denn sonst wäre die IT eine eigene Firma. Man kann so weit gehen und die IT ausgründen und an den freien Markt gehen lassen, dafür gibt es ja gute Beispiele, aber man muss es nicht. Man kann den Leistungsbezug auch intern marktlich koordinieren.

> *So viel sollten wir, was soziale Systeme angeht,*
> *aus dem letzten Jahrhundert gelernt haben.*

Reine Lehre hin oder her, wir nennen das »Markt«, weil die marktliche Systematik radikal anders funktioniert als die der Anweisung und der Planwirtschaft. Genauso wie Demokratie in einem Staat etwas anderes ist als im Unternehmen, und trotzdem kann man auch auf die Organisation bezogen von demokratischen Strukturen sprechen. Es ist eben eine spezielle Form von Markt. Das Entscheidende dabei ist die Frage, wer entscheidet. Entscheidet die IT darüber, was angeboten wird, oder entscheidet der Nachfrager, was er braucht und fordert? Ist das Zentrum an der Macht oder die Peripherie? Unterwirft sich die Servicezelle der Nachfrage oder diktiert sie das Angebot? Daran kann man erkennen, welches Denkmodell der internen Zusammenarbeit zugrunde liegt.

Die Herausforderung, die auf der Hand liegt, ist, in der internen Zusammenarbeit immer marktlicher zu werden. Warum? Weil es nichts gibt, das Angebot und Nachfrage besser koordiniert und damit Systeme effizienter macht als Marktmechanismen. Das Marktprinzip ist ein Pfeiler der Evolution seit Jahrmillionen, nichts ist natürlicher, einfacher und präziser als die Selbststeuerung von Systemen durch Marktmechanismen. So viel sollten wir, was soziale Systeme angeht, aus dem letzten Jahrhundert gelernt haben. Wer die Wertschöpfung verbessern will, braucht die Optimierungskraft des Marktes.

Eine Konsequenz daraus ist, dass interne Vergütungsströme fließen. Alles hat seinen Preis. Die Businesszelle fragt den Orgshop, die interne Dienstleistungszelle: Könnt ihr mir bei der Einstellung eines Mitarbeiters helfen? – Ja, gerne, das kostet 5000 Euro. Wenn man das konsequent eine Stufe weitertreibt, darf die Businesszelle die benötigte Leistung auch extern einkaufen. Der Orgshop soll keine Gewähr bekommen, dass die Nachfrage automatisch kommt. Denn dann muss er sich ja nicht groß anstrengen. Und die Businesszelle bleibt auf diese Weise autonom. Sie könnte sagen: *Hoppla! 5000 Euro ist aber ein bisschen teuer. Extern kann ich das für 4000 Euro einkaufen.* – Gut, und dann handelt sie auch entsprechend und lehnt das Angebot des Orgshops ab.

In einer Beta-Organisation weiß jeder, wo der Gewinn entsteht: Er wird immer in den Businesszellen erwirtschaftet, nirgendwo sonst. Daraus folgt, dass Gewinn niemals im Orgshop entstehen darf, sondern immer nur in der Businesszelle – der Zelle mit dem direkten Kontakt zum externen Kunden. Der Orgshop ist immer ein Ressourcenpool, kein gewinnorientiertes Unternehmen. Er kalkuliert seine Preise auf eine schwarze Null. Und jeder kann die Kalkulation und die komplette Gewinn-und-Verlust-Rechnung einsehen.

Diese Ressourcenpools sind auch deshalb wichtig, weil sie das Spielfeld der Spezialisten sind. Man kann die Marketingexperten, Marktforscher, Produktingenieure, ITler, Recruitingspezialisten, Controller usw. ja nicht per Gießkanne auf die Businesszellen verteilen. Was macht man mit ihnen? Das Unternehmen braucht Spezialisten für bestimmte Themen, dringend sogar. Wie vernetzt man diese internen Experten mit den Mitarbeitern, die das Geschäft machen, also mit ihren internen Kunden? Und das möglichst ohne Schnittstellen zu schaffen! Und mit marktlichen Mechanismen! Klar, daher kommt ja auch die traditionelle Idee der Kompetenzzentren, der Abteilungen oder Shared Services. Wichtig beim Übergang zu einer Zellstruktur ist der Unterschied, dass die Spezialisten im Gegensatz zur klassischen Alpha-Organisation keine Entscheidungsmacht haben dürfen über ihre eigenen Tätigkeiten. Die Spezialisten dürfen also nicht selbst ihren Arbeitsalltag bestimmen – und der Leistungskatalog wird im Dialog mit den Kunden aufgestellt. Sie leisten immer nur für andere. Sie dürfen sich nie ihre eigenen Aufgaben und Projekte definieren. Sie sind echte Dienstleister.

Dahinter steckt das Prinzip der Dezentralisierung. Spezialisten haben immer und automatisch eine zentrale Stellung in der Netzwerkorganisation.

Und die Zentrale darf in einer dezentralisierten Organisation keine Macht bekommen. Auch die internen Experten müssen mit dem Zug des Marktes verbunden werden. Produktentwickler beispielsweise dürfen sich nicht selbst aussuchen, womit sie ihre Zeit verbringen. Ihre Agenda sollte immer unmittelbar den Anfragen aus der Peripherie folgen, denn die Peripherie ist direkt an den äußeren Markt gekoppelt. Darüber hinaus: Viele der Experten lassen sich auch in dezentrale Businessteams einbetten, dort, wo sie am meisten in Anspruch genommen werden – in Einzelfällen können sie dann »verliehen« werden und auch für andere Teams da sein.

Der Gedanke des Kompetenzzentrums ist leider ein Flop. Um das zu sehen, müssen Sie nur durch die Beta-Brille darauf schauen, dann sehen Sie es sofort. Die Idee der Shared Services floppt ebenso. Es muss auch gar kein Zentrum mit besonderen Kompetenzen geben. So ein Zentrum suggeriert nämlich, dass da besonderes Wissen besteht. Und dass das mit Entscheidungsmacht verbunden ist. Da kumuliert durchaus Wissen, auch Könnerschaft. Die entscheidende Frage ist: Was treibt das Kompetenzzentrum an? Fakt ist: Die meisten Kompetenzzentren setzen ihre eigene Agenda. Völlig abgekoppelt vom Markt. Der Chef will ja auch wirken, er will Spuren hinterlassen. Er muss eine Rechtfertigung für seine Position liefern, er hat seine eigenen Ziele. Er will gute Zahlen erreichen, na klar. Das ist ja alles leicht zu verstehen. Der Punkt ist aber: Er will Erfolg nicht fürs Ganze, sondern primär für sich.

Ein Kompetenzzentrum in einer Beta-Organisation braucht keinen Chef. Die Spezialisten müssen sich selbst anbieten. Wer gut ist, wird angefragt. Das ist hart, aber fair. Keine Macht den Ressourcenpools!

Also, wie läuft das ganz praktisch? Die Marge bleibt in den Businesszellen. Organisations- und Informationsleistungen dürfen keinen Gewinnzuschlag enthalten, sondern werden auf Kostenniveau geleistet. Der Orgshop macht eine eigene Gewinn-und-Verlust-Rechnung, wie jede andere Zelle im Unternehmen auch. Der Gewinn aber soll möglichst null sein. Es gibt eine interne Leistungsrechnung, aber nicht als Teil des externen Rechnungswesens. Das heißt, da wird kein Geld auf Konten überwiesen, aber es gibt eine transparente Darstellung von Wertflüssen.

Was passiert, wenn der Orgshop ein negatives Ergebnis hat? Dann muss er sich nach dem Warum fragen. Warum haben wir nicht die entsprechenden Wertzuflüsse bekommen? Warum haben wir ein negatives Ergebnis? Was sollten wir anbieten? Ist das, was wir anbieten, nicht attraktiv? Wurden konkurrierende Leistungen extern bezogen anstatt bei uns? Warum? Was ist dann unsere Daseinsberechtigung? – Darauf soll es herauslaufen, auf die Sinnfrage. Das wäre das Ziel: Was leisten wir miteinander und füreinander?

Wenn das Ergebnis des Orgshops deutlich negativ oder deutlich positiv ist, dann stimmt etwas Grundsätzliches nicht. Dann ist mindestens der Orgshop nicht passgenau aufgestellt und muss sich verändern.

Es ist tatsächlich so: Die Mitarbeiter im Orgshop feiern, wenn sie null Euro Gewinn haben, denn das ist ihr optimales Ergebnis. Weil sie dann absolut sinnvoll gewirtschaftet haben. Hätten sie Gewinn einbehalten, der ihnen nicht zusteht, dann hätten sie das Unternehmen ärmer gemacht, weil das Geld so den Businesszellen fehlte. Der Orgshop ist wie eine Portokasse, was reingeht, geht raus. Das Geld ist ein durchlaufender Posten.

Geldfluss entsteht auch, wenn Businesszellen Organisationsmitglieder einander ausleihen, aber das ist eher die Ausnahme. Zwischen allen Zellen, egal welcher Sorte, können Leistungen und im Gegenzug Geld ausgetauscht werden.

Ein Effekt dieses marktähnlichen Wirtschaftens ist, dass es keine zentrale Zuweisung von Geldmitteln gibt, um dem Marktbedarf gerecht zu werden. Es gibt auch kein zentrale Kostenrechnung – für Produkte oder Geschäftsbereiche beispielsweise, an der Zellstruktur vorbei –, das ist nicht nötig und wäre auch wieder nur kontraproduktiv. Stattdessen werden die Wertflüsse abgebildet, sodass sie für jedes Team nachvollziehbar werden. Bei dm-drogerie markt gibt es eine sogenannte Wertbildungsrechnung. Bei Handelsbanken heißt das übersetzt »Wertflussrechnung«.

Der Gedanke des Kompetenzzentrums ist leider ein Flop.

Solche Systeme gibt es also, und sie sind sehr bewährt. Bei Handelsbanken mit circa 10 000 Mitarbeitern in acht Ländern gibt es rund 2 000 interne Verrechnungspreise. Jede Leistung eines Teams für ein anderes hat einen Preis. Die komplette Preisliste ist im Firmennetzwerk für alle verfügbar. Alle können ihre Wertschöpfung und die der anderen Tag für Tag im System sehen. Tagesaktuell. Keiner braucht auf den Monatsabschluss zu warten.

Ähnlich bei dm-drogerie markt. Dort sind es 30 000 Mitarbeiter in elf Ländern. Die Wertbildungsrechnung ist ein System zur Abbildung von realen Wertflüssen, das allen dient, jedem einzelnen Mitarbeiter in der Organisation. Jedes Team kann so unternehmerisch arbeiten. Übrigens kann das im Prinzip jedes ERP-System, aber kaum ein Unternehmen nutzt das so. So gut wie alle machen Umlagen und Kostendeckungsbeitragsrechnungen und Produktrentabilitätsrechnungen und so weiter, anstatt einfach ihren Teams ihre Zahlen zur Verfügung zu stellen.

Für die internen Leistungskataloge mit ihren dazugehörigen Preislisten brauchen die Beta-Unternehmen entsprechende moderierte Foren, wo die einzelnen Preise entstehen. Im Prinzip sind das Börsen, die einmal im Jahr, halb- oder vierteljährlich stattfinden. Die Leistungsanbieter überlegen sich, was sie anbieten könnten, die Nachfrager überlegen sich, was sie brauchen, dann setzt man sich zusammen. Und handelt. Und findet Preise. Bei Handelsbanken wird es da besonders bei den IT-Preisen knifflig, denn die IT ist bei jeder Bank ein kritischer Kostenfaktor. Darum werden die IT-Preise bei Handelsbanken alle drei Monate neu verhandelt.

Ja, es gibt theoretisch keine perfekten Märkte im Innern einer Organisation. Aber mit einem ursprünglichen Marktplatz oder einem Basar hat so eine interne Preisbörse schon verblüffend viel Ähnlichkeit. Und es funktioniert grandios.

Wer gar nicht erst schneidet, hat kein Schnittstellenproblem

Die Bereiche abschaffen. Wie, bitte, soll das gehen? Das kann so gehen wie bei einem deutschen Industrieunternehmen aus der Energiesystem-Branche.

Das Unternehmen hatte 20 Abteilungsleiter. Und dementsprechend jede Menge Schnittstellenprobleme. Es konnte sich nur sehr schlecht neue Märkte in anderen Ländern erschließen, denn es ging dabei immer sehr bürokratisch vor. Zuerst musste in so einem Fall ein neuer Chef für den jeweiligen Markt gefunden werden. Der brauchte für den Aufbau seiner Unit Ressourcen, kam da aber nur sehr schlecht ran, denn er war als Neuling noch nicht in der Firma anerkannt und hatte noch kein informelles Netzwerk innerhalb der Organisation. Dann konnte er keine neuen, für den Markt passenden Produkte anbieten, denn die bestehende Struktur konnte und wollte die neuen Anforderungen nicht unterstützen, Stichwort: Standards. Außerdem waren die, die es gekonnt hätten, ihren eigenen Chefs verantwortlich, und die wollten keine Kapazitäten abgeben. Wozu auch, davon hätten sie selbst ja nichts gehabt. Irgendwie war es für die Abteilungen nie attraktiv genug, die neue, gerade gegründete Ländereinheit angemessen zu unterstützen. Fast unmöglich, sich so zu internationalisieren.

Die Produktentwicklung lief am Vertrieb vorbei, die Innovationsfähigkeit war stark beeinträchtigt. Es gab auch eine Beschwerdeabteilung, in die Beschwerden der Kunden gravitationsmäßig hineingesaugt wurden, sie kamen aber wie bei einem Schwarzen Loch nie mehr irgendwo heraus. Stephen Hawking hätte seine helle Freude gehabt.

Die Kompetenzen der Vertriebler wurden im Lauf der Zeit immer mehr eingeschränkt: da gab es Hotlines, die Beschwerdeabteilung, es gab einen

Aftersales, einen Vertriebsinnendienst, eine Angebotsabteilung sowie verschiedene separate Produktmanager und Key-Accounter. Und alle kochten ihr eigenes Süppchen. Kurzum: Ein ganz normales Unternehmen, mit ganz normalen Abteilungswucherungen.

Aus einem Alpha-Unternehmen wurde ein Beta-Unternehmen.

Irgendwann hatten alle die Nase voll davon. Denn es geht ja auch anders. Normalerweise wird das Wort »Umstrukturierung« schlicht als Synonym für »Stellenabbau« verwendet. Hier aber wollten die Mitarbeiter der Bedeutung des Wortes einmal gerecht werden und wirklich grundlegend neue Strukturen aufbauen. Als Erstes wurden alle marktnahen Bereiche einfach zusammengefasst zu regionalen Businessteams. Die einzelnen Teammitglieder müssen dadurch in breiteren Rollen agieren als vorher.

Die Mitglieder der Organisation hörten auf, so zu tun, als könnten nur bestimmte Leute Angebote schreiben oder Produktkonfigurationen zusammenstellen oder mit Beschwerden umgehen. In der neuen Struktur kann jede Zelle mit den Aktivitäten und Rollen innerhalb des Teams jonglieren, je nach Anforderung und je nach Neigung und Talenten. Job Enrichment pur. Der Spaßfaktor steigt so linear mit der Verantwortung. Statt 20 Bereiche gibt es im Netzwerk-Modell nur noch sieben Typen von Zellen. Da gibt es Regionalzellen, die den Markt bearbeiten, dann mehrere Produktzellen für unterschiedliche Produktgruppen beziehungsweise Produktlinien. Innerhalb jeder Zelle gibt es alles rund ums Produkt, von der Entwicklung bis zur Produktion, Qualitätssicherung, Wartung und Logistik und je eine eigene Prozessoptimierung. Außerdem gibt es einen Orgshop und einen Info-Shop, die Expertenleistungen für alle anbieten.

Die Zellen haben keine Leiter oder Chefs. Jede Zelle kann sich selbst überlegen, ob sie eine Person braucht, die eine permanente Führungsrolle übernimmt, oder vielleicht einen Sprecher, das ist völlig egal. Führung ist keine Position mehr, sondern eine Rolle, die verteilt werden kann.

Was wurde aus den 20 Abteilungsleitern? Sie bekamen weiterhin das gleiche Gehalt. Aber sie wurden einfache Teammitglieder. Der CEO wurde ein Teammitglied im Orgshop. Der CFO ein Mitglied im Info-Shop. Die Arbeitsinhalte der ehemaligen Manager haben sich zum Teil verändert. Aber vor allem müssen sie nicht mehr managen. In der neuen Organisation hörten sie nach und nach auf, Chef zu spielen. Die Teams dagegen mussten sich erst mal ganz neu überlegen, wie sie mit Personal- und Ressourcenverantwortung umgehen wollten. Das ist ein Prozess des Übergangs. Und die ehemaligen Bosse waren die Personalverantwortung los. Sie wurden nicht arbeitslos, machen einige Dinge mehr und andere weniger oder gar nicht mehr. Vor allem müssen sie mehr Sinnarbeit leisten, anstatt Anweisungen zu geben.

Der CEO hatte früher nicht so viel Zeit für die Dinge, für die ihm als Technikfreak eigentlich das Herz schlug, nämlich sich dem Kernprodukt und technischen Fragen zu widmen. So wie er haben alle im Übergang von der Pyramiden- zur Netzwerkorganisation die Chance, ihr Arbeitsfeld neu zu definieren. Die wertschöpfende Arbeit muss natürlich weiterhin gemacht werden. Aber trotzdem kann sich jeder seinen neuen Arbeitsplatz gestalten und sich neue Rollen suchen. Jeder kann in einem Team arbeiten, das auch wirklich als Team funktioniert, wo also nicht einfach nur ähnlich qualifizierte Fachleute zusammensitzen, die aber eigentlich gar nicht im Team zusammenarbeiten können oder brauchen. Funktionierende Teams in der Beta-Organisation sind immer komplementär zusammengesetzt, so wie es ja auch kein Eishockeyteam gibt, in dem nur Torhüter spielen (was allerdings lustig aussähe). Irgendwann wird hoffentlich die absurde Situation ein Ende haben, die man in jedem Alpha-Unternehmen beobachten kann, wo zum Beispiel lauter Vertriebsspezialisten in einem Raum sitzen und nebeneinanderher arbeiten – weil sie ja prinzipiell gar nichts miteinander zu tun haben, was die Wertflüsse angeht.

Die Arbeit in unserem Beispielunternehmen wurde für alle anspruchsvoller, verantwortlicher, spannender, herausfordernder, sinnvoller. Die Zusammenarbeit wurde viel intensiver. Die informelle Struktur wurde zur formellen Struktur. Aus einem Alpha-Unternehmen wurde ein Beta-Unternehmen.

Ja, es gab natürlich auch Probleme bei der Transformation. Die hierarchische Zurückstufung beispielsweise wurde nicht von allen gleich gut vertragen. Ganz unabhängig von den Gehältern, an die nicht gerührt wurde. Woran man ablesen kann, dass das Geld nicht so wichtig ist, wie es scheint. Die vormaligen Manager sollten während der Transformation auf gar keinen Fall rausgeekelt werden. Aber Veränderung tut eben weh. Es waren nämlich in der Gruppe der Alpha-Manager nur wenige natürliche Führungspersönlichkeiten im Sinne des Beta-Kodex dabei. Die anderen vormaligen Chefs waren eher Spezialisten mit besserem Gehalt.

Interessanterweise wurde es dann wirklich hitzig, als es an die Privilegien ging, also ganz klassisch an Themen wie Firmenwagen und Ähnliches. Aber auch das kann man immer lösen. Darüber muss man einfach offen reden. Diese Diskussion um Privilegien kommt ohnehin früher oder später automatisch auf, wenn man anfängt, Hierarchie infrage zu stellen und zu verringern. Wenn die Organisationsmitglieder zu dem Schluss kommen, dass bestimmte Privilegien nicht sinnvoll für das Ganze sind, dann müssen die Konsequenzen gezogen werden, dann ist der BMW einfach weg. Aber dabei muss es keineswegs ideologisch oder dogmatisch zugehen. Ein Geschäftsführer beispielsweise, der viel unterwegs ist, braucht nun mal ein autobahntaugliches, sicheres und präsentables Auto. Das wird jeder akzeptieren.

Ideologische Gleichmacherei darf die Organisation nicht akzeptieren, sonst kommt sie vom Regen in die Traufe. Die Firma kann sich auch überlegen: Werden die Privilegien überhaupt weggenommen oder lässt man alles, wie es ist, weil das Teil der Geschichte des Unternehmens ist? Der ehemalige Abteilungsleiter fährt dann eben quasi mit einem Museumsstück durch die Gegend. Das kann durchaus eine Lösung für den Übergang sein.

Denn es geht bei einer Transformation von Alpha zu Beta ja nicht um soziale Gerechtigkeit oder ideologische Racheakte, sondern darum, sich den Grund und den Zweck von Privilegien zu überlegen. Also immer das Warum und das Wozu bis in die Tiefe zu klären. Kein gesunder Mensch will dabei den anderen etwas wegnehmen, sondern alle vernunftbegabten Wesen innerhalb des Unternehmens wollen ganz einfach gemeinsam erfolgreicher werden.

Bei dem Energieunternehmen sagte beispielsweise einer der vormaligen Abteilungsleiter: »Ich weiß gar nicht, warum ich einen Firmenwagen habe. Nur weil andere das auch haben, vermutlich. Ich brauche gar keinen.« Ein anderer sagte: »Das Auto ist mir wichtig, das gebe ich nicht her! Wenn ihr mir das wegnehmt, gehe ich! Und im Übrigen hat der Wagen unmittelbare Bedeutung für meine Arbeit.«

Er war Finanzer. Und jeder konnte nach einigem Hin und Her verstehen, dass es für die Firma sinnvoll ist, wenn der Finanzer mit einem eindrucksvollen Wagen bei der Bank vorfährt. So läuft das Spiel nun mal, das mag einem gefallen oder nicht. Aus Sicht des Beta-Kodex ist das vollkommen in Ordnung, denn in diesem Fall ist das dicke Auto nichts anderes als eine bestimmte Form von Reaktion auf Marktzug.

Kurzum: Da gibt es keine Regel.

Koordination im Alpha-Kodex	Koordination im Beta-Kodex
Verknüpfung von Abteilungen durch Hierarchie, funktionale Koordination	Verknüpfung von Zellen durch Wertschöpfungsflüsse von innen nach außen und Leistungsvergütung von außen nach innen
Prozessmanagement bedeutsam, um Funktions- und Bereichsgrenzen zu überwinden	In einer Netzwerkstruktur werden Prozesse trivial – da sie kein anderes Primat kennt als das des Wertschöpfungsflusses
Schnittstellenprobleme, ausufernde Zentralbereiche (Audit, Einkauf, Marketing Personal, Qualität usw.), explodierender Overhead	Zentralbereiche so weit wie möglich auflösen und durch temporäre Task Forces und Teams ersetzen, Leistungen bepreisen
Push-Koordination von oben nach unten – »Strategische Zentralbereiche« mit Macht	Pull-Koordination von außen nach innen – keine Macht den Ressourcenpools – nur in der Peripherie darf Gewinn entstehen
Periodische, planwirtschaftliche Koordination – jährliche Vereinbarung	Kontinuierliche, marktliche Koordination – »nach Bedarf«
Anweisung und Hierarchie als dominierende unterjährige Koordinationsmechanismen	Interne Märkte, »Zug«, Dialog als dominierende Mechanismen
Umlagen und Kostenverteilungen, Allokationen, Budgets, festgelegter Headcount	Börsen und Verrechnungspreise für interne Leistungen – Spiel von Angebot und Nachfrage
Abteilungen, Shared Services, Kompetenzzentren erhalten Ressourcen zentral zugeteilt	Ressourcenverantwortung liegt bei Businesszellen der Peripherie – zentrale Dienstleister leben von deren Zahlungen für erbrachte Leistung
Service Level Agreements, zentral verwaltet	Jährliche, halb- oder vierteljährliche Koordinationsgespräche zur Verhandlung von Leistungskatalogen und Preisen
Zentrale Bereiche haben garantiertes Einkommen bzw. Ressourcen (Budgets)	Zentrale Dienstleister müssen mit Nachfrageschwankungen leben – sie verdienen ihren Unterhalt oder passen sich an
Kostenrechnung mit Umlageverfahren als Grundlage für zentrale Kontrolle	Wertflussrechnung zur Abbildung der Leistungsbeziehungen als Grundlage für dezentrale Entscheidung
Standards (z. B. ISO) zur externen Kontrolle von Arbeitsabläufen – sich an Prozeduren halten	Kontrolle ist in Arbeitsabläufe integriert – Standards als Mittel zum Lernen – Prozeduren selbst weiterentwickeln von gesicherter Basis

Übergangs- und Schlussbestimmungen

Wer den Beta-Kodex leben will, muss einiges anders machen. Zunächst einmal muss er entlernen, wie er bisher Business gemacht hat. Das geht nicht in einem Klassenzimmer oder durch Trainings. Man muss erleben, wie es anders geht.

Das berührt dann sehr schnell Fragen der Weltanschauung. Keiner möge sich Illusionen machen: Der Beta-Kodex ist kein Management-Rezept. Er ist ganz im Gegenteil das Ende der Management-Rezepte.

Wer heute die Welt noch durch die Brille der Alpha-Wirtschaft anschaut, wird manches, was in diesem Buch steht, ziemlich schräg finden. Aber bitte: Die Alpha-Optik ist es, die schief ist. Sie ist einfach nicht mehr zeitgemäß. Und richtig war sie niemals.

Sie haben eigentlich nicht die Wahl, ob Sie den Beta-Kodex annehmen und danach wirtschaften wollen. Sie haben lediglich die Wahl zwischen früher oder später. Zwischen jetzt oder »Aber erst müssen wir doch mal dafür bereit sein …«

Jede organisationale Transformation ist auch eine individuelle Veränderung. Nicht jeder ist bereit dazu. Es gab sicher auch Steinzeitmenschen, die das Feuer scheuten. Oder im 20. Jahrhundert Menschen, die das Telefon ablehnten. Ich höre immer wieder, dass es noch ein paar Leute gibt, die sich E-Mails ausdrucken lassen! Und es gibt derzeit Menschen, die immer noch so wirtschaften wollen wie vor 100 Jahren.

In gewisser Weise ist Veränderung wie Wein machen: Um Wein herzustellen braucht man nicht viele Zutaten – neben dem Traubensaft braucht es Milchsäure, Zucker, Hefe, Nährsalz, Schwefel und auch noch das sogenannte Antigeliermittel. Aber auch wenn wir wissen, was wir für die Weinherstellung brauchen und wie viel von alledem genau: Es genügt nicht, einfach diese Zutaten in einen Behälter zu geben und durchzuschütteln. Die Zutaten alleine ergeben keinen Wein! Wer den Saft mit den Zutaten mixt und stehen lässt, bekommt nicht Wein. Sondern Brühe. Damit Wein entsteht, braucht es mehr. Es braucht einen Prozess. Eine quasi magische Verwandlung. Transformation.

Wer auf traditionelle Weise Veränderungen in Organisationen durchführt, agiert so: Er arrangiert einen strukturieren und linearen Prozess. Er bildet eine kleine Gruppe, die Lösungen überlegt, bevor alle mit den Problemen konfrontiert werden. Er vermeidet Konflikte und Konfrontationen, indem er bereits im Vorfeld Kompromisse aushandelt. Er »überzeugt« Mitarbeiter oder versucht es zumindest. Er hat eine kleine Gruppe, die den Gesamtüberblick über das Projekt behält. Er nimmt große Veränderungen (zum Beispiel Software-Investitionen) zu Beginn vor, um dadurch während des Veränderungsprozesses Druck zu erzeugen.

Ich rate Ihnen einen anderen Weg: Sie machen die Organisation als Ganzes für ihre Realität verantwortlich und wecken sie zuerst auf. Sie ermöglichen jedem von Beginn an das Mitmachen, mit einem emotional verständlichen Veränderungsszenario, das alle Organisationsmitglieder als erwachsene Menschen ernst nimmt. Dieses Szenario muss auch schriftlich dargelegt werden, als ein Aufruf, ein »Brief an uns selbst«. Sie lassen die Menschen immer und immer wieder entscheiden, ob sie bei der Veränderung dabei sind, und fordern sie auf, die Konsequenzen aus ihren Entscheidungen zu ziehen. Sie geben Gefühlen Raum, sodass Euphorie, Skepsis, Ängste, Wut und Freude ausgedrückt werden können. Sie machen allen das große Ganze klar, bevor Sie dazu auffordern, etwas zu tun und das System der Organisation grundlegend zu verändern. Sie lassen die Menschen selbst den Organisationsaufbau und ihre Prozesse verändern.

Und dann beobachten Sie, wie aus Traubensaft Wein wird.

Wer nicht transformiert, hat selbst Schuld.

Danksagung

John Maynard Keynes sagte einmal: »Jene praktischen Männer, die von sich glauben ziemlich frei zu sein von jedwedem intellektuellen Einfluss, sind üblicherweise die Sklaven irgendeines längst verstorbenen Ökonomen.« Wir sind Gefangene der Theorien, die wir in unseren Köpfen mit uns herumtragen. Wir benutzen Theorie, ob wir uns dessen nun bewusst sind oder nicht. Darum macht es einen *gewaltigen* Unterschied, wie gut die Theorien sind, derer wir uns bedienen, um die Welt zu verstehen. Um Sinn zu machen.

Auf meinem Weg des Lernens und des Arbeitens an diesem Buch haben mich verschiedene Kollegen und Freunde begleitet und wesentlich beeinflusst. Ihnen gilt es, an dieser Stelle Dank zu sagen.

Gemeinsam mit Gebhard Borck habe ich Anfang 2008 das BetaCodex Network gegründet – aus der Überzeugung heraus, dass Organisationen gleich welchen Typs den neuen Kodex brauchen. Nicht nur in Worten, sondern auch in Taten. Dem waren zwei Jahre hochintensive, gemeinsame Entwicklungs-, Lern- und Beratungsarbeit vorausgegangen. Gebhard Borck möchte ich für seine Fragen, seine Einsichten, seinen Erfindungsreichtum, seinen Enthusiasmus und seine Partnerschaft danken. Unsere Zusammenarbeit der letzten Jahre hat mein Denken und meine Arbeit wie kaum eine andere zuvor geprägt und befruchtet. Und es hat verdammt viel Spaß gemacht!

Wie bei meinen ersten beiden Büchern hat auch bei diesem Oliver Gorus wieder eine Schlüsselrolle gespielt – von der ersten Idee und der Grobkonzeption an, bis hin zum Feinschliff fast drei Jahre später. Sein Einsatz war einmal mehr kompromisslos und unermüdlich. Der Beitrag zum Gesamtwerk meisterhaft. Die gemeinsame Arbeit und Auseinandersetzung ein Genuss. Dem Team der Agentur Gorus gilt mein herzlicher Dank für die Partnerschaft und Unterstützung auf diesem Weg.

Patrícia Sampaio Pflaeging danke ich für »Beta«. Andreas Zeuch für zahlreiche Aha-Momente rund um Intuition und Nichtwissen. Silke Hermann danke ich für die wundervolle, inspirierende und leidenschaftliche Partnerschaft der letzten Monate. Valérya Carvalho: devo experiências, emoções e lições únicas a você – muito obrigado por fazer parte da minha vida e do meu processo de aprendizagem.

Dr. Rainer Linnemann hat als Lektor dieses Buch, mein zweites beim Campus-Verlag, von Anfang an betreut und mitgetragen – durch dick und dünn. Ihm gilt mein Dank für seinen Einsatz, sein Durchhaltevermögen und die vielen Ideen, die er zu diesem Werk beigetragen hat. Allen Mitarbeitern bei Campus: Herzlichen Dank für Vertrauen, Geduld und Einsatz!

São Paulo, im August 2009   Niels Pfläging

Literatur

Argyris, Chris: *Flawed Advice and the Management Trap – How Managers Can Know When They're Getting Good Advice and When They're Not*, Oxford University Press 2000

Bakke, Dennis W.: *Joy at Work – A Revolutionary Approach to Fun on the Job*, PVG 2005

Berger, Wolfgang: *Business Reframing – Erfolg durch Resonanz*, Gabler 2002

Block, Peter: *Stewardship – Choosing Service Over Self-Interest*, Berrett-Koehler 1993

Brafman, Ori/Beckstrom, Rod A.: *Der Seestern und die Spinne*, Wiley 2007

Brandes, Dieter: *Einfach Managen. Klarheit und Verzicht – der Weg zum Wesentlichen*, Redline 2003

Bridges, William: *Managing Transitions. Making the Most of Change*, DaCapo Press 2003

Cloke, Kenneth/Goldsmith, Joan: *The End of Management – and the Rise of Organizational Democracy*, Jossey-Bass 2002

Coens, Tom/Jenkins, Mary: *Abolishing Performance Appraisals – Why They Backfire and What to Do Instead*, Berrett-Koehler 2000

Deming, W. Edwards: *The New Economics – for Industry, Government, Education*, MIT Press 1994

Deming, W. Edwards: *Out of the Crisis*, MIT Press 2000

Dietz, Karl-Martin/Kracht, Thomas: *Dialogische Führung: Grundlagen – Praxis – Fallbeispiel: dm-drogerie markt*, Campus 2002

Förster, Anja/Kreuz, Peter: *Alles, außer gewöhnlich – provokative Ideen für Manager, Märkte, Mitarbeiter*, Econ 2007

Freiberg, Kevin/Freiberg, Jackie: *Nuts! Southwest Airlines' Crazy Recipe for Business and Personal Success*, Bard Press 1996

Haeckel, Stephan H.: *Adaptive Enterprise – Creating and Leading Sense-and-Reponse Organizations*, Harvard Business School Press 1999

Hamel, Gary: *Das Ende des Managements: Unternehmensführung im 21. Jahrhundert*, Econ 2008

Iverson, Ken: *Plain Talk – Lessons from a Business Maverick*, Wiley 1998

Johnson, H. Thomas/Bröms, Anders: *Profit Beyond Measure – Extraordinary Results through Attention to Work and People*, Free Press 2000

Kohn, Alfie: *Punished By Rewards – The Trouble with Gold Stars, Incentive Plans, A's, Praise, and Other Bribes*, Replica Books 2001

Kotter, John: *Leading Change,* Harvard Business School Press 1996 [deutschsprachige Ausgabe: *Chaos, Wandel, Führung – Leading Change,* Econ 1997]

Kotter, John: *Das Prinzip Dringlichkeit: Schnell und konsequent handeln im Management,* Campus 2009

Kotter, John/Rathgeber, Holger: *Das Pinguin-Prinzip – Wie Veränderung zum Erfolg führt,* Droemer 2007

Liker, Jeffrey: *Toyota Culture – The Heart and Soul of the Toyota Way,* McGraw-Hill 2008

McGregor, Douglas: *The Human Side of Enterprise – Annotated Edition,* McGraw-Hill 2005

Mintzberg, Henry: *Strategy Bites Back! – It is Far More and Less Than You Have Ever Imagined,* PrenticeHall 2005

Ohno, Taiichi: *Toyota Production System – Beyond Large-Scale Production,* Productivity Press 1988

Petek, Rainer: *Mit dem Nordwand-Prinzip das Ungewisse managen – Wie Sie Ihren Weg in die Zukunft finden, wenn Pläne und Rezepte versagen,* Linde 2006

Peters, Tom: *Re-imagine! Spitzenleistungen in chaotischen Zeiten,* Gabal 2009

Pfeffer, Jeffrey/Sutton, Robert I.: *Hard Facts, Dangerous Half-Truths & Total Nonsense – Profiting from Evidence-Based Management,* Harvard Business School Press 2006

Pfeffer, Jeffrey: *What were they thinking? Unconventional Wisdom about Management,* Harvard Business School Press 2007

Pfläging, Niels: *Führen mit flexiblen Zielen – Beyond Budgeting in der Praxis,* Campus 2006

Purser, Ronald/Cabana, Steven: *The Self-Managing Organization: How Leading Companies Are Transforming the Work of Teams for Real Impact,* Simon & Schuster 1999

Sanders, Dan J.: *Built to Serve – How to Drive the Bottom Line with People-First Practices,* McGraw Hill 2008

Seddon, John: *Freedom from Command & Control – a Better Way to Make the Work Work ... the Toyota System for Service Organizations,* Vanguard Education 2003

Semler, Ricardo: *The Seven-Day Weekend – How to Make Work Work,* Century 2004

Sprenger, Reinhard K.: *Mythos Motivation. Wege aus einer Sackgasse,* Campus 2004

Taylor, Frederick Winslow: *The Principles of Scientific Management,* NuVision Publications 2007

Wallander, Jan: *Decentralization: Why and How to Make it Work – The Handelsbanken Way,* SNS Förlag 2003

Wohland, Gerd/Wiemeyer, Matthias: *Denkwerkzeuge für dynamische Märkte – Ein Wörterbuch,* MV Wissenschaft 2006

Wüthrich, Hans A./Osmetz, Dirk/Kaduk, Stefan: *Musterbrecher – Führung neu leben,* Gabler 2006

Zeuch, Andreas (Hrsg.): *Management von Nichtwissen in Unternehmen,* Carl-Auer 2007

Register

Martin Lindstrom
Buyology
Warum wir kaufen,
was wir kaufen

2009, 230 Seiten, gebunden
ISBN 978-3-593-38929-5

Der Robbie Williams
des Marketings

Was wissen wir eigentlich wirklich darüber, warum wir kaufen, was wir kaufen? Bisher hat niemand erschlossen, was genau in unserem Gehirn passiert, wenn wir Kaufentscheidungen treffen – der Marketingguru Martin Lindstrom ändert das jetzt. In seinem Bestseller »Buyology« präsentiert der gebürtige Däne die faszinierenden Ergebnisse seiner revolutionären Neuromarketingstudie, in der er erstmals die unmittelbare Wirkung von Marketing auf das menschliche Gehirn untersucht. Er zeigt, was selbst die raffiniertesten Unternehmen, Werbemacher und Marketer noch nicht über unsere Kaufgedanken wissen, räumt mit den gängigen Vorurteilen über unser Kaufverhalten auf und liefert uns spannende Erkenntnisse über die Beeinflussung unserer Entscheidungen, unser Kaufverhalten und letztlich uns selbst.

Mehr Informationen unter
www.campus.de

Frankfurt · New York